“十二五”职业教育国家规划教材
经全国职业教育教材审定委员会审定

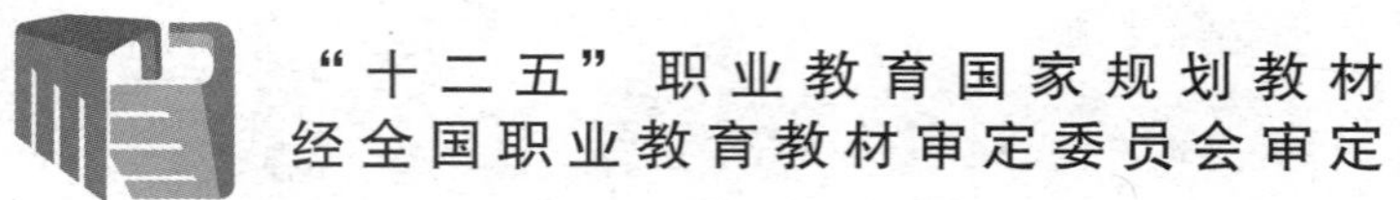

计算机组装与维护

（第3版）

谭炜 谢丽丽 ◎ 主编
殷勇 徐浒 王梅 ◎ 副主编

人民邮电出版社
北京

图书在版编目（C I P）数据

计算机组装与维护 / 谭炜，谢丽丽主编. -- 3版
. -- 北京 : 人民邮电出版社，2016.3（2021.6重印）
“十二五”职业教育国家规划教材
ISBN 978-7-115-39133-9

Ⅰ. ①计… Ⅱ. ①谭… ②谢… Ⅲ. ①电子计算机－组装－高等职业教育－教材②计算机维护－高等职业教育－教材 Ⅳ. ①TP30

中国版本图书馆CIP数据核字(2015)第226043号

内 容 提 要

本书以个人计算机的组装和维护为主线，设立 12 个项目，主要介绍计算机系统构成、选购计算机产品、计算机的组装、BIOS 的设置、安装和管理 Windows 7 操作系统、安装驱动程序和应用软件、常用外设的选购、计算机日常维护与系统优化、系统和文件备份与数据恢复、上网与上网安全、计算机常见硬件故障诊断与排除、计算机常见软件故障诊断与排除等内容。

本书内容丰富、层次清晰，紧跟计算机技术发展的新潮流，适合作为职业院校“计算机组装与维护”课程的教材，也可作为广大计算机爱好者的自学参考书。

◆ 主　　编　谭　炜　谢丽丽
副 主 编　殷　勇　徐　浒　王　梅
责任编辑　马小霞
责任印制　焦志炜

◆ 人民邮电出版社出版发行　　北京市丰台区成寿寺路 11 号
邮编　100164　　电子邮件　315@ptpress.com.cn
网址　http://www.ptpress.com.cn
北京市艺辉印刷有限公司印刷

◆ 开本：787×1092　1/16
印张：16.5　　2016 年 3 月第 3 版
字数：413 千字　　2021 年 6 月北京第14次印刷

定价：39.80 元

读者服务热线：(010)81055256　印装质量热线：(010)81055316
反盗版热线：(010)81055315
广告经营许可证：京东市监广登字 20170147 号

第3版 前 言 PREFACE

随着计算机硬件和软件技术的发展，越来越多的用户需要掌握较为全面的计算机组装和维护技能，其中对计算机有着浓厚兴趣的学生占有相当大的比例。

本书根据教育部最新专业教学标准要求编写，邀请行业、企业专家和一线课程负责人一起，从人才培养目标、专业方案等方面做好顶层设计，明确专业课程标准，强化专业技能培养，安排教材内容；根据岗位技能要求，引入了真实案例，力求达到“十二五”职业教育国家规划教材的要求，提高职业院校专业技能课的教学质量。

计算机行业的知识更新速度快，书本上的知识常常滞后于现实生活中的技术。因此，本书重在向学生传授计算机组装与维护的基本知识和技能，同时教给学生获取最新知识的方法和途径，如经常访问相关网站查看有关计算机的信息，多去销售计算机的市场获取最新硬件信息等。

教学方法

“项目”是本书的结构单元和教学单元，每个项目都包含一个相对独立的教学主题和重点，并通过多个“任务”来具体阐释，而每一个任务又通过若干个操作来具体细化。每一个项目中包含以下经过特殊设计的结构要素。

- **学习目标**：介绍学习该项目要达到的主要目标。
- **问题思考**：提出相应的问题，引导学生结合前面介绍的知识进行思考。
- **知识提示**：重点标识出学生需要掌握和领会的重要知识点。
- **操作步骤**：详细介绍操作的具体步骤，并及时提醒学生应注意的问题。
- **小结**：在每个项目后对本项目中的重要知识点进行简要总结。
- **习题**：在每个项目后准备了一组习题以对本项目的学习进行复习和实践。

对于本书，建议总的讲课时间为72课时，教师一般可用48课时来讲解书上的内容，再配以24课时的实训时间，即可较好地完成教学任务，教师可根据实际需要进行调整。

教学内容

本书共12个项目，主要内容如下。

- **项目一**：认识计算机系统。介绍计算机及计算机系统的相关知识。
- **项目二**：选购计算机产品。介绍常用计算机配件、品牌机以及笔记本电脑的相关知识及选购方法。
- **项目三**：组装计算机。介绍组装计算机的一般过程和技巧。
- **项目四**：设置BIOS。介绍BIOS的设置方法。
- **项目五**：安装和管理Windows 7操作系统。介绍安装Windows 7操作系统及管理Windows账户的基本方法。
- **项目六**：安装驱动程序和应用软件。介绍在计算机上安装硬件驱动程序和应用软件的方法和技巧。
- **项目七**：常用外设的选购和安装。介绍计算机外围设备的相关知识及选购方法。

- **项目八**：计算机日常维护与系统优化。介绍计算机整机及主要配件的日常维护与系统优化以及系统优化方法。
- **项目九**：系统和文件备份与数据恢复。介绍对计算机进行系统和文件备份，以及数据恢复的方法。
- **项目十**：计算机上网及安全设置。介绍使用计算机上网的方法及相关的安全措施。
- **项目十一**：常见硬件故障的诊断及排除。介绍计算机常见硬件故障的诊断和排除方法。
- **项目十二**：常见软件故障的诊断及排除。介绍计算机常见软件故障的诊断和排除方法。

教学资源

为方便教师教学，本书配备了内容丰富的教学资源包，包括 PPT 电子教案、习题答案、教学大纲和 2 套模拟试题及答案。任课老师可登录人民邮电出版社教学服务与资源网（www.ptpedu.com.cn）免费下载使用。

本书由成都理工大学谭炜、河北商贸学校谢丽丽任主编，连云港中等专业学校殷勇、东城区教师研究中心职教研室徐浒和潍坊市工业学校王梅任副主编，谭炜编写项目一～三，谢丽丽编写项目四～六，殷勇编写项目七～八，徐浒编写项目九～十，王梅编写项目十一～十二。由于编者水平有限，书中难免存在疏漏之处，敬请各位读者指正。

编者

2015 年 8 月

目　录 CONTENTS

项目一　认识计算机系统　1

任务一　初步认识计算机　1
（一）了解计算机的用途　1
（二）了解计算机的特点　3
（三）了解计算机的发展趋势　4
任务二　明确计算机系统的组成　5
（一）认识计算机硬件系统　5
（二）认识计算机软件系统　6
任务三　熟悉计算机系统的硬件组成　7
（一）认识计算机的基本硬件　7
（二）认识主机内部的硬件　8
（三）认识外围设备　11
任务四　掌握计算机的选购要领　12
（一）认识品牌机和兼容机　12
（二）明确计算机配置的原则和标准　13
小结　15
习题　15

项目二　选购计算机产品　16

任务一　选购计算机配件　16
（一）选购 CPU　18
（二）选购风扇　23
（三）选购内存　25
（四）选购主板　27
（五）选购硬盘　33
（六）选购光驱　36
（七）选购显卡　38
（八）选购显示器　41
（九）选购机箱和电源　43
（十）选购键盘和鼠标　45
（十一）选购音箱　47
任务二　品牌计算机的选购　49
（一）了解品牌电脑的主要产品　49
（二）了解品牌电脑的选购原则　50
任务三　笔记本电脑的选购　51
（一）了解笔记本电脑的主要种类　51
（二）了解笔记本电脑的选购原则　53
小结　53
习题　54

项目三　组装计算机　55

任务一　装机前的准备　55
（一）部件、环境、工具的准备　55
（二）注意事项　56
任务二　组装计算机　56
（一）安装 CPU 及风扇　57
（二）安装内存条　60
（三）安装电源　62
（四）安装主板　63
（五）安装硬盘　64
（六）安装光驱　66
（七）安装显卡　69
（八）安插连接线　70
（九）连接外围设备　74
任务三　装机后的检查与调试　75
小结　76
习题　76

项目四　设置 BIOS　77

任务一　了解 BIOS 的基础知识　77
（一）认识 BIOS 的主要功能　77
（二）认识 BIOS 的分类　78
（三）掌握 BIOS 与 CMOS 的关系　78
（四）BIOS 参数设置中英文对照表　78
（五）如何进入 BIOS 设置　81
任务二　掌握 BIOS 的常用设置方法　82
（一）设置禁止软驱显示　82
（二）设置系统从光盘启动　85
（三）设置 CPU 保护温度　87
（四）设置 BIOS 超级用户密码　89
（五）恢复最优默认设置　92
任务三　掌握 BIOS 的高级设置方法　93
（一）设置键盘灵敏度　93
（二）设置 CPU 超频　95
小结　96
习题　96

项目五　安装和管理 Windows 7 操作系统　97

任务一　安装 Windows 7 操作系统　97
（一）硬盘的分区与格式化　97
（二）使用光盘安装 Windows 7 操作系统　98
（三）使用 U 盘安装 Windows 7 操作系统　106
任务二　Windows 7 账户管理　110
（一）创建新账户　110
（二）更改账户类型　111
（三）密码管理　112
（四）使用密码重置功能　113
（五）管理账户　115
小结　116
习题　116

项目六　安装驱动程序和应用软件　117

任务一　安装驱动程序　117
（一）认识驱动程序　117
（二）安装驱动程序　119
任务二　管理驱动程序　124
（一）备份驱动程序　124
（二）还原驱动程序　125
（三）升级驱动程序　126
（四）卸载驱动程序　128
任务三　在计算机上安装应用软件　129
（一）了解计算机软件　129
（二）安装安全防护软件　133
（三）安装输入法软件　136
（四）掌握软件安装技巧　137
（五）卸载软件　139
任务四　在计算机上运行应用软件　140
（一）通过【开始】菜单运行程序　140
（二）允许不兼容程序正常运行　141
（三）以不同权限运行软件　143
小结　144
习题　144

项目七　常用外设的选购和安装　145

任务一　选购计算机外设　145
（一）选购打印机　145
（二）选购扫描仪　147
（三）选购摄像头　149
（四）选购投影仪　150
任务二　安装外设驱动程序　153
（一）安装打印机驱动程序　153
（二）安装扫描仪驱动程序　156
小结　158
习题　158

项目八 计算机日常维护与系统优化 159

任务一 掌握计算机基本日常维护 159
（一） 了解基本计算机维护常识 159
（二） 了解计算机硬件的日常维护要领 162
任务二 掌握磁盘的清理和维护技巧 165
（一） 清理磁盘 165
（二） 整理磁盘碎片 166
（三） 检查磁盘错误 167
（四） 格式化磁盘 168
任务三 优化计算机系统 169
（一） 优化开机启动项目 169
（二） 设置虚拟内存 170
（三） 使用 Windows 优化大师优化系统 171
小结 180
习题 180

项目九 系统和文件备份与数据恢复 181

任务一 利用 Ghost 备份与还原系统 181
（一） 使用 Ghost 对系统进行备份 181
（二） 使用 Ghost 对系统进行还原 185
任务二 备份与还原文件 188
（一） 备份与还原字体 188
（二） 备份与还原注册表 190
（三） 备份与还原 IE 收藏夹 191
（四） 备份与还原 QQ 聊天记录 193
任务三 使用 EasyRecovery 还原数据 195
（一） 恢复被删除的文件 195
（二） 恢复被格式化后的硬盘 198
小结 200
习题 200

项目十 计算机上网及安全设置 201

任务一 将计算机连接到 Internet 201
（一） 了解宽带上网的基本知识 201
（二） 建立 Internet 连接 206
（三） 通过路由器共享网络 207
任务二 计算机安全防护 209
（一） 了解计算机病毒 210
（二） 使用 360 杀毒软件查杀病毒 212
（三） 使用 360 安全卫士维护系统 216
小结 226
习题 226

项目十一 常见硬件故障的诊断及排除 227

任务一 掌握计算机硬件故障诊断方法 227
（一） 明确计算机硬件故障产生的原因 227
（二） 明确计算机硬件故障诊断方法 228
任务二 计算机硬件故障诊断案例分析 234
（一） CPU 和风扇故障 234
（二） 主板故障 236
（三） 内存故障 237
（四） 硬盘故障 238
（五） 光驱故障 239
（六） 显卡故障 239
（七） 电源故障 240
（八） 鼠标和键盘故障 241
（九） 网卡故障 242
小结 243
习题 243

项目十二　常见软件故障的诊断及排除　244

任务一　明确计算机常见软件故障诊断要领　244

（一）明确软件故障产生的原因　244

（二）明确软件故障的解决方法　245

任务二　计算机软件故障诊断案例　246

（一）Flash 版本导致网页一些内容不能显示　246

（二）任务管理器没有标题栏和菜单栏　247

（三）频繁弹出拨号连接窗口　248

（四）找不到语言栏/不能切换安装的输入法　249

（五）睡眠状态仍连接网络　251

（六）无法正常关机　253

（七）关闭 Windows 7 后系统却重新启动　253

（八）Windows 7 系统运行多个任务时速度突然下降　254

（九）Windows 7 系统运行时出现蓝屏　254

（十）登录 QQ 时提示快捷键冲突　255

小结　256

习题　256

PART 1

项目一 认识计算机系统

计算机（Computer，电子计算机）俗称“电脑”，是一种能按照事先存储的程序，自动、高速地进行大量数值计算和各种信息处理的现代化电子智能装备。常用的计算机类型也叫做“微机”。在现代社会，计算机无处不在，它为我们打造了一个有趣而神奇的世界。

学习目标

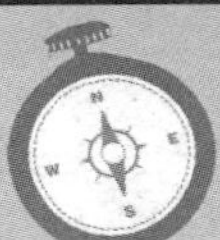

- 了解计算机的特点和应用。
- 了解计算机的发展历史和发展方向。
- 掌握计算机硬件、软件的基本知识以及两者之间的关系。
- 了解计算机的基本组成。

任务一　初步认识计算机

本任务通过介绍计算机的用途、特点和发展趋势来初步认识计算机。

（一）了解计算机的用途

计算机的用途主要体现在以下几个方面。

1. 科学计算

计算机因具有高运算速度和精度以及逻辑判断能力，使其得以在高能物理、工程设计、地震预测、气象预报及航天技术等领域得到广泛应用。

如在气象预报中，气象卫星从太空的不同位置对地球表面进行拍摄，大量的观测数据通过卫星传回到地面工作站。这些数据经过计算机计算处理后可以得到比较准确的气象信息。图 1-1 所示为计算机运算得到的卫星云图。

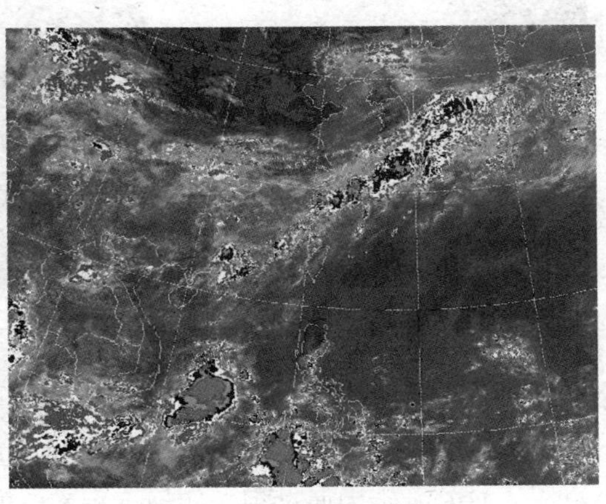

图1-1　卫星云图

2. 信息管理

信息管理是目前计算机应用最广泛的一个领域。利用计算机可以加工、管理与操作任何形式的数据资料，如企业管理、物资管理、报表统计、账目计算及信息情报检索等，如图 1-2 所示为某公司库存管理系统。

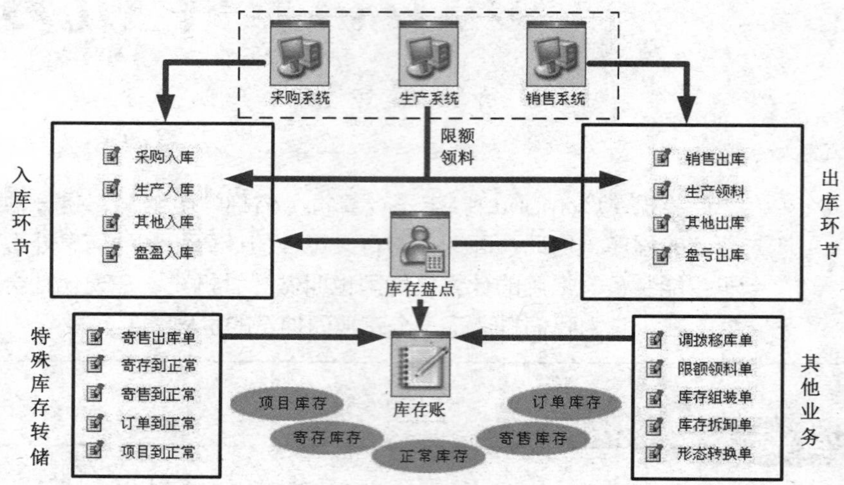

图1-2 某公司库存管理系统

3. 计算机辅助系统

计算机辅助系统包括以下几方面。

- 计算机辅助设计（CAD）：利用计算机来帮助设计人员进行工程设计。图 1-3 所示为用计算机辅助设计得到的建筑模型。
- 计算机辅助制造（CAM）：利用计算机进行生产设备的管理、控制与操作，从而提高产品质量、降低生产成本。图 1-4 所示为用计算机模拟机器零件的加工过程。

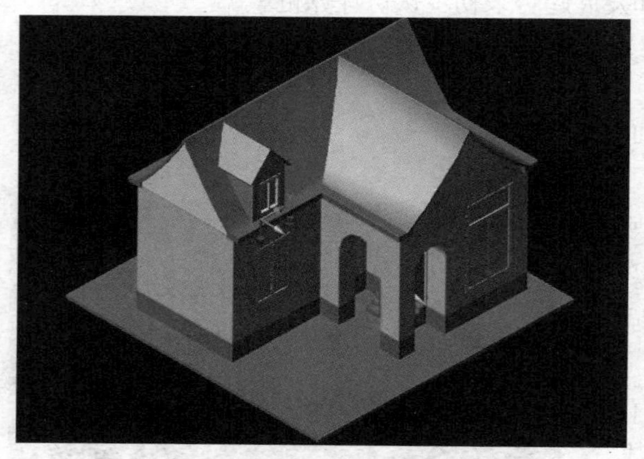

图1-3 计算机辅助设计

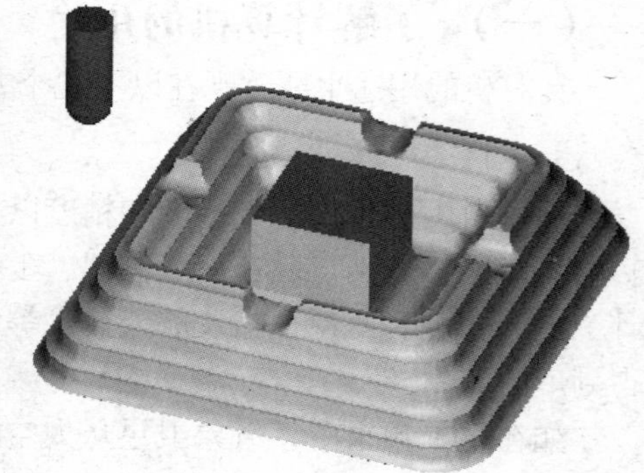

图1-4 计算机辅助制造

- 计算机辅助测试（CAT）：利用计算机进行复杂而大量的测试工作。图 1-5 所示的发电机组智能测试系统可自动完成对发电机组所有电参数的专项测试。
- 计算机辅助教学（CAI）：利用计算机帮助教师讲授和学生学习的自动化系统。图 1-6 所示为通过视频实现远程教学的过程。

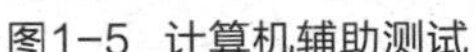
图1-5 计算机辅助测试

图1-6 计算机辅助教学

4. 日常生活

近年来，计算机给我们的生活带来了奇妙的变化，主要表现在以下几个方面。

（1） 让地球成为了真正的地球村。使用 QQ 等软件可以和世界上任何地方的人通信；浏览 Internet 上的新闻能让用户足不出户知晓天下事；E-mail 让用户不需再去邮局寄信。

（2） 生产的高度自动化。数控车床、数控机床和工业机器人让生产效率成倍提高，而成本却成倍下降。

（3） 银行在全国甚至全世界范围内通存通取，出去旅游只需要带一张信用卡，不再需要提心吊胆地携带大量现金。

（二） 了解计算机的特点

计算机经过不断快速发展已经进入高性能时代，为人类生活带了巨大变革，是人类科技进步的重要推动力量。归纳起来，计算机具有以下几方面的特点。

（1） 快速、准确的运算和逻辑判断能力。

图 1-7 所示的 IBM 公司的“深蓝”计算机在对手每走一步棋的时间里能思考 2 亿步棋，并在与世界象棋大师卡斯帕罗夫的对弈中取得胜利，电脑首次战胜人脑。

（2） 强大的存储能力。

计算机能存储大量数字、文字、图像及声音等信息，而且记忆能力惊人。图 1-8 所示为存储量极大的联想计算机，它能存下国家图书馆所有的藏书和文献资料。

图1-7 “深蓝”计算机

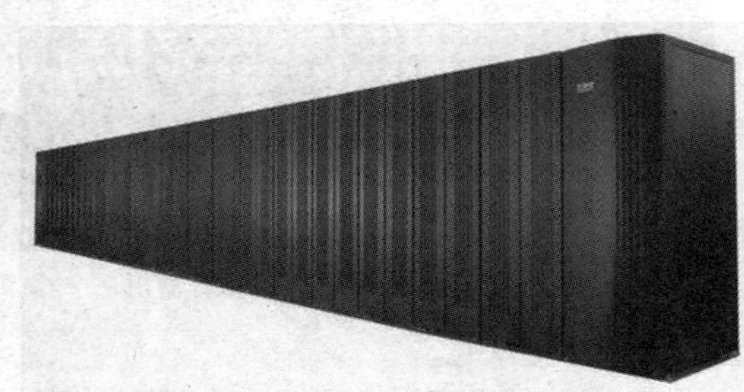
图1-8 联想亿万次计算机

（3） 自动化功能和判断能力。

计算机能“记”下预先编制好的一组指令（称为程序），然后自动地逐条取出并执行这些指令，工作过程完全自动化，不需要人的干预。图 1-9 所示为会自动清洁地板的清洁机器人。

（4） 完善的网络功能。

可以将几十台、几百台甚至更多的计算机通过通信线路连成一个网络，还可以将多个城市和国家的计算机连在一个计算机网上。图 1–10 所示为一个集团的网络分布情况。

图1–9 三星清洁机器人

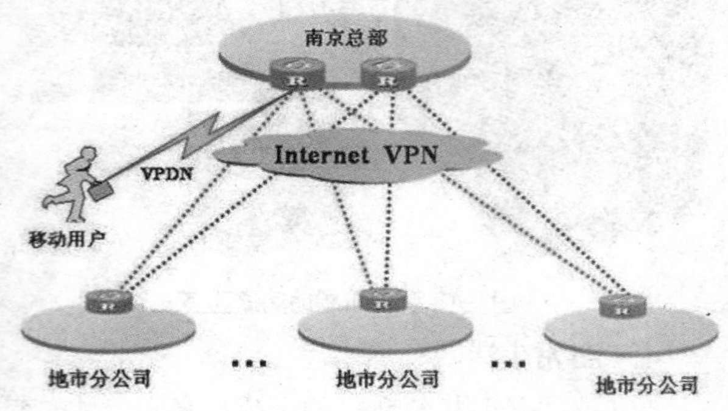

图1–10 集团管理网络拓扑图

（三） 了解计算机的发展趋势

未来的计算机将以超大规模集成电路为基础，向巨型化、微型化、网络化与智能化的方向发展。

1. 巨型化

巨型化是指计算机的运算速率更高、存储容量更大、功能更强。图 1–11 所示为“曙光”系列超级计算机——曙光–5000A，其运算速度为每秒 230 万亿次。

2. 微型化

随着微电子技术的进一步发展，笔记本电脑、掌上计算机等微型计算机以更优的性价比受到人们的欢迎。图 1–12 所示的掌上电脑具有体积小、携带方便和操作简单等优点。

图1–11 曙光–5000A 超级计算机

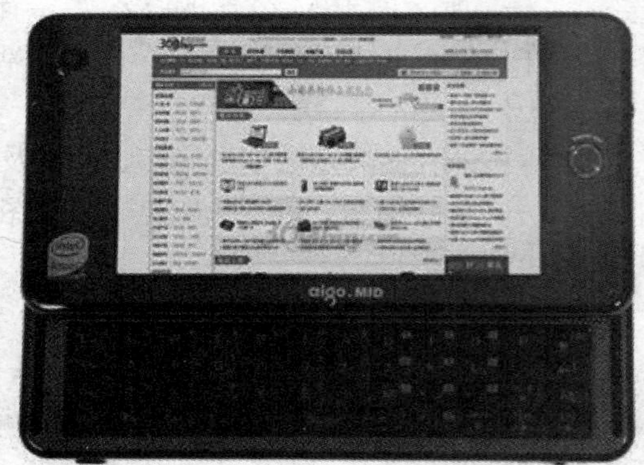

图1–12 掌上电脑

3. 网络化

随着计算机应用的深入，特别是家用计算机的普及，众多用户可以通过连网共享信息资源，并能互相传递信息进行通信。

4. 智能化

智能化是计算机发展的一个重要方向，新一代计算机将可以模拟人的感觉、行为和思维过程，进行“看”“听”“说”“想”和“做”，并具有逻辑推理、学习与证明的能力。

图 1-13 所示的机器人名叫“闹（NAO）”，能表达生气、恐惧、伤感、喜悦、兴奋和自豪等情绪。图 1-14 所示为能直接与人对话交流的仿真机器人。

图1-13 有情绪的智能机器人

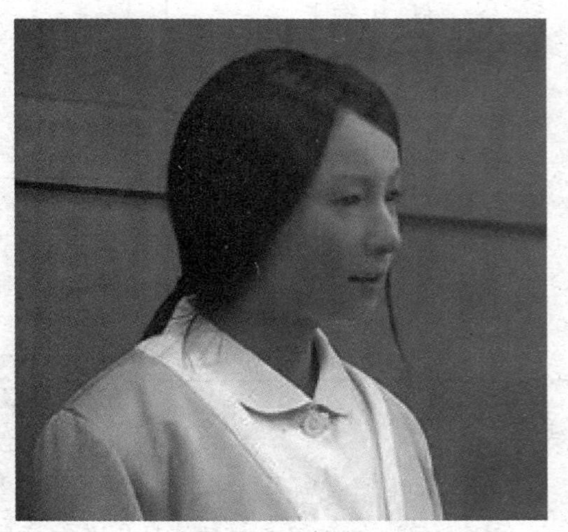

图1-14 能与人交流的仿真机器人

任务二 明确计算机系统的组成

计算机由硬件系统和软件系统组成，如图 1-15 所示。

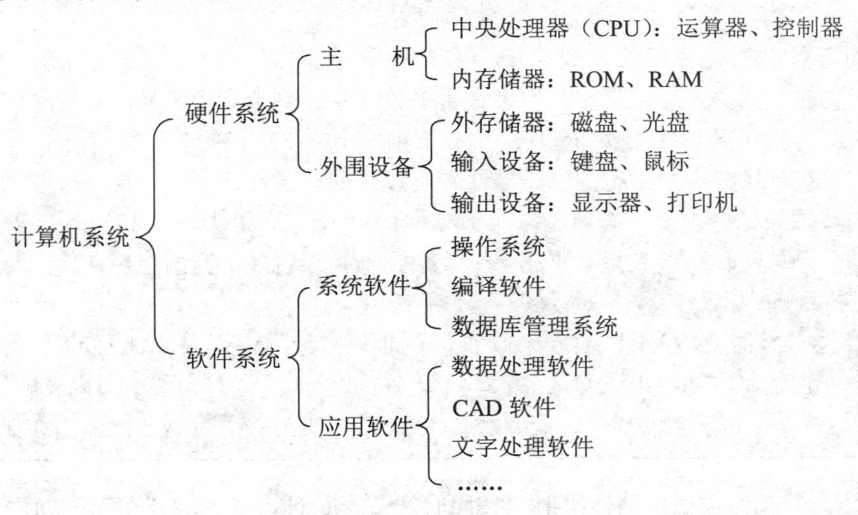

图1-15 计算机的组成

（一） 认识计算机硬件系统

计算机的硬件体系结构是以数学家冯·诺依曼（Von Neumann）的名字命名的，被称为 Von Neumann 体系结构。计算机硬件系统由运算器、控制器、存储器、输入设备和输出设备 5 个部分组成，采用存储程序工作原理，实现自动不间断运算。计算机的整个工作过程及基本硬件结构如图 1-16 所示。

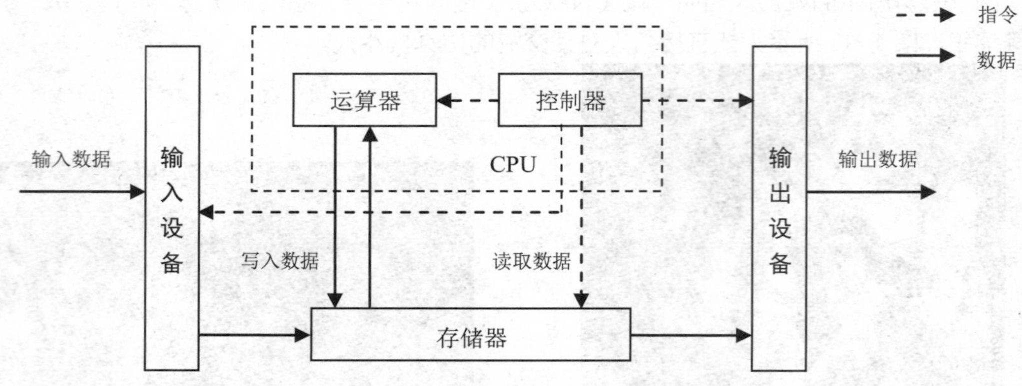

图1-16　冯·诺依曼计算机结构模型

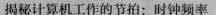

知识拓展

揭秘计算机工作的节拍：时钟频率

计算机到底是如何工作的呢？

我们可以把计算机想象成一个工作中的人，它每天上班要完成许多工作。它工作的过程就是按照工作计划的安排，逐项完成工作任务。计算机工作时也一样，即使让计算机同时为我们做很多事情，它也会让每项工作任务分时共享，交替进行。

一个人在工作时，可能有人敲门进来要求签字，他必须停下手上的工作，当他签字完毕后，再恢复当前正在执行的任务。计算机也能在工作时响应别的任务请求，这称为“中断”，计算机处理完中断请求后继续完成后续工作。

我们还可以把计算机想象成为一个有条不紊运行的大工厂：CPU 发出一条条指令，显卡和显示器负责显示文字，声卡负责播放音乐，网卡则负责与网络连通，实现与外界的信息交流，整个系统运行是在一种有节拍的指挥下完成的。

其实，在计算机中，所有的电子器件并不能自动去工作，它们是在一种叫做“时钟频率”的节拍的指挥下，一个节拍一个节拍地运行。例如，对于 CPU 来说，第一个节拍到来时，它从内存中调入指令；第二个节拍到来时，它翻译这条指令；第三个节拍到来时，它执行这条指令。

CPU 这样按照节拍工作，看起来似乎很笨拙和缓慢。实际上，CPU 的时钟频率非常高，现在的主流计算机，CPU 的时钟频率可到 2GHz 以上，这样每秒钟可以发出 20 亿个节拍，可以执行许许多多的指令，甚至感觉不到计算机是在交替完成不同的工作任务。

我们在做广播体操时，按照时间节奏每秒可以完成几个不同动作，但是与计算机比起来，这样的节拍实在太慢了。时钟频率是 CPU 的核心参数之一，其值越高，理论上每秒执行的指令数也就越多，CPU 性能也就越好。

（二） 认识计算机软件系统

只有硬件系统的计算机被称为“裸机”，它必须装上必要的软件才能完成用户指定的工作。计算机软件系统包括操作系统与应用软件。

1. 操作系统

操作系统是计算机的基础，如 DOS、Windows、UNIX、Mac OS 和 Linux 等，它们是应用软件与计算机硬件之间的“桥梁”。图 1-17 所示为 Windows 7 操作系统启动时的界面。

2. 应用软件

应用软件的范围很广，如办公软件 Office、AutoCAD 及游戏软件等都是应用软件，是用户工作、学习和生活中的好帮手。图 1-18 所示为用于文件下载的迅雷软件。

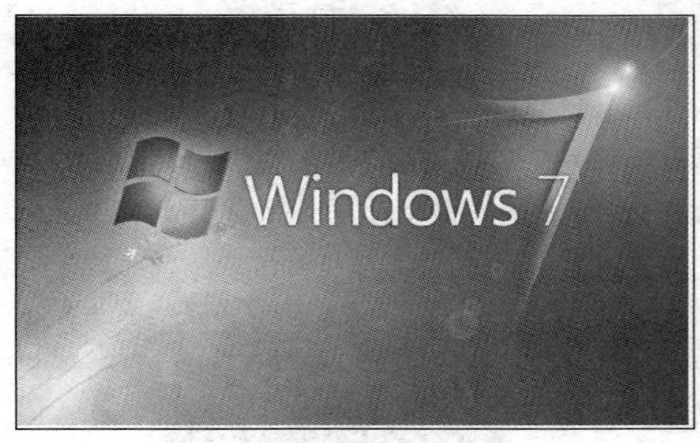

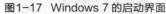

图1-17 Windows 7 的启动界面

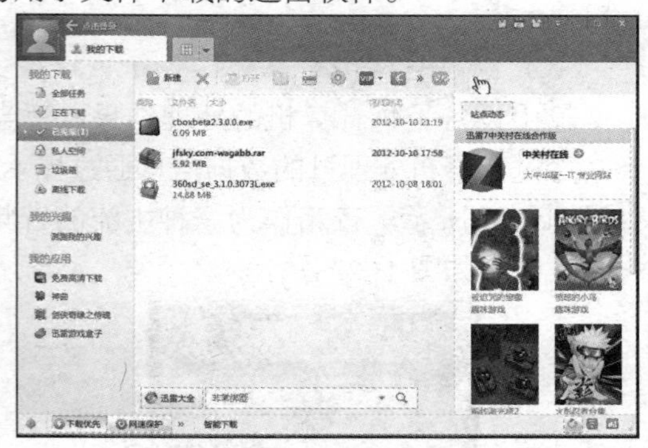

图1-18 迅雷启动界面

任务三 熟悉计算机系统的硬件组成

计算机的硬件系统是指计算机中的电子线路和物理设备，它们是看得见、摸得着的实体，是计算机的物理基础，如由集成电路芯片、印刷线路板、接口插件、电子元件和导线等装配成的中央处理器、存储器及外围设备等。计算机的整体结构如图 1-19 所示。

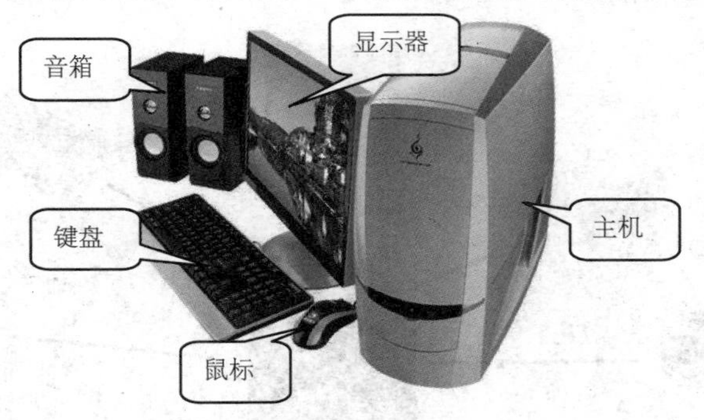

图1-19 计算机的整体结构

（一） 认识计算机的基本硬件

计算机的基本硬件设备包括主机部件、输入设备和输出设备 3 大部分。

（1） 主机部件。

主机部件外观如图 1-20 所示，它包含了几乎所有的核心工作元件，包括主板、CPU、内存条、硬盘、光驱、软驱、显示卡、声卡和网卡等部件。

（2） 输入设备。

输入设备是将数据输入计算机的设备，键盘和鼠标是最重要的输入设备，也是用户与计算机交流的工具，其外观如图 1-21 所示。扫描仪和数码相机等也是常用的输入设备。

图1-20 主机

图1-21 键盘和鼠标

（3） 输出设备。

输出设备是将计算机的处理结果以适当的形式输出的设备。显示器是最重要的输出设备，经过计算机处理过的数据信息通过显示器显示出来，实现人机之间的交流。显示器外观如图 1-22 所示。音箱作为一种主流的音频输出设备，是多媒体计算机的重要组成部分之一，其外观如图 1-23 所示。

图1-22 显示器

图1-23 音箱

（二） 认识主机内部的硬件

计算机主机的核心部件都装在主机箱内，一般包括主板、CPU、内存、硬盘、显卡、声卡和光驱等，如图 1-24 所示。

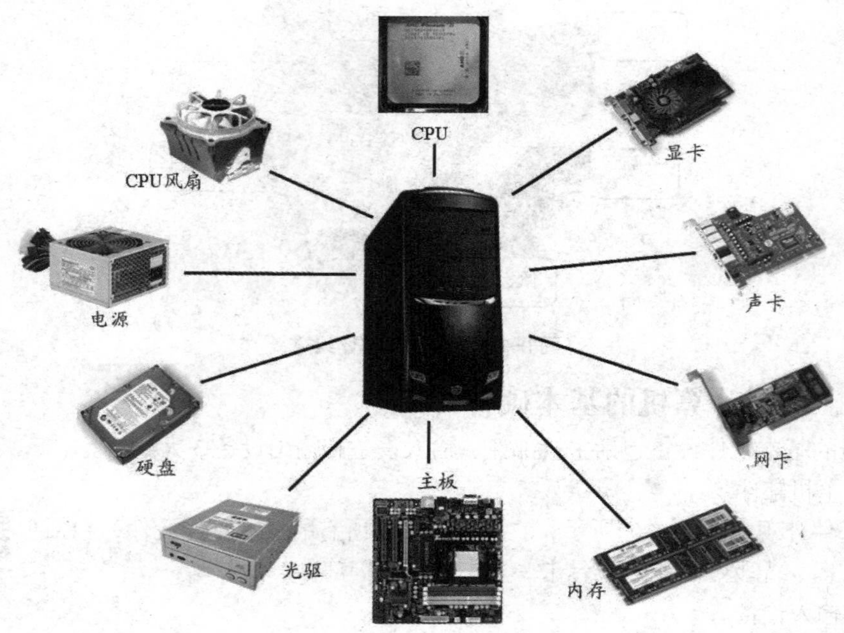

图1-24 主机部件

（1） 主板。

主板（Mainboard）是一块矩形的电路板，上面焊接着各种芯片、插槽和接口等。它是主机的核心部件之一，主要有 CPU 插座或插槽、内存插槽，还有扩展槽和各种接口、开关及跳线，它们是连接各种周边设备的脉络。图 1-25 所示为适用于 Intel 平台的主板，图 1-26 所示为适用于 AMD 平台的主板。

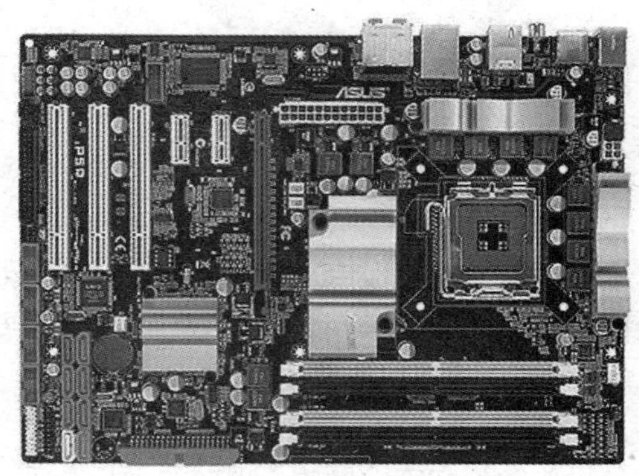

图1-25 主板 1

图1-26 主板 2

（2） CPU。

CPU 是中央处理器的简称，也称微处理器，由运算器和控制器组成。它是计算机的运算中心，类似于人的大脑，用于计算数据、进行逻辑判断及控制计算机的运行。图 1-27 和图 1-28 所示分别为 Intel 公司和 AMD 公司出品的 CPU。

图1-27 Intel CORE i5-750

图1-28 AMD Athlon64 X2 5400+

（3） 内存。

内存也是计算机的核心部件之一，用于临时存储程序和运算所产生的数据，其存取速度和容量大小对计算机的运行速度影响较大。计算机关机后，内存中的数据会丢失。图 1-29 所示为比较常用的 DDR 3 内存条。

（4） 硬盘。

硬盘是重要的外部存储器，其存储信息量大，安全系数也比较高。计算机关机后，硬盘中的数据不会丢失，是长期存储数据的首选设备。图 1-30 所示为希捷 3000GB 硬盘。

图1-29 DDR3 内存条

图1-30 希捷 3000GB 硬盘

（5） 显卡。

显卡也称图形加速卡，是计算机中主要的板卡之一，用于把主板传来的数据做进一步的处理，生成在显示器上输出的图形图像、文字等。有的主板集成了显卡，如果对图形图像效果要求较高（如 3D 游戏、工程设计等），则建议配置独立显卡。图 1-31 所示为七彩虹显卡。

（6） 声卡。

声卡用于处理计算机中的声音信号，并将处理结果传输到音箱中播放。现在的主板几乎都已经集成了声卡，只有在对声音效果要求极高的情况下才需要配置独立的声卡。图 1-32 所示为乐之邦声卡。

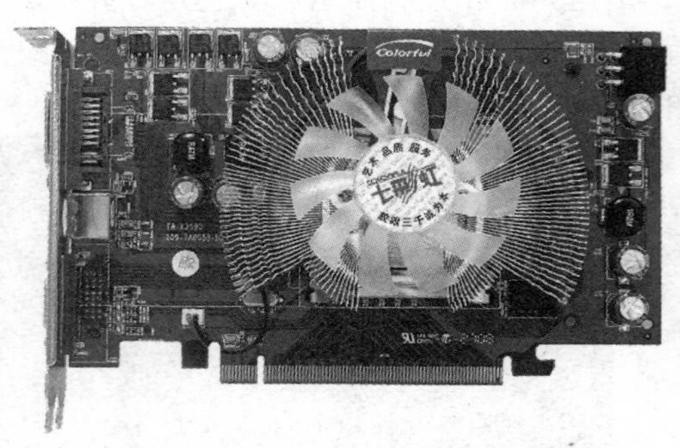

图1-31 七彩虹显卡

图1-32 乐之邦声卡

（7） 光驱。

光驱是安装操作系统、应用程序、驱动程序和游戏软件等必不可少的外部存储设备。其特点是容量大，抗干扰性强，存储的信息不易丢失，其外观如图 1-33 所示。

（8） 电源。

电源是为计算机提供电力的设备。它有多个不同电压和形式的输出接口，分别接到主板、硬盘和光驱等部件上，并为其提供电能，其外观如图 1-34 所示。

图1-33 光驱

图1-34 电源

（三） 认识外围设备

计算机的外围设备很多，包括打印机、扫描仪、移动设备等。下面简单介绍几种常用的外围设备。

（1） 打印机。

打印机是应用最为普及的输出设备之一，随着打印机技术的日益进步及成本的降低，越来越多的用户开始考虑让打印机进入自己的家庭。图 1-35 所示为打印机的外观。

（2） 扫描仪。

扫描仪是一种捕获图像的输入设备，它可以帮助人们把图片、照片转换为计算机可以显示、编辑、存储和输出的数字格式。图 1-36 所示为扫描仪的外观。

图1-35 打印机

图1-36 扫描仪

（3） 移动设备。

可移动存储设备包括 USB 闪存盘（俗称 U 盘）和移动硬盘，这类设备使用方便，即插即用，也能满足人们对于大容量存储的需求，已成为计算机中必不可少的附属配件。图 1-37 和图 1-38 所示分别为 U 盘和移动硬盘的外观。

图1-37 U 盘

图1-38 移动硬盘

知识拓展

计算机产品的兼容性

标准与我们的生活息息相关，也为行业提供了生产规范。就像插头的形状必须符合插座的标准才能插入插座一样，在计算机中，处处体现了标准的观念。例如键盘上各个按键的排列顺序也未必是最科学的，但是自从这个排列作为一种标准之后，就被大家所接受。

计算机使用各种指令集来指挥其完成各种工作，随着计算机的升级换代，不断出现新的指令集，但是新指令集往往都“兼容”旧的指令集，也就是说使用旧指令集编写的程序仍然能在采用新指令集的计算机上运行，这就是计算机的“兼容性”。

由于计算机产品具有更新快的特点，兼容性便成为计算机的一种重要指标。选择好的产品可以最高限度地延长产品的使用寿命。例如，计算机上的光盘驱动器坏了，我们购买一台新的光驱后，仍然能读取以前的光盘文件。

任务四　掌握计算机的选购要领

品牌机和兼容机是当今计算机销售市场的两大主力。用户在选购计算机前，首先要做的选择就是买兼容机还是买品牌机。

（一）认识品牌机和兼容机

品牌机是电脑生产商组装的电脑，这种电脑有着固定的品牌，如戴尔（Dell）、联想（Lenovo）和惠普（HP）等。兼容机则是电脑用户根据自己的需要选购不同品牌的电脑配件组成的，没有固定的品牌。

1. 兼容机的特点

兼容机以 DIY（Do It Yourself）精神为指导，最大的特点就是硬件选择和整机组装的自由度很高，没有固定的模式，用户可以根据自己的需求选购各种硬件。

（1） 自己作主，按需选购。组装完全符合自己需要的计算机，如配置产品音响效果最佳的计算机，配置显示效果最好的计算机等。

（2） 开支较小。相对于品牌机而言，一台同样配置的兼容机可以比品牌机节省数百元乃至上千元，对大部分用户而言，这就节约了一笔不小的开支。

（3） 升级空间大。用户在选购兼容机配件时，可以预先留下一定的升级空间，有利于日后对计算机性能进行升级。

（4） 对用户的专业知识要求较高。兼容机的配件选购完全由个人做主，要求购买者要熟悉各种计算机配件的相关性能、技术参数和市场行情。如果用户想亲自动手组装计算机，那更需要掌握相应的计算机装配与调试技术。

与品牌机完善的质保和售后服务相比，兼容机的质保期较短，一旦某个配件出现故障，维修起来相对麻烦。

2. 品牌机的特点

兼容机选择的整个过程比较繁琐，需要综合考虑配置、价格、质量和售后等诸多因素，那些缺乏专业知识的用户可能根本就摸不着头脑。但品牌机就不同了，其特点如下。

（1） 购买过程简单方便。选择品牌机省去了详细配置硬件的麻烦。

（2） 稳定性较高。每一台品牌机在出厂前都经过严格的测试，相对于兼容机而言，稳定性、兼容性和可靠性都较高。

（3） 可以得到高附加值的产品。每一台品牌机都会随机赠送正版的操作系统和各类应用软件，方便用户的使用。

（4） 售后服务较好。一般而言，品牌机都有 3 年的质保期，而在技术咨询方面更非兼容机可比，可以省去很多后顾之忧。

（5） 价格偏高。品牌机本身的附加值较高，广告宣传费用、推广费用及后期的服务费用等均摊到产品上，这样就造成相同配置的品牌机比兼容机价格高。

（6） 可升级性差。品牌机往往在机箱上贴了封条，如果擅自拆卸机器，就失去了保修资格，使得用户不敢随便对计算机进行升级。

（7） 瓶颈效应突出。品牌计算机为了降低成本，突出卖点，一般是 CPU 配置较高而其他配置较低，这样就影响了计算机的整机性能。

最后通过表 1-1 给出兼容机与品牌机的详细对比。

表 1-1　兼容机与品牌机的对比

项目	兼容机	品牌机
外观与人性化设计	目前电脑配件种类多，可以随意搭配，组合方案灵活多样 评分：★★☆☆☆	品牌机有专业的造型设计，能设计出美观新颖的机型 不少品牌机为了方便用户设计了内置电视卡、不开机播放音乐等功能，使产品极具个性 评分：★★★★☆
兼容性与稳定性	组装兼容机时，如果选用知名企业生产的配机，质量保障能满足 由于要从为数众多的产品中选取配件，且没有正规测试，兼容性就不能保证 评分：★★★★☆	品牌机的兼容性和稳定性都经过严格抽检和测试，稳定性较高 品牌机大多批量生产，也较少出现硬件不兼容的现象 评分：★★★★★
产品搭配灵活性	不少用户装机时都需要根据专业要求突出计算机某一方面的特性，完全可以根据自己的要求灵活搭配硬件 评分：★★★★★	品牌机往往满足大多数用户的共同需求，不可能专门为几个用户生产一台电脑 评分：★★★☆☆
价格	同配置兼容机的价格都要比品牌机低 评分：★★★★★	由于包含正版软件捆绑费用、广告费用、售后服务费用等，所以品牌机的价格要比同配置的兼容机高 评分：★★★★☆
售后服务	兼容机的配件只有一年的质保，对于键盘鼠标等易损部件，保质期只有 3 个月 评分：★★★☆☆	品牌机一般提供一年上门三年质保的售后服务，还有 800 免费技术支持电话 评分：★★★★☆
选择建议	专业用户和具有一定专业 DIY 知识的用户可以购买兼容机，通过自己配置计算机，不但能体现攒机的乐趣，还是一种学习的过程	家庭用户、电脑初级用户可以考虑购买品牌机，以保证质量并便于维护

（二）明确计算机配置的原则和标准

品牌机与兼容机都有各自的优缺点，但无论是选择兼容机还是品牌机，最重要的是符合自身应用的需要，并遵循 3 个原则：合理的配置、实用的功能、最少的开支。下面以兼容机为例来介绍如何合理配置自己的计算机。

1．五“用”

五“用”原则主要包括以下 5 个方面。

（1） 适用。

“适用”就是所配置的计算机要能够满足用户的特定要求。用户因使用目的不同，对计算机性能的要求也不同，用户在购买时一定要清楚自己的需求（是学习、娱乐、设计还是工作），才能在配置计算机时得心应手。

（2） 够用。

“够用”是指所配置的计算机能够达到自己的基本需求而不必超出太多。如果只是家用，不需要运行大型的 3D 游戏或设计软件，就不必选择比较高端的配件；而对于有特定要求的用户，则应该按需选用高配置的配件。

（3） 好用。

“好用”是指计算机的易用性，用通俗的话说就是容易上手，能够很好地完成用户给予的指令。

（4） 耐用。

“耐用”一方面指计算机的健康与环保性，如符合 TCO 认证标准的 LCD 显示器可以更好地保证使用者的健康；另一方面也强调计算机的可扩展性，因为计算机的升级能力也是评价计算机耐用程度的一项指标。

（5） 受用。

“受用”是包括品牌、服务和价格等在内的一个感性概念。用户在配置计算机时，应该把几项内容加以综合比较和考虑，不要一味地强调价格。目前市场上有一些低价配件，尽管价格很低，但几乎没有配套服务，用户千万不要图一时的利益而埋下长久的隐患。

2. 3 个“避免”

组装兼容机的用户一定要有正确的购机思路，避免陷入购机误区。

（1） 避免“逐步升级”的思想。

现在计算机配件几乎每半年就要更新一次，技术标准和价格行情也会随之变化，因此在选购配件时，用户应该选择当前的主流产品，只要能够实现所要求的功能就可以了，没有必要预留太多的升级空间。

（2） 避免“CPU 决定一切”的思想。

很多用户以为 CPU 的性能决定一切，认为只要有了好的 CPU，机器的性能就一定不会差。一台计算机的整体性能很大程度上是由整体配置中性能最低的配件所决定的。如果没有好的硬件与之配套，再好的 CPU 也无法提升系统功能，所以一定要注意计算机配件间的合理搭配。

（3） 避免“最新的就是最好”的思想。

有的用户以为最新的计算机配件就是最好的，的确，最新的计算机配件有着更为先进的技术和更好的功能，但它也有不足之处，从一方面来讲，计算机配件在刚上市时价格最为昂贵；从另一方面来讲，还是按照木桶理论，如果没有足够的软件及其他配件与之配合，它所发挥的功能也会大打折扣。

3. 选购技巧

在选择计算机配件时，还有一些小的技巧需要了解。

- 要根据自己的用途选择配置。
- 合理分配资金。

- 注意分辨配件的真假。
- 熟悉计算机配件及市场行情。
- 切忌粗心大意。
- 带一个内行朋友做参谋。

小结

本项目主要介绍了计算机的基本知识。首先介绍了计算机的用途、特点及发展趋势，然后介绍了计算机两大基本系统（硬件系统和软件系统）的组成。计算机的硬件主要包括主机内的硬件及外围设备两部分，这些硬件通过主板有机地串联在一起，为其高效工作创造条件。最后介绍了品牌机和兼容机的特点以及选购计算机的原则和有关标准。

习题

1. 举例说明你身边计算机的主要用途。
2. 在冯·诺依曼模型中，计算机由哪些主要部分组成?
3. 计算机软件与硬件有什么联系?
4. 打开一台计算机的主机箱，识别里面的各部件。
5. 简要说明品牌机与兼容机各自的优势。
6. 选购计算机时应该遵循哪些主要原则?

PART 2 项目二 选购计算机产品

选购计算机的关键是应该满足用户的使用需求，在这个前提下，根据计算机性能的优劣、价格的高低、商家服务质量的好坏等具体问题来最终决定计算机的配置方案。

学习目标

- 掌握个人计算机的配件选购。
- 了解计算机主流配置。
- 了解成品机的选购方案。
- 了解质量认证体系的依据与程序。

任务一　选购计算机配件

图 2-1 所示为一台组装完成后的个人计算机（PC），其中包含的各个配件都具有特定的功能和技术特性。随着计算机硬件技术的发展，计算机配件的种类也越来越多，我们应该怎样选购这些配件来组装计算机呢？

图2-1　个人计算机

个人购置配件组装计算机（即计算机 DIY）的观念最早由欧美等 IT 产业发达国家传到中国。当前，组装一台具备基本网络功能的多媒体计算机包括的配件如图 2-2～图 2-15 所示。

图2-2　CPU

图2-3　主板

图2-4　内存

图2-5　显卡（集成或独立）

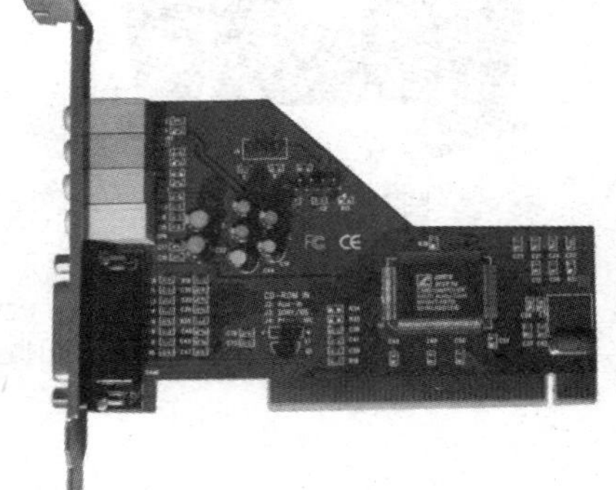

图2-6　声卡（集成或独立）

图2-7　网卡（集成或独立）

图2-8　硬盘

图2-9　光驱

图2-10　机箱

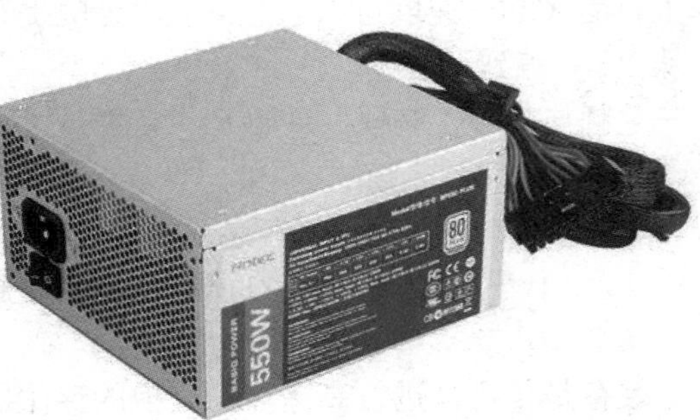

图2-11　电源

图2-12 显示器

图2-13 鼠标

图2-14 键盘

图2-15 音箱

（一） 选购 CPU

CPU 是计算机系统中最重要的配件，在选购计算机时，一般要先确定 CPU，由此再来确定其他配件的选购方案。

1. CPU 的主要参数

目前的 CPU 厂商主要有 Intel 和 AMD，这两大厂商都有各自的技术优势和产品针对群体，而 CPU 的具体参数也因厂商不同而有所差异。

（1） 主频。

主频也叫时钟频率，用来表示 CPU 运算时的工作频率，提高主频对提高 CPU 的运算速度具有至关重要的作用。主频并不直接代表 CPU 的运算速度，它与 CPU 上所集成的一级高速缓存、二级高速缓存等共同决定 CPU 的运算速度。

（2） 外频。

外频是 CPU 的基准频率，单位是 MHz。CPU 的外频越高，CPU 与系统内存交换数据的速度越快，对提高系统的整体运行速度越有利。

（3） 倍频。

倍频是 CPU 的核心工作频率与外频之间的比值，它可使系统总线工作在相对较低的频率上，而 CPU 速度可以通过倍频来无限提升。倍频一般以 0.5 为一个间隔单位，理论上可以从 1.5 一直到无限大。

主频与外频、倍频关系如下：主频=外频×倍频。

（4） 前端总线频率。

前端总线（FSB）频率（即总线频率）直接影响 CPU 与内存之间数据交换的速度。前端总线频率越大，代表 CPU 与内存之间的数据传输量越大，也就更能充分发挥出 CPU 的性能。

（5） 缓存。

缓存是指可以进行高速数据交换的存储器，它先于内存与 CPU 交换数据，因此速度很快。当前影响 CPU 性能的缓存主要有二级缓存和三级缓存。

二级缓存是决定 CPU 性能的关键因素之一，在 CPU 核心不变的情况下，增加二级缓存的容量能使 CPU 的性能得到大幅度的提高，而同一核心 CPU 高低端的不同层次，一般都是通过二级缓存的大小来区别。

三级缓存是为读取二级缓存后未命中的数据设计的一种缓存，普遍应用于高端 CPU 中。在拥有三级缓存的 CPU 中，只有约 5%的数据需要从内存中调用，从而进一步提高了 CPU 的运算效率。

（6） 制程工艺。

制程工艺是指在硅材料上生产 CPU 时内部各元器件的连接线宽度，用 nm（纳米）表示，数值越小表示制程工艺越先进。制程工艺还直接影响 CPU 的功耗和发热量，目前主流 CPU 的制程工艺为 45nm，Intel 公司已开发出制程工艺为 32nm 的 CPU。

视野拓展

了解 CPU 的新技术

1971 年，Intel 公司推出了世界上第一款编号为 4004 的 PCCPU，在随后近 40 年的发展和演变中，CPU 产品在外观和技术等许多方面都发生了飞跃性的变革。

（1）双核和多核技术。

目前主流的双核（或多核）技术由 Intel 公司提出，但是最先被 AMD 公司应用于 PC 上。该技术主要针对大量纯数据处理的用户，其性能在同主频单核 CPU 的基础上可提升 15%～20%。但是对于有大量娱乐需求的用户来说并没有明显的性能优势。

（2）32 位技术和 64 位技术。

简单地说，32 位和 64 位是计算机芯片处理数据单元的大小区别。但从技术层面上来讲，64 位 CPU 的性能优势不是绝对的，只有安装与之匹配的操作系统和应用软件才能发挥出 64 位 CPU 的性能优势。

（3）超线程技术和虚拟化技术。

超线程技术是由 Intel 公司推出的，该技术不但需要 CPU 的支持，同时需要主板匹配才可实现。该技术在理论上将单核 CPU 虚拟成双核处理器，降低 CPU 的闲置时间，但在实际使用中却无法与双核 CPU 相比拟。

而虚拟化技术与超线程技术在其功能上如出一辙，不同的是虚拟化技术是将单个 CPU 虚拟成多个处理器进行工作。

2. CPU 的主要产品

目前的计算机市场上，Intel 和 AMD 两个品牌不相上下。一般来说，Intel 公司的 CPU 主频较高，处理数值计算的能力较强；AMD 公司的 CPU 在处理图形和图像上有优势。

（1） Intel 系列 CPU。

- 2006 年，Intel 结束使用“奔腾”处理器转而推出“酷睿”（英文名：Core）处理器，首先推出的“酷睿一代”主要用于智能手机和掌上电脑等移动计算机。
- “酷睿一代”推出不久就被“酷睿 2”（酷睿二代）取代，酷睿 2 是一个跨平台的构架体系，包括服务器版、桌面版、移动版三大领域。
- 2008 年推出的酷睿 i 是接替酷睿 2 的全新处理器系列，可以理解为酷睿 i 相当于“酷睿 3”，只是酷睿 3 并不存在。酷睿 i 采用了全新的制作工艺和架构，相比同级的酷睿 2 处理器更强，效率更高。

知识提示

酷睿 i 分为 i7、i5、i3 3 个系列。其中 2008 年推出的 i7 属于 Intel 高端产品，具有四核八线程；i5 是 i7 的精简版，属于中高端产品，四核四线程；而 i3 又是 i5 的精简版，采用双核心设计，通过超线程技术可支持 4 个线程。

图 2-16 所示为部分 Intel 的现代产品。

图2-16 Intel 的现代产品

（2） AMD 系列 CPU。

AMD（Advanced Micro Devices，超微半导体）是美国一家业务遍及全球，专为电子计算机、通信及电子消费类市场供应各种芯片产品的公司。

AMD 系列 CPU 的特点是以较低的核心时脉频率产生相对较高的运算效率，其主频通常会比同效能的 Intel CPU 低 1GHz 左右。AMD 早期的产品策略主要是以较低廉的产品价格取胜，虽然最高性能不如同期的 Intel 产品，但却拥有较佳的价格性能比。

2003 年 AMD 先于 Intel 推出 64 位 CPU，使得 AMD 在 64 位元 CPU 的领域有比较早发展的优势，此阶段的 AMD 产品仍采取了一贯的低主频高性能策略。

AMD 产品标识如图 2-17 所示，目前典型的 ADM CPU 产品主要有速龙（Athlon）和羿龙（Phenom）两个系列，如图 2-18 所示。

图2-17 AMD 产品标识

图2-18 ADM CPU 产品

知识提示

如果从外观上区分 Intel 与 AMD 的 CPU，可以看到 AMD 的 CPU 有针脚，如图 2-19 所示，而 Intel 的 CPU 没有针脚，只有电极触点，如图 2-20 所示。

图2-19 AMD CPU 外观

图2-20 Intel CPU 外观

3. CPU 的选购原则

CPU 无疑是衡量一台计算机档次的标志。在购买或组装一台计算机之前，首先要确定的就是选择什么样的 CPU。CPU 的选购原则如下。

（1） 确定 CPU 系列。

主要应根据计算机的用途来确定所选购 CPU 的系列。

- 对于文件办公用户，可选择 Intel 的 Celeron 系列、AMD 的闪龙系列和速龙单核系列的 CPU。
- 对于个人或家庭娱乐用户，可选择 Intel 的 Pentium 双核系列、AMD 的速龙双核系列的 CPU。
- 对于图形图像处理用户和 3D 游戏爱好者，可选择 Intel 的 Core i 系列、AMD 的羿龙四核系列或者更高性能的 CPU。

（2） 注意 CPU 主频与缓存的取舍。

对于同一个系列的 CPU，其性能的高低主要通过主频和缓存来区别，从对 CPU 性能影响程度来看，缓存要大于主频。所以在选购 CPU 时，在价格相差不大的情况下，应优先考虑缓存更大的 CPU。

（3） 盒装 CPU 与散装 CPU 的确定。

相同型号的盒装 CPU 与散装 CPU 在性能指标、生产工艺上完全一样，是同一生产线上生产出来的产品。由于产品发行渠道不同等因素，盒装 CPU 较散装 CPU 更有质量保证，而且盒装一般都配装了风扇，当然价格也要比散装的贵一些。

（4） 注意 CPU 的质保时间。

不同厂商、不同型号的 CPU 可能质保时间不同，有的质保 1 年，有的质保 3 年。在类似的产品中，建议选择质保时间长的 CPU，并一定要求商家注明质保期限作为凭证。

下面介绍两款目前性能最强的六核 CPU。

图 2-21 所示为 Intel Core i7 980X CPU，其采用六核心十二线程，主频速度 3.33GHz，睿频加速最高可达 3.6GHz，二级缓存 1.5MB，三级缓存 12MB，制程工艺为 32nm，总线频率为 6.4GT/s。

图 2-22 所示为 AMD 于 2010 年 4 月推出的羿龙Ⅱ X6 1090T 六核处理器，主频速度 3.2GHz，二级缓存 3MB，三级缓存 6MB。

图2-21 Intel Core i7 980X

图2-22 AMD 羿龙 II X6 1090T

4. 辨别 CPU 的真伪

CPU 与其他配件不同，没有其他厂家生产的仿冒产品，但有一些不法商贩将相同厂家低主频的 CPU 经过超频处理后，当作高主频的 CPU 销售，从而非法获得两者之间的差价。另外，还有一种做假方法是用散装 CPU 加上一个便宜的风扇做成盒包卖。

（1） 通过厂商配合识别。

市场上出售的 CPU 分为盒装和散装两种，一般面向零售市场的产品大部分为盒装产品。盒装 CPU 享受 3 年质保，一般在 3 年内非人为损坏或烧毁时，厂商负责免费更换相同频率的 CPU。用户可以拨打厂商售后服务部门提供的免费咨询电话来验证产品的真伪。

- Intel：Intel 公司的免费服务热线是 8008201100，可以电话咨询 Intel 的产品信息、真伪和质保方法等。电话接通后，可根据语音提示信息按下分类号，将 CPU 的型号和金属帽上第 4 行的 S-Spec 编号以及散热风扇上的编号告诉对方工程师，可以查询 CPU 是否为盒装产品。
- AMD：AMD 公司的免费服务热线是 8008101118，只要在购买产品后，把标签上的银色涂层乱开，就会有一组数字显现出来。用户可以拨打这个热线电话咨询此产品是否为正规产品。

（2） 通过包装识别。

除了通过厂商的服务电话来验证产品真伪外，还可以通过包装直接识别产品的真伪。真品的 Intel 包装采用了特殊工艺，用户可尝试用指甲去刮擦其上的文字，即使把封装的纸刮破也不会把字擦掉，而假冒产品只要用指甲轻刮就能将文字刮掉。

产品标签的激光防伪标志和产品标签应该是一体的，如图 2-23 所示。

- 激光防伪标志采用了 Intel 公司的新标志，上面的图形会随着观察角度不同而变换形状和颜色。
- 中文包装的 Intel 盒装台式机 CPU 的产品编码以“BXC”3 位大写英文字母开头，其中字母“C”代表中国。
- 标签上的 8 位由英文字母和数字组成的序列号应与 CPU 散热帽上第 5 行激光印制的序列号一致（散热帽上的序列号无须打开包装即可辨识）。
- 包装上有醒目的“盒装正品”标识。

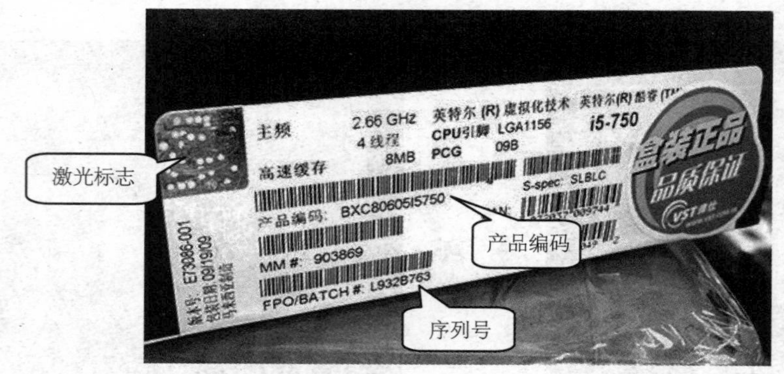

图2-23 产品标签

真品封口标签是 Intel 公司出厂时贴好的，封口标签底色为亮银色，字体颜色深且清晰，有立体感。封口标签有两个，分别位于图 2-24 所示的左上角和右上角位置。

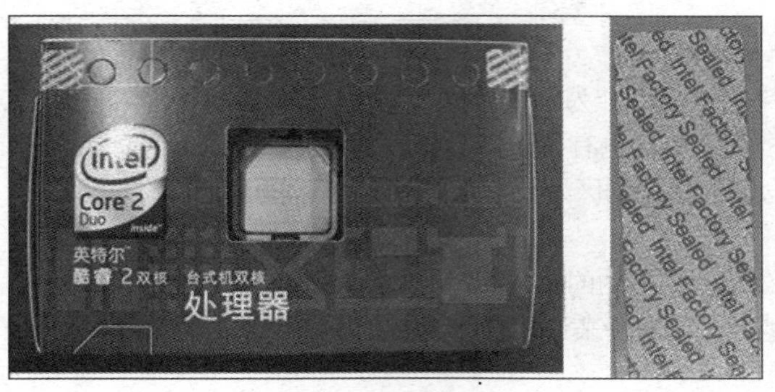

图2-24 看封口标签

（3） 通过 CPU 编号识别。

Intel 公司的 CPU 编号比较直观，容易辨别。图 2-25 所示是 Intel CORE i5-750 CPU 标识实物放大图，上面标有 CPU 的基本信息、产地信息、生产日期以及性能参数。

图2-25 CPU 编号

- 前两行显示了“CPU 基本信息”：Intel 公司的 CORE i5-750 四核处理器。
- 第 3 行显示：步进号为 SLBLC，制造地为 MALAY（马来西亚）。
- 第 4 行在“性能参数”中显示了 CPU 的频率及二级缓存率等信息：CPU 的频率是 2.66GHz，二级缓存为 8MB。
- 最后一行的 L925B615 为产品序列号。每个处理器的序列号应该都不相同，该序列号应与正品 Intel 盒装处理器外包装的序列号一致，还应与散热风扇的序列号一致。

① 当前 PC 市场上的两大 CPU 品牌是什么？

② CPU 有哪些主要的性能参数？请列举 5 个。

③ 请找一台计算机，用优化大师软件查看这台计算机所使用的 CPU 的型号、核心、制造工艺、主频、外频、一级缓存、二级缓存、插座/插槽和 CPU 电压。

（二） 选购风扇

CPU 风扇（如图 2-26 所示）为 CPU 提供散热功能，它好比是为 CPU 安装的“空调”。CPU 风扇的选择和安装会大大影响整个主机的性能。如果选择了与 CPU 不匹配的风扇，或者使用了错误的安装方法，轻则会大大降低整个主机的性能，重则会烧毁 CPU。

图2-26 CPU 风扇

1. CPU 风扇的主要参数

目前 CPU 风扇市场上的主流品牌有 Tt、AVC、九州风神、CoolMaster、富士康、急冻王、散热博士等。CPU 风扇的主要参数如下。

（1） 散热片类型。

散热片由材料的不同可分为纯铜（如 Tt 牌火山系列 10ACPU 风扇）、镶铜和纯铝散热片。另外，不同档次的风扇也有“滚珠”与“含油”风扇之分，如九州风神就以 Ae 与 Fs 区分“滚珠”与“含油”风扇的区别。

（2） 转速。

转速是指单位时间内转动的圈数，单位是 r/min（转/分）。在风扇叶片一定的情况下，转速越高，风量越大，但一般来说，转速越高，噪声也越大。

（3） 适用范围。

适用范围标注出了风扇适用于哪些 CPU。不同的 CPU 因为卡口和发热量的不同，需要配以不同的风扇。例如，Pentium 4（32 位）和 AMD（32 位）的卡口就不一样，AMD（32 位）和 AMD（64 位）的卡口也不一样。

2. CPU 风扇的选购原则

选购 CPU 风扇应该注意以下几点。

（1） 建议购买由主板供电并且电源插口有 3 个孔的风扇。劣质风扇只有两根电源线，是从电源接口取电而不像优质风扇那样从主板上取电，而且优质风扇还有一根测控风扇转速的信号线，现在的主板几乎都支持对风扇转速的监控。

（2） 建议购买滚珠轴承结构的风扇。现在比较好的风扇一般都采用滚珠轴承，用滚珠轴承结构的风扇转速平稳，即使长时间运行也比较可靠，噪声也小。

一般滚珠风扇上边标有“Ball Bearing”的字样，可以此判定风扇是否带有滚珠轴承结构。根据经验，正面向带有滚珠轴承结构的风扇用力吹气时不易吹动，但一旦吹动，风扇的转动时间就比较长。

（3） 散热片的齐整程度与重量。选购风扇时还要注意散热片的齐整程度与重量，以及卡子的弹性强弱，太强太弱都不好。

（4） 建议使用原装 CPU 风扇或者购买价格稍高的风扇。

下面推荐两款风扇。

图 2-27 所示为 Tt 凤凰 S400（A3175）散热器，材质为铜＋铝，风扇转速为 1 300 r/min，使用寿命 50 000 h。图 2-28 所示为九州风神贝塔 400 plus 散热器，材质为铜+铝，风扇转速为 800±150～2800±10% r/min，使用寿命 3 年。

图2-27 Tt凤凰 S400（A3175）

图2-28 九州风神贝塔 400 plus

① CPU 风扇有什么作用？
② 怎样选购 CPU 风扇？

（三） 选购内存

内存是计算机不可缺少的主要部件之一，是计算机中承担 CPU 与硬盘之间数据互换的硬件设备，即信息交换的展开空间。

1. 内存的分类

内存的主流品牌有金士顿、KINGMAX、海盗船、金邦科技、ADATA、威刚、宇瞻、超胜、黑金刚、三星、现代、蓝魔、胜创、创见等。这些内存采用的工艺略有不同，性能上也多少有些差异，从发展历程上来看内存主要以下有 3 种类型。

（1） DDR 内存。

DDR（Double Data Rate）全称为双倍速率同步动态随机存取存储器，其外形如图 2-29 所示，它采用的是 184PIN 引脚，金手指中有一个缺口。DDR 内存现在已经停产，已被淘汰。

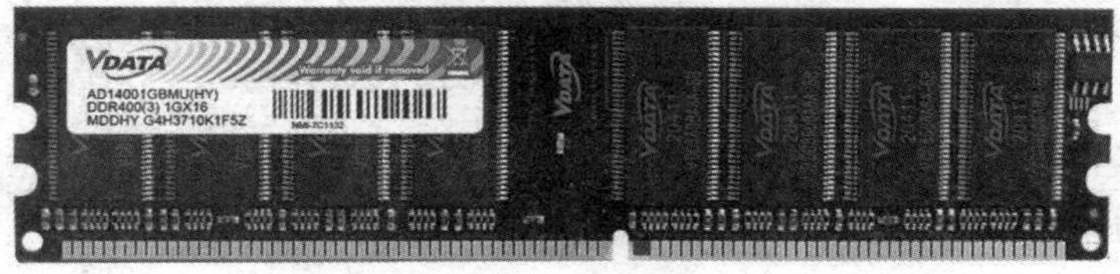

图2-29 DDR 内存

（2） DDR2 内存。

DDR2（Double Data Rate 2）全称为第二代同步双倍速率动态随机存取存储器，其数据存取速度为 DDR 的两倍。DDR2 内存采用 240PIN 的金手指，其缺口位置也与 DDR 内存有所不同，如图 2-30 所示。

图2-30 DDR2 内存

（3） DDR3 内存。

DDR3 内存与 DDR2 一样，它使用预读取技术提升外部频率并降低存储单元运行频率，但是 DDR3 的预读取位数是 8 位，比 DDR2 的 4 位预读取位数高一倍，因此具有更快的数据读取能力，其外观如图 2-31 所示。随着技术的成熟和价格的下降，DDR3 内存已逐渐取代 DDR2 内存成为主流。

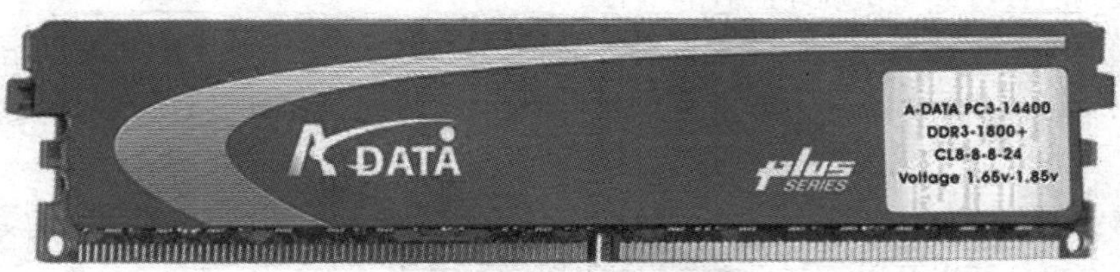

图2-31 DDR3 内存

2. 内存的主要参数

由于内存对整个计算机系统的运行效率有较大影响，在购买内存前，应该对内存的主要技术参数进行了解。

（1） 内存容量。

内存容量表示内存可以存放的数据大小，与硬盘容量计算方式一致，其单位有 B、KB、MB、GB 等（1KB=1 024B、1MB=1 024KB、1GB=1 024MB）。目前，市面上常见的内存容量规格为单条 512MB、1GB 或 2GB。

（2） 工作电压。

内存能稳定工作时的电压叫做内存工作电压。DDR SDRAM 内存的工作电压为 2.5V 左右。DDR2 SDRAM 内存的工作电压一般在 1.8V 左右。DDR3 SDRAM 内存的工作电压一般在 1.5V 左右。

（3） 内存频率。

内存频率用来衡量内存的数据读取速度，单位为 MHz，数值越大代表数据的读取速度越快。内存的类型不同，所达到的最大内存频率也不同，3 种常见内存频率如下。

- DDR 内存的内存频率有 333MHz 和 400MHz 两种。
- DDR2 内存的内存频率有 533MHz、667MHz、800MHz、1 066MHz 等。
- DDR3 内存的内存频率有 800MHz、1 066MHz、1 333MHz、1 600MHz 和 2 000MHz 等。

3. 内存的选购原则

购买内存有以下几项原则。

（1） 确定内存容量和个数。

从理论上讲，内存的容量越大越好，但是还必须根据实际需要来选择，在满足需要的前提下，留有一定的富余容量。对于一般应用，选择 1GB 的内存便可满足需求。在支持双通道或三通道内存的主板上，可增加内存个数来扩展内存。

（2） 确定内存类型。

目前市场的内存主要有 DDR2 和 DDR3 两种，要选择哪种类型的内存，应根据主板支持的内存类型和支持的内存最大容量，以及对内存的存取速度要求来确定。

（3） 确定内存工作频率。

内存的工作频率直接影响内存中数据的存取速度，频率越高数据存取速度越快，所以内存的工作频率应越大越好。但在确定所选购内存的工作频率时，应根据主板对内存工作频率的支持情况和价格来定。

（4） 注重内存的质量和售后。

内存也有散装和盒装之分，散装内存由于运输、进货渠道、保存环境等因素，容易出现损坏，在选购内存时应尽量选择盒装的内存。

内存的品牌较多，选择时应尽量选择大品牌的内存，如金士顿、威刚等，这类内存质量有保证，售后服务也较好。另外，要询问内存的质保时间，内存的质保时间通常有 3 年、5 年、终身，选购时应尽量选择质保时间较长的内存。

4. 辨别内存的真伪

购买内存时，可以从以下几个方面来辨别内存的真伪。

- 尽量到直接代理商处购买。
- 防伪查询。现在大多数品牌的内存都有短信真伪查询和官方网站真伪查询（如金士顿）等防伪服务，可通过查询来确定真伪。
- 看说明书。真品的说明书，其文字、图示清晰明朗，而伪品说明书，其文字和图示明显昏暗无光泽。伪品说明书中没有最为关键的产品官方网站的网址及查询方法的介绍。

下面介绍两款当前主流的品牌内存。

图 2-32 所示为威刚 2GB DDR3 1333（万紫千红）内存条，内存电压为 1.5～1.75V。图 2-33 所示为金士顿 2GB DDR3 1333，内存电压为 1.8V。

图2-32 威刚 2GB DDR3 1333（万紫千红）

图2-33 金士顿 2GB DDR3 1333

① 内存的主要性能参数有哪些?
② 如何辨别内存的真伪?

（四） 选购主板

计算机主机中的部件是通过主板来连接的，主板给各个部件提供了一个正常工作的平台，它是计算机系统的核心组成部分。主板的外形如图 2-34 所示。

图2-34 主板

1. 主板的分类

目前市场上主板的品牌相当多，主流品牌有华硕（ASUS）、技嘉（Gigabyte）、微星（MSI）、精英（ESC）、七彩虹（Colorful）、映泰（Biostar）、华擎（Asrock）、英特尔（Intel）、磐正（EPOX）、昂达（ONDA）等。主板根据做工以及对扩展性要求不同，可以有不同的形状、大小和布局，目前市场上主板的板型结构主要有以下两种类型。

（1） ATX 板型。

ATX 结构由 Intel 公司制订，是目前市场上最常见的主板结构，如图 2-35 所示。在 ATX 结构的主板中，CPU 插座位于主板右方，总线扩展槽位于 CPU 的左侧，PCI 插槽数量为 4～6 个，内存插槽位于主板的右下方，I/O 端口都集成在主板上，不需要电缆线转接。

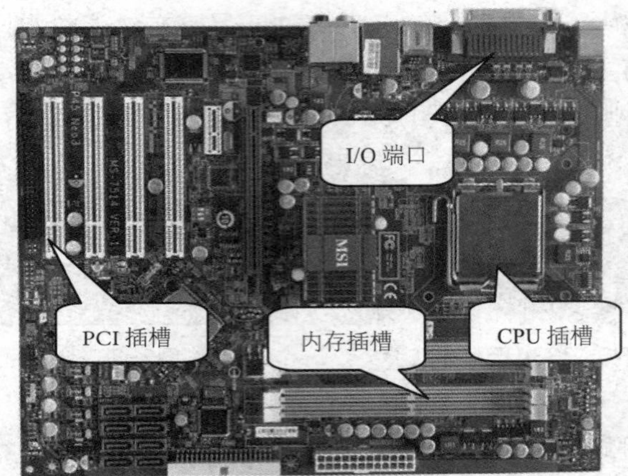

图2-35 ATX 结构主板

除此之外，ATX 结构的电源插头也采用新的规格，支持 3V/5V/12V 电源，还支持软件关机、指令开机等功能。

（2） Micro ATX 板型。

Micro ATX 可简写为 MATX，它保持了 ATX 标准主板背板上的外设接口位置，与 ATX 兼容，如图 2-36 所示。Micro ATX 主板把扩展插槽减少为 3～4 个，内存插槽为 2～3 个，从横向减小了主板宽度，比 ATX 标准主板结构更为紧凑。目前很多品牌机主板使用了 Micro ATX 标准，在 DIY 市场上 Micro ATX 主板也较多。

图2-36 MATX 结构主板

2. 主板的主要结构

（1） 主板的接口。

主板的接口一般有 IDE 接口和 SATA 接口。

（2） 主板的插座。

主板上的插座主要是 CPU 插座和电源插座、前置面板插座和主板扬声器插座。

（3） 主板的插槽。

主板上的插槽类型比较多，一般常用的有 AGP 插槽、内存插槽、PCI 插槽和 PCI-Express 插槽。图 2-37 所示为主板上的插槽。

（4） 主板的芯片组。

如图 2-38 所示，主板的芯片组是由北桥芯片和南桥芯片组成的。CPU 通过主板芯片组对主板上的各个部件进行控制。目前按照芯片组的不同，可以分为以下一些比较有代表性的类型。

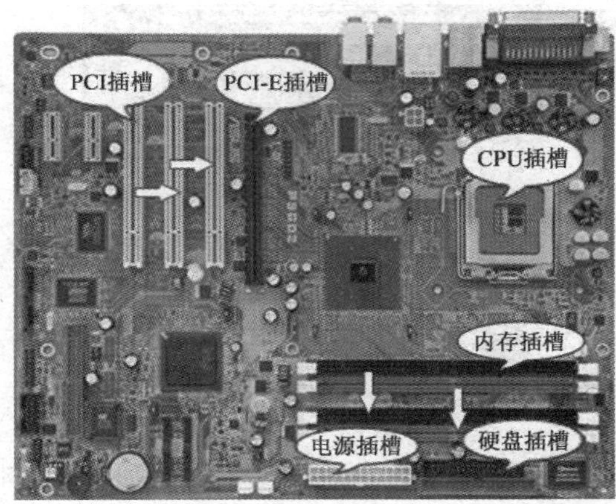

图2-37 主板插槽

图2-38 北桥芯片和南桥芯片

- Intel 系列：Intel P43、Intel P45、Intel P55、Intel H55、Intel H57、Intel H67。
- AMD 系列：AMD780G、AMD880G、AMD790GX、AMD770、AMD870。
- nVIDIA 系列：nForce 520、nForce 6100-430、GeForce 6150B、GeForce 6150SE。
- VIA 系列：K8M890、K8T890、K8T800、P4M800。
- ATI 系列：RS350、RS480、RS600。

（5） 主板的外部接口。

主板安装在机箱中以后，外部接口一般位于机箱的背面。常见的外部接口有 PS/2 接口、USB 接口、串行接口、并行接口、集成网卡接口和集成声卡接口，如图 2-39 所示。

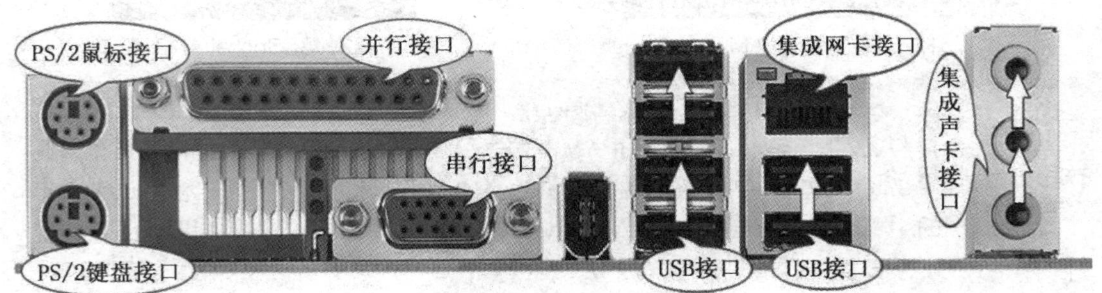

图2-39 主板外部接口

3. 主板的选购方法

市场上的主板产品种类繁多，怎样选购一款合适的主板呢？下面将介绍一些选购主板的方法。

（1） 查看主板对 CPU 的支持情况。

主板的 CPU 插槽类型直接决定了使用的 CPU 的类型，随着 CPU 的发展，主板上的 CPU 插槽类型也不断地更新换代，而目前市场上主板的 CPU 插槽类型主要有两大类。

① Intel 平台 CPU 插槽。支持 Intel 系列处理器的 CPU 插槽，目前市场上主要有 LGA 775 和 LGA 1366 等类型，分别对应支持 Intel 各个系列的 CPU，其外观如图 2-40 和图 2-41 所示。

图2-40 LGA775

图2-41 LGA1366

② AMD 平台 CPU 插槽。支持 AMD 系列处理器的 CPU 插槽，目前市场上主要有 Socket AM2 和 Socket AM3 等类型，其外观如图 2-42 和如图 2-43 所示。

图2-42 Socket AM2

图2-43 Socket AM3

知识提示

在选购主板之前，一般都确定了所选购 CPU 的类型和型号，因此就要选择与之匹配的主板。Intel 和 AMD 两家公司的 CPU 都具有两种接口类型，其中 Intel CPU 的两种接口由于针脚数不同而不能兼容，在选购支持 Intel CPU 的主板时要注意区别；而 AMD CPU 的两种接口由于针脚数相同，一般情况下主板都兼容这两种接口类型。

（2） 查看主板的总线频率。

主板的前端总线频率直接影响 CPU 与内存的数据交换速度，前端总线频率越大，则 CPU 与内存之间的数据传输量越大，也就更能充分发挥出 CPU 的性能。目前市场上主板的总线频率主要有：FSB 800MHz、FSB 1 066MHz、FSB 1 333MHz、FSB 1 600MHz、HT 1.0、HT 2.0、HT 3.0 等。

知识提示

选购主板时应保证主板的总线频率要大于等于 CPU 的总线频率，这样才能发挥出 CPU 的全部性能。如果考虑到以后要对 CPU 进行升级，可尽量选择总线频率更大的主板。

（3） 查看主板对内存的支持情况。

① 查看支持的内存类型。当前的主板主要支持 DDR2 和 DDR3 的内存，对于一般用户，选择支持 DDR2 内存的主板便可满足使用要求；而对于追求高性能的用户，则可以选择支持 DDR3 内存的主板。

② 查看对内存工作频率的支持情况。DDR2 内存的工作频率最高可达到 1 200MHz，而 DDR3 内存的工作频率则可达到 2 000MHz 或更高。在选购时应保证主板支持的工作频率要大于等于所选购内存的工作频率。

③ 查看主板对内存通道数的支持情况。若选择支持 DDR2 内存的主板，则查看其是否支持双通道，如图 2-44 所示；若选择支持 DDR3 内存的主板，则查看其是否支持三通道，如图 2-45 所示。

图2-44　DDR2 双通道内存插槽

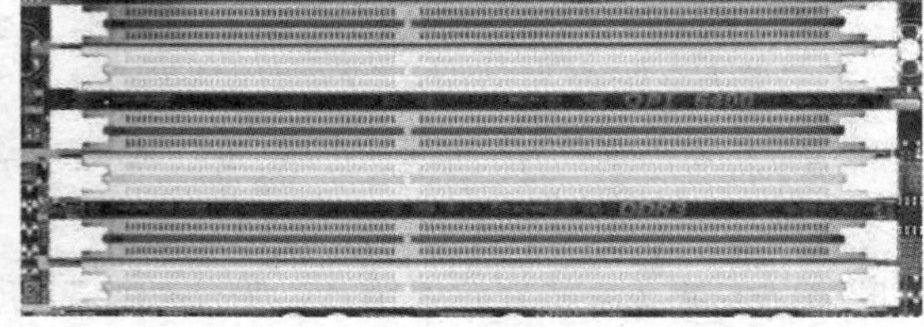

图2-45　DDR3 三通道内存插槽

④ 查看内存插槽的个数和支持的最大内存容量，以方便日后购买新的内存条对系统进行升级。

（4）　查看显卡支持情况。

若选购的计算机主要用于文件办公等一些对显卡性能要求不高的场合，并且购机预算不多时，则可选择集成显卡的主板，这样可很大程度地减少资金的投入。

若需要使用独立显卡，则应查看主板的显卡插槽类型是否与所选购的显卡接口类型相同。

对于一些高级图形图像处理用户和游戏爱好者，若想使用双显卡，则应查看主板显卡插槽的个数及对双显卡的支持情况，如图 2-46 所示。

图2-46　支持双显卡的主板

（5）　查看硬盘和光驱接口情况。

目前硬盘主要使用 SATA 接口，而光驱主要使用 IDE 接口，所以在选购主板时要根据使用硬盘和光驱的个数来查看主板上 SATA 接口和 IDE 插槽的个数，以满足需求。

（6） 查看其他外部接口。

主板上的外部接口主要有 USB 接口、串口、并口等，这些需要根据使用外设的情况来确定。例如，要使用并口打印机，则必须选择有并口的主板。

（7） 查看集成声卡和集成网卡的情况。

当前市场上的主板大多集成了声卡和网卡，在选购主板时可查看集成的声卡和网卡是否满足需求，如声卡支持的声道数、网卡的传输速率等。

（8） 注意主板的制造工艺。

正规厂商生产的主板有以下几个重要特征。

- 各个部件（包括插槽、插座、半导体元器件、大电容等）的用料都很讲究。
- 在线路布局方面采用“S 形绕线法”。所谓“S 形绕线法”就是为了保证一组信号线长度一致，而将某些直线距离较短的线进行 S 形布线的绕线方法，如图 2-47 所示。
- 做工精细、焊点圆滑，接线头及插座等没有任何松动。
- 板上厂家型号（及跳线说明）印字清晰。
- 外包装精美。
- 备有详细的使用说明书。

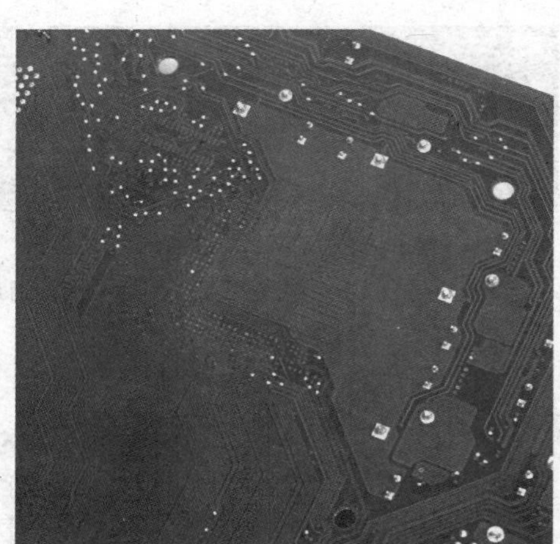

图2-47 华硕主板 S 形布线

4. 辨别主板的真伪

下面介绍用优化大师软件辨别主板真伪的方法。

在使用和维护计算机过程中，主板也应该使用恰当。

（1） 组装计算机时，要检查主板上是否有异物存在，若有要及时清理，以免造成主板短路。

（2） 计算机应放在通风良好、无高温、无灰尘、无高频干扰、电压稳定、远离茶水、避免阳光直射的环境。

（3） 计算机在关机后再开机，其时间间隔应保持在 10s 以上。

（4） 计算机应每两个月清洁一次，去除主板上的灰尘，因为在潮湿天气下，灰尘有可能造成短路现象，同时灰尘也影响散热效果。

（5） 定期检查主板上的后备电池是否有氧化液流出，电池附近主板正反面是否被腐蚀。

（6） 在潮湿地区，每周应至少开机一次，加温 1~2h，以免主机元件受潮。这样做同时也可以达到驱赶蟑螂等虫害的目的。

下面介绍两款当前主流的品牌主板。

图 2-48 所示为华硕 P5P43TD PRO 主板，主板总线为 FSB 1600(OC)MHz，主板芯片组为 Intel P43+ICH10R，支持双通道 DDR3 1600(OC)/1333/1600 内存，最大支持 16GB。

图 2-49 所示为技嘉 GA-MA770T-UD3P(rev.1.0)主板，主板总线为 HT3.0，主板芯片组为 AMD 770+SB710，支持双通道 DDR3 1666(OC)/1333/1066/800 内存，最大支持 16GB。

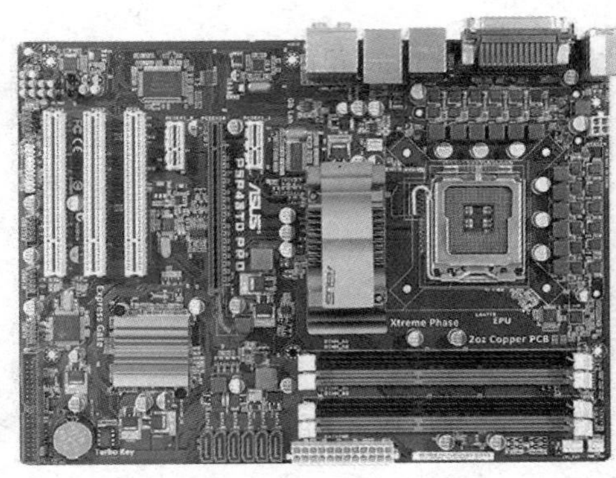

图2-48 华硕 P5P43TD PRO

图2-49 技嘉 GA-MA770T-UD3P(rev. 1.0)

① 主板有哪些著名的品牌?
② 如何辨别主板的真伪?

（五） 选购硬盘

硬盘是计算机系统中用来存储大容量数据的设备，可以把它看做是计算机系统的仓库，其存储信息量大，安全系数也比较高，是长期保存数据的首选设备。下面介绍硬盘的相关知识，包括硬盘的品牌、硬盘的分类、硬盘的参数对硬盘性能的影响，以及如何选购一款合适的硬盘。

1. 硬盘的主要参数

目前，硬盘的主流品牌有希捷（Seagate）、迈拓（Maxtor）、西部数据（WD）、三星（Samsung）、日立（Hitachi）、易拓（ExcelStor）等。其中日立、三星主要生产笔记本硬盘，台式机硬盘方面涉及极少。

（1） 单碟容量。

一个硬盘里面可安装数张碟片，单碟容量就是指一张硬盘碟片的容量。图 2-50 所示为硬盘的背面，即电路板部分。硬盘的盘片具有正、反两个存储面。两个存储面的存储容量之和就是硬盘的单碟容量。一般情况下盘片表面越光滑，表示表面磁性物质的质量就越好，磁头技术就越先进，单碟容量就越大。目前，单碟容量已经达到 500GB 以上。

图2-50 硬盘背面

（2） 硬盘转速。

从理论上说，转速越快，硬盘读取数据的速度也就越快，但是速度的提升会产生更大的噪声和热量，所以硬盘的转速是有一定限制的。

（3） 硬盘缓存。

硬盘缓存是指硬盘内部的高速存储器。目前主流硬盘的缓存主要有 8MB、16MB 和 32MB 几种。

（4） 平均寻道时间。

平均寻道时间越小越好，现在选购硬盘时应该选择平均寻道时间低于 9ms 的产品。

（5） 平均潜伏时间。

单位为 ms，一般为 2～6ms。

（6） 平均访问时间。

平均访问时间越短越好，一般硬盘的平均访问时间为 11～18ms，现在选购硬盘时应该选择平均访问时间低于 15ms 的产品。

（7） 内部数据传输率。

内部数据传输率单位为 Mbit/s，指硬盘将目标数据记录在盘片上的速度，一般取决于硬盘的盘片转速和盘片数据线的密度。

（8） 外部数据传输率。

外部数据传输率是指计算机通过接口将数据交给硬盘的传输速度。

2. 硬盘的选购原则

由于目前计算机的操作系统、应用软件和各种各样的影音文件的体积越来越大，因此选购一个大容量的硬盘是必然趋势。另外，选购时还要考虑硬盘的接口、缓存、售后服务等其他因素。

（1） 容量。

容量是用户最关心的一个硬盘参数，更大的硬盘容量意味着有更多的存储空间。现在市面上主要的硬盘容量为 500GB、1TB、2TB、4TB 甚至 6TB 等。

在选购硬盘尤其是大容量硬盘时，还要注意查看硬盘的单碟容量和碟片数。在相同容量的情况下，单碟容量越大，硬盘越轻薄，持续数据传输速度也越快。

（2） 接口。

购买硬盘时必须考虑主板上为硬盘提供了何种接口，否则购买回来的硬盘可能会由于主板不支持该接口而不能使用。目前市场上计算机硬盘常见接口为 IDE 和 SATA，如图 2-51 和图 2-52 所示，而 SATA 接口是目前的主流接口形式。

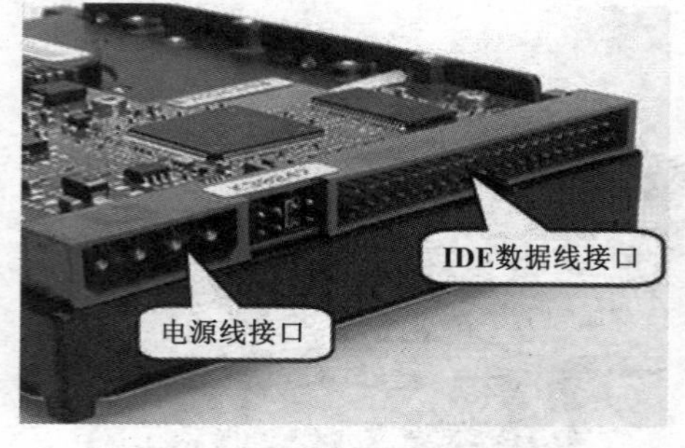

图2-51 IDE 接口

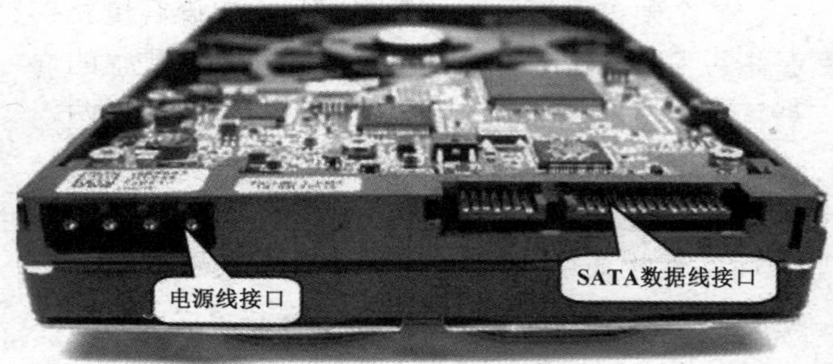

图2-52 SATA 接口

IDE 接口即电子集成驱动器，是指将硬盘控制器与盘体集成在一起的硬盘驱动器。目前厂商已很少生产。

SATA（Serial ATA）接口的硬盘又叫串口硬盘，是现在计算机硬盘的主流。其结构简单，支持热插拔。与以往硬盘相比其最大的优势在于能对传输指令（不仅是数据）进行检查，如果发现错误会自动校正，这在很大程度上提高了数据传输的可靠性。

（3） 缓存。

在数据写入磁盘的操作中，数据会先从系统主存写入缓存，一旦这个操作完成，系统就可以转向下一个操作指令，而不必等待缓存中的数据写入盘片的操作完成，硬盘则在空闲（不进行读取或写入的时候）时再将缓存中的数据写入到盘片上，这样系统等待的时间被大大缩短。缓存容量的加大使得更多的系统等待时间被节约，因此，缓存的大小对于硬盘的持续数据传输速率有着极大的影响。

目前，市面上主流硬盘的缓存为 8MB、16MB、32MB 等。

（4） 售后服务。

目前硬盘的质保期多为 1～3 年，有些硬盘（如希捷）在提供 3 年免费维修的基础上增加了 2 年付费维修，并称之为“3+2”的 5 年年包。另外，有些硬盘公司甚至提供了数据恢复业务，只是价格很高。

3. 辨别硬盘的真伪

由于硬盘是技术含量很高的产品，辨别硬盘的真伪一般有以下方法。

（1） 硬盘外部标签上的序列号应与硬盘侧面序列号相同，如图 2-53 和图 2-54 所示。

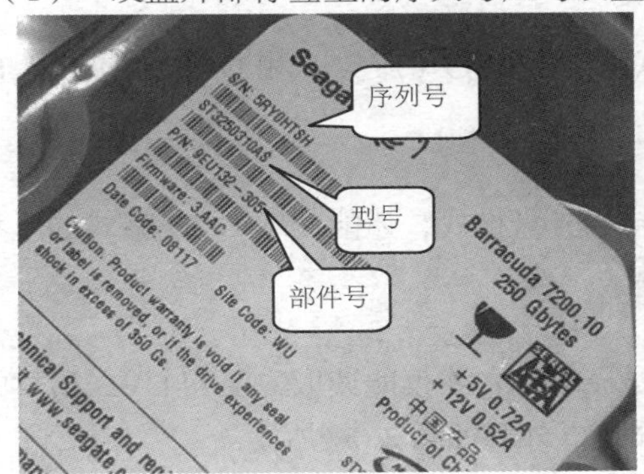

图2-53 硬盘外部标签

图2-54 侧面序列号

（2） 硬盘外部标签上的型号应与系统的【设备管理器】窗口中【磁盘驱动器】选项中显示的型号相同，如图 2-55 和图 2-53 所示。

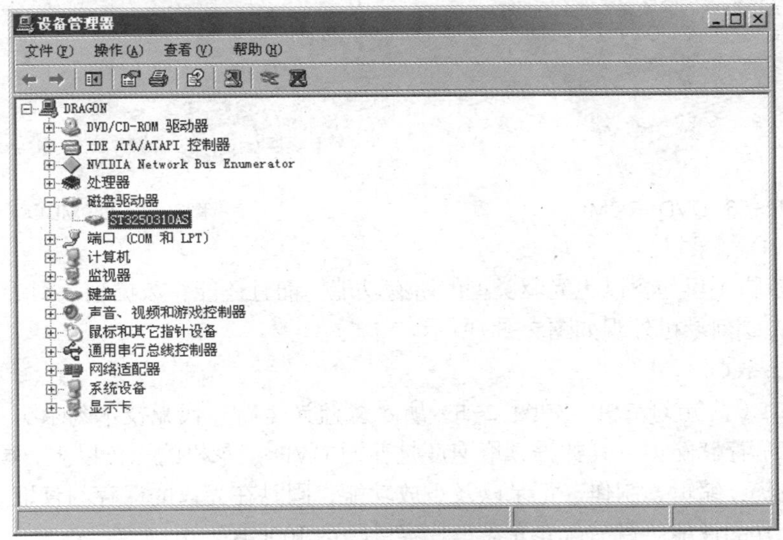

图2-55 设备管理器

（3） 通过公司官方网站上提供的防伪查询方式对硬盘的真伪进行确认。

（4） 通过拨打公司的客服电话进行硬盘真伪的查询。

硬盘是一种精密的磁性存储器，所以在使用过程中维护工作很重要。用户应做到：工作环境远离大磁场；严禁震动，要轻拿、轻放；不要带电安装或拆卸（热插拔）；经常更换读、写的扇区数据位置，如可用除 FDISK 外的 PQmagic、SFDISK 等软件划分磁盘中的主分区，这样可尽量避免频繁读、写同一扇区的现象产生。

① 硬盘的主要参数有哪些？

② 如何辨别硬盘的真伪？

（六） 选购光驱

光驱是光存储设备（又叫光盘存储器）的简称。随着多媒体技术的发展，目前的软件、影视剧、音乐都会以光盘的形式提供，使得光驱成为计算机系统中标准的配置。

1. 光驱的分类

目前市场上的光驱产品主要有 DVD-ROM、COMBO（康宝）和 DVD 刻录机、BD-ROM 等。

（1） DVD-ROM。

DVD-ROM 不仅能读取 CD-ROM 所支持的光盘格式，还能读取 DVD 格式的光盘。DVD-ROM 外观如图 2-56 所示。

（2） COMBO。

COMBO（康宝）是一种特殊类型的光存储设备，它不仅能读取 CD 和 DVD 格式的光盘，还能将数据以 CD 格式刻录到光盘中。COMBO 外观如图 2-57 所示。

图2-56 DVD-ROM

图2-57 COMBO

（3） DVD 刻录机。

DVD 刻录机不仅包含以上光驱类型的所有功能，而且还能将数据刻录到 DVD 或 CD 刻录光盘中。DVD 刻录机外观如图 2-58 所示。

（4） BD-ROM。

BD-ROM（蓝光刻录机）如图 2-59 所示。蓝光是新一代光技术刻录机，具备新一代 BD 技术的海量存储能力，其数据读取速度是普通 DVD 刻录机的 3 倍以上，同时支持 BD-AV 数据的捕获、编辑、制作、记录以及重放功能，同时在光盘的保存与读取方面都有比传统光驱更为优异的性能。目前蓝光光盘单片容量已达 100GB 以上。

图2-58 DVD 刻录机

图2-59 蓝光刻录机

2. 光驱的主要参数

要选择合适的光驱，就要对它的参数进行一定的了解，根据需要进行选购。

（1） 数据读取与刻录速度。

光驱的数据读取与刻录速度都是以倍速来表示的，且以单倍速为基准。对于 CD 光盘，单倍速为 150KB/s；对于 DVD 光盘，单倍速为 1 358KB/s。光驱的最大读取速度为倍速值与单倍速的乘积。例如，对于 52 倍速的 CD-ROM 光驱，其最大读取速度为 52×150KB/s = 7 800KB/s。

（2） 平均寻道时间。

平均寻道时间是指光驱的激光头从原来的位置移动到指定的数据扇区，并把该扇区上的第一块数据读入高速缓存花费的时间。它是衡量光存储产品的一项重要指标，一般情况下其值越小，光驱的性能越好。根据 MPC3 标准，光驱的平均读取时间要小于 250ms，目前的光驱产品通常在 120ms 左右。

（3） 缓存容量。

通常光驱内部都带有高速缓存存储器，用于暂时存储与主机之间交换的数据。当增大缓存容量后，光驱连续读取数据的性能会有明显提高，因此缓存容量对光驱的性能影响比较大。目前普通光驱大多采用 128KB～2MB 缓存容量，而刻录机一般采用 2～16MB 缓存容量。

3. 光驱的选购原则

（1） 确定光驱的类型。

不同的光驱具有不同的应用范围和应用场合，在选购时需要根据个人的使用要求选择不同类型的光驱。

如果只需要进行数据的读取，则可选择 CD-ROM 或 DVD-ROM；若要进行少量数据的刻录存储，则可选择 CD 刻录机或 COMBO；若要进行大量数据的刻录存储，则应选择 DVD 刻录机。

（2） 查看读取或刻录的速度。

通常光驱的读取或刻录速度越快，其噪声和发热量也越大，在选购时应根据对速度的要求选择适合的光驱产品。

知识提示

对于普通用户，一般可选择对 CD 光盘的最大读取和刻录速度分别为 52 倍速和 48 倍速左右的产品；对 DVD 光盘的最大读取和刻录速度分别为 12 倍速和 16 倍速左右的产品。

（3） 查看缓存大小。

光驱的缓存大小对读取速度和刻录速度都有很大的影响，在价格允许范围内应尽量选择缓存较大的产品。

（4） 注重售后服务。

售后服务也是选购光驱时考虑的条件之一，建议选择售后服务有保证的大品牌产品。目前大多数厂商都提供 3 个月保换、1 年保修的售后服务。

（5） 了解其他附加技术。

很多厂家的光存储设备都附加了一些实用的技术，如具有防刻死技术的刻录机可以减少刻废光盘现象的发生，在选购时可根据情况进行适当考虑。

下面介绍两款当前主流的品牌光驱。

图 2-60 所示为先锋 DVR-218CHV DVD 刻录机，缓存 2MB，最大刻录倍速为 22X。

图 2-61 所示为三星蓝光康宝 SH-B083A，缓存 2MB，支持单层 25GB 和双层 50GB 的蓝光盘片。

图2-60 先锋 DVR-218CHV

图2-61 三星蓝光康宝 SH-B083A

如何识别各种光驱的参数?

（七） 选购显卡

显卡是计算机系统中主要负责处理和输出图形的配件，如图 2-62 所示。显示器必须要在显卡的支持下才能正常工作。有些主板把显卡集成在主板上，从而降低了装机成本，但集成显卡的性能一般较差。

正面

背面

图2-62 显卡

1. 显卡的分类

现在市场上的显卡大多采用 ATI 和 NVIDIA 两家公司的图形芯片，如图 2-63 和图 2-64 所示。而图形芯片生产出来后又交由不同的显卡生产厂商进行特定的封装，因此显卡的品牌相当多。市场上比较有名的品牌有七彩虹（Colorful）、盈通（Yeston）、影驰（Galaxy）、迪兰恒进（PowerColor）、微星（MSI）、讯景（XFX）、昂达（ONDA）、丽台（Leadtek）、小影霸（Hasee）等。

图2-63 ATI

图2-64 NVIDIA

2. 显卡的主要参数

影响显卡性能的参数有图形芯片、核心频率、显存频率、显存容量、显存位宽、显存速度、SP 单元等。下面介绍显卡的几项主要性能参数。

（1） 图形芯片。

图形芯片型号中的第 1 位数字代表推出时间，第 2 位数字代表其性能。例如，GeForce 9300M 中的“9”指采用了第 9 代技术，而 GeForce 8600M 则采用第 8 代技术；虽然 GeForce 9300M 采用了较新的技术，但代表其性能的第 2 位数字“3”要比 GeForce 8600M 的“6”小很多，因此 GeForce 9300M 的性能比不上 GeForce 8600M，只不过要比 GeForce 8400M 的技术高一些。

对于同一个型号的图形芯片，根据后缀字母的不同，其性能也存在较大差异。一般情况下，同一型号的图形芯片，性能从低到高其后缀字母依次为 G、GS、GT、GTS、GTX。

（2） 显存速度。

显存芯片的速度越快，单位时间内交换的数据量也就越大，在同等条件下，显卡性能也将会得到明显的提升。

（3） 显存位宽。

显存位宽越大，数据的吞吐量就越大，性能也就越好。

（4） 显存容量。

理论上讲，显存容量越大，显卡性能就越好。而实际上，在普通应用中，显存容量大小并不是显卡性能高低的决定性因素，而显存速度和显存位宽才是影响显卡性能的关键性指标。

3. 显卡的选购原则

显卡一般需要根据自己的需求来进行选择，多比较几款不同品牌同类型的显卡，通过观察做工来选择，还有重要的一点是显存的容量一定要看清楚。

（1） 定位显卡档次。

不同的用户对显卡的需求不一样，需要根据自己的经济实力和需求情况来选择合适的显卡。

- 办公应用类：这类用户只需要显卡能处理简单的文本和图像即可，一般的显卡和集成显卡都能胜任。
- 普通用户类：这类用户应用多为上网、看电影、玩一些小游戏，对显卡的性能有一定的要求但不高，并且也不愿在显卡上面多投入资金，一般 300～500 元左右的显卡完全可以满足需求。
- 游戏玩家类：这类用户对显卡的要求较高，需要显卡具有较强的 3D 处理能力和游戏性能，一般考虑市场上性能强劲的显卡。
- 图形设计类：图形设计类的用户对显卡的要求非常高，特别是 3D 动画制作人员。这类用户一般选择市场上顶级的显卡。

（2） 选择图形芯片。

图形芯片是决定显卡性能的最主要因素，图形芯片性能越高，显卡的价格也越高，在选购时应根据实际需要进行选择。

（3） 查看显存频率。

显卡的性能除了由图形芯片的性能决定外，在很大程度上受显存频率的影响。在价格相差不大的情况下应尽量选择显存频率较高的显卡。

（4） 确定显存大小。

在选购时可根据显示分辨率的大小确定显存的大小，如果使用 1 024×768 的分辨率，则使用 128MB 或 256MB 的显存就足够；如果要使用 1 680×1 050 或更高的分辨率，则可选择 384MB 或 512MB 显存的显卡。

（5） 确定显卡的接口类型。

显卡的接口包括与主板显卡插槽相连的总线接口和与显示器相连的输出接口。目前显卡的总线接口主要为 PCI-Express 接口，输出接口主要有 VGA（模拟信号接口）、DVI（数字接口）和 HDMI（高清晰度多媒体接口），如图 2-65 所示。

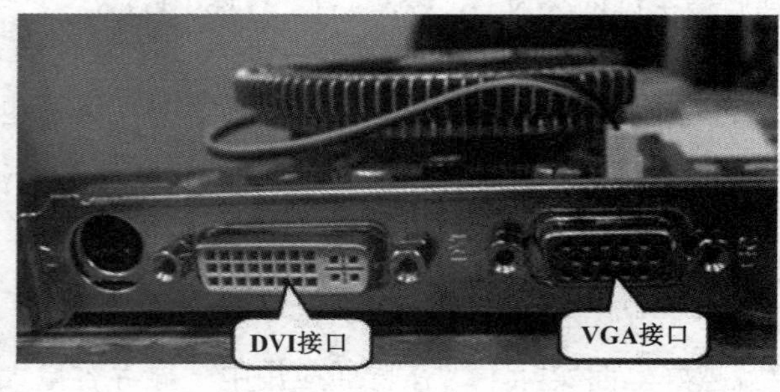

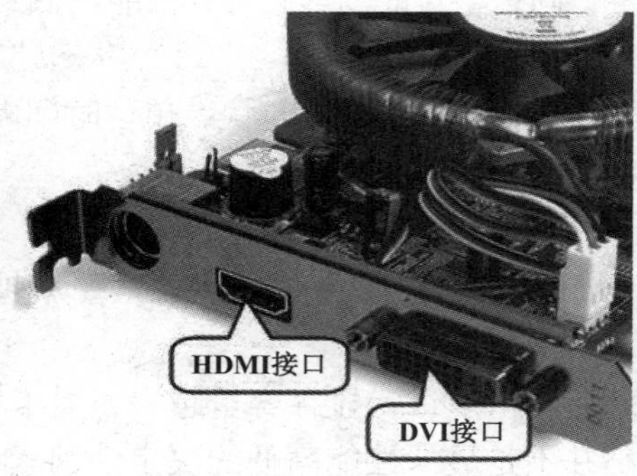

图2-65 显卡的输出接口

要确定显卡输出接口的类型，应根据所使用的显示器类型来定，其中 CRT 和早期的 LCD 显示器大都采用 VGA 接口；后期的 LCD 显示器大都采用了 DVI 接口，使得显示效果得到明显的提升；而 HDMI 接口主要应用于一些高端显示设备。

下面介绍两款当前主流的品牌显卡。

图 2-66 所示为七彩虹 GT240-GD5 CF 白金版 512MB M50，显卡芯片 GeForce GT240，显存容量 512MB，显存速度 0.5ns，显存频率 3 600MHz。

图 2-67 所示为昂达 HD5750 1024MB 神戈，采用现代 GDDR5 显存，显卡芯片 Radeon HD 5750，显存容量 1 024MB，显存频率 4 800MHz，最高分辨率为 2 560 × 1 600。

图2-66 七彩虹 GT240-GD5 CF 白金版 512MB M50

图2-67 昂达 HD5750 1024MB 神戈

问题思考

① 显卡的主要性能参数有哪些?

② 如果追求色彩质量，应该选择何种显卡?

（八） 选购显示器

显示器是计算机向用户显示输出的外部设备，是人机交互的重要设备。目前市场上的主流显示器为液晶显示器，如图 2-68 所示。

早期的液晶显示器属于“CCFL 背光液晶显示器”，正逐渐被在亮度、功耗、可视角度、刷新速率等方面有更强优势的“LED 背光液晶显示器”所替代。

图2-68 液晶显示器

1. 显示器的主要参数

（1） 尺寸和分辨率。

尺寸是指液晶面板的对角线长度，单位为英寸（1 英寸=2.54cm），如 29 英寸、27 英寸、22 英寸、21 英寸、20 英寸、19 英寸等。

分辨率是显示器在出厂时就已经固定了的，只有在最佳分辨率状态下才能达到最佳的显示效果。

（2） 亮度。

理论上显示器的亮度是越高越好，不过太高的亮度对眼睛的刺激也比较强，因此没有特殊需求的用户最好不要过于追求高亮度。

（3） 对比度。

对比度是液晶显示器的一个重要参数，在合理的亮度值下，对比度越高，其所能显示的色彩层次越丰富。

（4） 响应时间。

响应时间过长，则用户会看到显示屏有拖尾的现象，从而影响整个画面的效果。目前液晶显示器的响应时间已低至 2ms。

（5） 显示屏规格。

除传统的 4:3 的规格之外，液晶显示器也有专为影视提供的 16:9 和 16:10 两种规格，也就是常说的宽屏显示器。

（6） 显示器接口。

显示器接口是连接显卡的唯一途径，目前常见的有 DVI 接口和 HDMI 接口。

（7） 可视角度。

液晶显示器显示的光源经折射和反射后输出时已有一定的方向性，在超出一定范围的情况下观看屏幕上的画面，就会产生色彩失真现象。

（8） 亮点数或坏点数。

亮点和坏点都属于液晶显示器面板上的故障点，因其不能根据画面变化颜色而只能显示一种颜色而得名。

坏点数是厂商对液晶显示器质保的一个标准。早期的显示器坏点数是不在质保范围内的，后来国家强制企业回收坏点或亮点在 3 个以上的液晶显示器，而有的厂商制定了比国家标准更高的回收标准。

2. 显示器的选购原则

（1） 确定屏幕尺寸。

一般用户选择较便宜的 19 英寸的显示器即可，若要追求更大更好的视觉享受，在资金充足的情况下可选择 22 英寸或 24 英寸以至更大的屏幕。

（2） 查看最佳分辨率大小。

在相同的屏幕尺寸条件下，最佳分辨率越大，屏幕的显示效果越细腻。一般 19 英寸显示器的最佳分辨率为 1 440 × 900，22 英寸的为 1 680 × 1 050，24 英寸的为 1 920 × 1 200。

（3） 查看亮度。

亮度用 cd/m^2 衡量。目前液晶显示器的亮度值普遍为 $250cd/m^2$，在此亮度值条件下显示器显示效果较好，而亮度值太高有可能造成眼睛不舒服。

（4） 查看对比度。

对比度越高意味着所能呈现的色彩层次越丰富。随着液晶技术的不断成熟，这一指标不断被刷新。而目前使用最多的是动态对比度，从早期的 2 000:1 已经达到了现在的百万比 1 的超高对比度。

（5） 确定显示器的接口类型。

选购显示器时应与显卡的接口类型对应。

（6） 查看安规认证。

一般而言，液晶显示器均应通过 TCO'99 认证。另外，常见的认证还有 CCC 认证、Windows Vista Premium 认证等。

下面介绍两款当前主流的品牌显示器。

图 2-69 所示为三星 EX1920W 显示器，LED 背光，16:10 宽频，亮度 $250cd/m^2$，静态对比度 1000:1，可视角度 176/170° 。

图 2-70 所示为 LG E2250T，LED 背光，16:9 宽频，亮度 250cd/m^2，动态对比度 500 万:1，可视角度 176/170°，响应时间 5ms。

图2-69 三星 EX1920W

图2-70 LG E2250T

① 显示器的主要性能参数有哪些?

② 怎样识别显示器的质量?

（九） 选购机箱和电源

在购买计算机时，电源的价格仅占很小的比例，但却关系着整台机器的运行质量和寿命。而机箱则为各种板卡提供支架，几乎所有重要的配件都安装在机箱里面，一个好的机箱不仅可以阻挡外界的损害，而且可以防止电磁干扰，从而保证用户的身体健康。

1. 机箱的分类

从结构上看，当前市场上的机箱主要有 ATX 型和 Micro ATX 型。

（1） ATX 型。

ATX 是目前市场上最常见的机箱结构，如图 2-71 所示。其扩展插槽和驱动器仓位较多，扩展插槽数可多达 7 个，而 3.5 英寸和 5.25 英寸驱动器仓位也分别达到 3 个或更多，现在的大多数机箱都采用此结构。

（2） Micro ATX 型。

Micro ATX 又称 Mini ATX，是 ATX 结构的简化版，就是常说的“迷你机箱”，如图 2-72 所示。扩展插槽和驱动器仓位较少，扩展槽数通常在 4 个或更少，而 3.5 英寸和 5.25 英寸驱动器仓位也分别只有 2 个或更少，多用于品牌机。

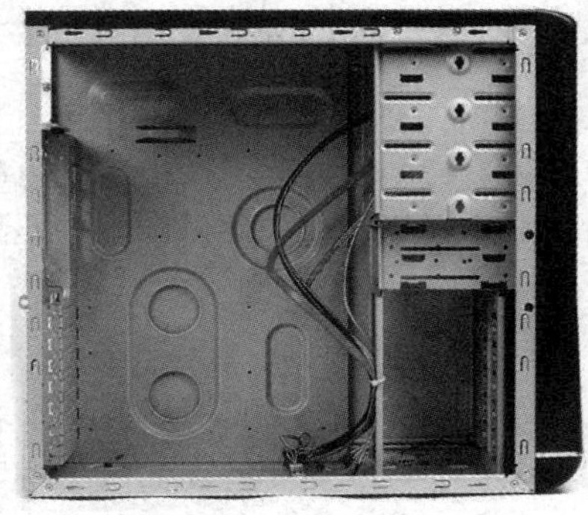

图2-71 ATX 机箱

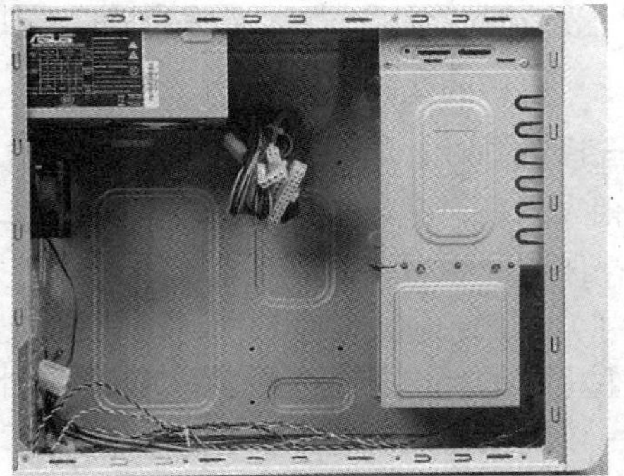

图2-72 Micro ATX 机箱

一般情况下，ATX 型机箱都兼容 Micro ATX 型结构。

2. 电源的主要参数

电源也称为电源供应器，它提供计算机中所有部件所需要的电能，如图 2-73 所示。电源功率的大小，电流和电压是否稳定，将直接影响计算机的工作性能和寿命；电源的接口类型将决定是否能使用特定的设备。在选择电源之前应了解其性能参数。

图2-73 电源

（1） 额定功率。

电源的额定功率是指电源在持续正常工作中可以提供的最大功率，单位为瓦（W）或千瓦（kW），它是主机正常稳定工作的保障，一般情况下该值应大于主机在持续工作时的功率。

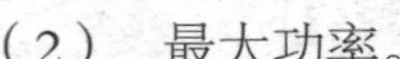

（2） 最大功率。

最大功率是指电源在单位时间内所能达到的最大输出功率。最大功率越大，电源所能负载的设备也就越多，但在此功率下并不能保证持续稳定的工作，而且会加快电源的老化，所以选择电源时尽量以额定功率为准。

3. 机箱的选购原则

机箱的品牌较多，外观样式也多种多样，除了根据个人喜好选择中意的机箱外观以外，还应掌握以下选购原则。

（1） 确定机箱的种类。

ATX 机箱由于体积大，内部空间充足，利于散热，而且价格普遍要便宜一些，一般情况下若无特殊要求则尽量选择 ATX 机箱；Micro ATX 机箱由于体积小，散热条件没有 ATX 机箱好，一般适用于喜欢时尚外观而且主机配置不高的用户。

（2） 查看机箱的扩展性。

如果需要经常添加硬件设备或升级，就需要一个空间足够大、扩展性好、各种驱动器仓位较多的机箱。另外，拆装方式也要尽量简便，如选择免螺丝固定的机箱。

（3） 注意机箱的做工。

选购机箱时应该选择结实耐用、做工精良的机箱。好的机箱应该坚固，不容易变形，有些机箱在内部有横撑杠，能够大幅度增加机箱的抗变形能力。选购时还要检查机箱板材的边缘是否光滑，有无锐口、毛刺等。

一般情况下尽量选择大品牌的机箱，其质量和做工都较好，如多彩、爱国者、金河田等。

4. 电源的选购原则

选择电源时，原则上是功率越大越好，但另一方面，功率越大的电源搭配的电源风扇转速也相应越高，噪声也会随之增加。因此，电源的功率最好与所选配件供电需求匹配，略有盈余，保留升级潜力即可。

（1） 确定电源的功率。

主机中的耗电部件主要有 CPU、显卡、硬盘、光驱等。对一般的用户，只安装一个硬盘和一个光驱，且对电源没有特殊的要求，一般选择最大功率为 300W 左右的电源即可。但如果安装多个硬盘和光驱，或使用一些利用主机 USB 接口供电的设备时，就应该选择更大功率的电源。

（2） 感受电源重量。

电源的重量不能太轻，一般来说，电源功率越大，重量应该越重。尤其是一些通过安全标准的电源，会额外增加一些电路板零件，以增进安全稳定性，重量自然会有所增加。在购买时可拿在手上感受一下电源的重量，一般重量越重的电源质量也越好。

（3） 查看电源的质量认证。

在选购时一定要注意电源是否通过国家的 CCC 认证，没有通过认证的电源在各个方面都没有保证，在选购时必须注意。

（4） 选择大品牌的产品。

大品牌的电源产品质量比较有保证，目前市场上较好的电源品牌有航嘉、长城、多彩、金河田等，选购时可尽量选择这些厂家的电源。

（十） 选购键盘和鼠标

鼠标和键盘是计算机主要的输入设备，其质量的好坏直接影响用户使用时的舒适度，特别是对于需要长时间使用鼠标和键盘的用户，好的设计可有效保护用户手部的健康，所以应引起注意。

1. 键盘的分类

键盘根据接口和结构的不同可以分为不同的类型。

（1） 按照键盘的接口分类。

目前市场上的键盘按接口分主要有 PS/2 接口（如图 2-74 所示）键盘和 USB 接口（如图 2-75 所示）键盘。

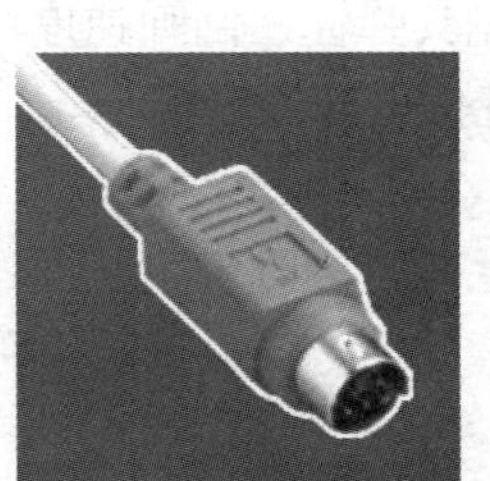

图2-74 PS/2 接口

图2-75 USB 接口

PS/2 键盘的接口颜色通常为紫色，USB 接口是一种即插即用的接口类型，并且支持热插拔。

（2） 按照结构特点分类。

由于人们对键盘的需求越来越多，各种各样的键盘也应运而生，有具有夜光显示的键盘、无线键盘及兼顾多媒体功能的键盘。

- 图 2-76 所示为新型的夜光显示键盘。
- 多媒体键盘是在普通键盘上增加一些按钮，使键盘的功能得到扩展，这些按钮可以实现调节音量、启动 IE 浏览器、打开电子邮箱、运行播放软件等功能，如图 2-77 所示。

图2-76 夜光显示键盘

- 一般无线键盘的有效距离在 5m 左右，在这个范围内用户可以随心所欲地移动手中的键盘而不影响操作。无线键盘需要安装一个 USB 接口的收发器，用来接收键盘发出的无线信号，如图 2-78 所示。

图2-77 多媒体键盘

图2-78 无线键盘

2. 键盘的选购原则

拥有一款好的键盘，不仅在外观上可得到视觉享受，在操作的过程中也会更加得心应手。下面介绍选购键盘的几项原则。

（1） 看外观。

一款好的键盘能使用户从视觉上感觉很顺眼，而且整个键盘按键的布局合理，按键上的符号很清晰，面板颜色也很清爽，在键盘背面有厂商名称、生产地和日期标识。

（2） 实际操作手感。

手感好的键盘可以使用户迅速而流畅地打字，并且在打字时不至于使手指、关节和手腕过于疲劳。

检测键盘手感非常简单，用适当的力量按下按键，感觉其弹性、回弹速度和声音，手感好的键盘应该弹性适中，回弹速度快而无阻碍，声音低，键位晃动幅度较小。

（3） 生产工艺和质量。

拥有较高生产工艺和质量的键盘表面和边缘平整、无毛刺，同时键盘表面不是普通的光滑面，而是经过研磨的表面。按键字母则是使用激光刻写上去的，非常清晰和耐磨。

（4） 使用的舒适度。

键盘的使用舒适度也很重要，特别是对于那些需要长时间进行文字输入的用户来说，一个使用舒适的键盘是必不可少的。建议需要长时间打字的用户选用人体工程学键盘，这种键盘虽然价格稍贵，但是可以让手指和手腕不会因为长时间弯曲而出现劳损。

（5） 选择键盘接口。

可以根据需要选择普通接口或 USB 接口，也可以选择无线键盘。

3. 鼠标的分类

按鼠标的接口类型可分为 PS/2 鼠标、USB 鼠标和无线鼠标。

按鼠标的工作原理可分为机械式鼠标、光电式鼠标和激光式鼠标。机械式鼠标如图 2-79 所示，它采用滚珠作为传感介质，现在市场上已无此类产品，只在一些较老的计算机上还有使用。光电鼠标如图 2-80 所示，它采用 LED 光作为传感介质，是目前应用最广泛的鼠标类型。激光式鼠标采用激光作为传感介质，相比光电式鼠标具有更高的精度和灵敏度，如图 2-81 所示。

图2-79 机械式鼠标

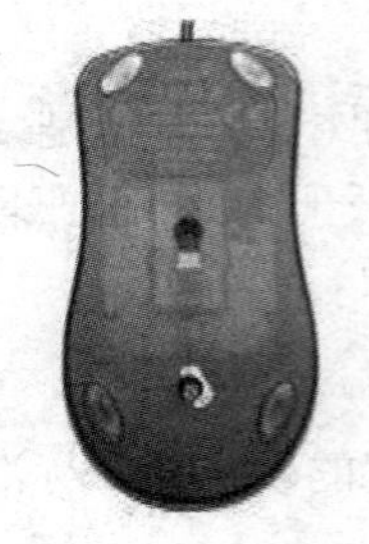
图2-80 光电式鼠标

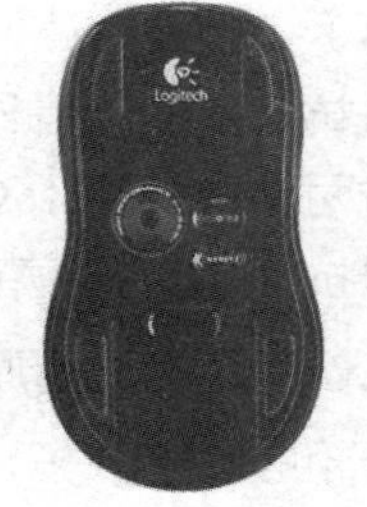

图2-81 激光式鼠标

4. 鼠标的选购原则

鼠标是可视化操作系统下重要的输入设备，目前使用的鼠标主要是光电鼠标，在选购时要注意以下两点。

（1） 感受鼠标的手感。

手感包括鼠标的大小是否合适，握在手中是否舒适，鼠标表面触感是否舒适，移动是否方便等。在选购时可将鼠标握在手中操作一会儿，以实际感受一下操作的舒适度。

（2） 确定鼠标的接口。

对于鼠标接口的选择通常没有特殊要求，只是USB接口的鼠标支持热插拔，使用更加方便，在选购时可尽量选择USB接口的鼠标。

（十一） 选购音箱

当前个人计算机迅速普及，而其强大的多媒体功能也在逐渐影响和转变大众休闲娱乐的方式。音箱作为多媒体应用的一种重要输出设备，如图2-82所示，它的性能高低直接决定了多媒体声音的播出效果和听觉感受。

图2-82 音箱

1. 音箱的主要参数

音箱性能的高低是由其各项参数共同决定的，所以在选购音箱之前，首先应了解其各项参数的含义。

（1） 功率。

功率决定音箱所能发出的最大声音强度。功率主要有两种标注方式，即额定功率和峰值功率。

- 额定功率：指在额定频率范围内给扬声器规定了一个波形的持续模拟信号，扬声器能够长时间正常工作的最大功率值。
- 峰值功率：指在扬声器不发生损坏的条件下瞬间能达到的最大功率值。

（2） 失真度。

失真度是指声音的电信号转换为声波信号过程中的失真程度，用百分数表示，值越小越好。一般允许的失真度范围在10%以内，建议最好选购失真度在5%以下的音箱。

（3） 信噪比。

信噪比是指音箱回放的正常声音信号与无信号时噪声信号的比值，用分贝（dB）表示。信噪比数值越高，噪声越小。一般音箱的信噪比不能低于80dB，低音炮的信噪比不能低于70dB。

（4） 阻抗。

阻抗是指输入信号的电压与电流的比值，单位是 Ω。音箱的输入阻抗一般分为高阻抗和低阻抗两类，高于 16Ω 的是高阻抗，低于 8Ω 的是低阻抗，而太高和太低都不好，一般选购标准阻抗为 8Ω 的音箱。

2. 音箱的选购原则

音箱的品牌很多，且没有一个明确的设计技术标准，所以在选购音箱时主要应根据实地感受进行选择。

（1） 确定选购木质音箱还是塑料音箱。

木质音箱由于在厚度、板材及密度方面可以有更多选择，从而有效降低了箱体本身谐振对回放声音的干扰，使音质更纯净。

塑料音箱不仅在价格上有较大优势，还可以有各种时尚漂亮的外观，若厂家技术水平较好，则在音质方面也并不会低于木质音箱，如图 2-83 所示。

飞利浦 SPA5300　　漫步者 e3350

图2-83 具有漂亮外观的塑料音箱

（2） 考虑空间大小。

空间的大小对音箱回放声音的音质也有较大影响，应根据居室空间的大小选购功率适宜的音箱，对于普通的 $20m^2$ 左右的房间，60W 功率（即有效输出功率为 30W×2）的音箱就已经足够。

另外，在音箱的体积方面还应考虑电脑桌空间的大小及携带是否方便，对于笔记本电脑用户可选购时尚小巧的便携式音箱，如图 2-84 所示。

奥特蓝星 iM7

漫步者 Ramble

爵士 J1100

图2-84 具有时尚外观的便携式音箱

（3） 查看音箱的做工。

质量好的音箱通常外形流畅平滑，色泽细腻均匀。在选购音箱时可查看音箱箱体的各结合处是否均匀紧密；音箱上的标记或花纹是否精致、端正、清晰；音箱上按钮和插孔的位置是否分配合理；如果允许打开音箱，再查看内部各零件和布线等是否简洁合理。

（4） 用手测试音箱质量。

用手敲击箱体，发出的声音铿锵有力，说明音箱材质较好；试着旋转音箱上的旋钮，质量好的音箱应该阻力较小、自然顺畅；拿在手上掂量一下音箱的重量，较好的音箱其选料更好，内部电路器件更多，重量通常也较重。

（5） 实地试听音箱效果。

用音箱播放音乐，将音量调节至最大，然后离开一尺的距离，此时应无明显的噪声；播放轻柔的音乐以感受音质是否清晰流畅；播放快节奏高分贝的音乐来检测音箱是否有足够的功率来体现震撼的音效而无明显失真；慢慢地调节音量，要保证音量增加和减小均匀自然；另外，在关闭音箱时质量好的音箱应无较大的冲击声。

任务二 品牌计算机的选购

通过前面的学习，读者可以了解组装机的部件选购原则，下面来介绍品牌计算机选购的知识。

（一） 了解品牌电脑的主要产品

其实品牌机与组装机在理念上是一致的，只不过品牌机是由大型厂商为客户定制的组装计算机，并提供统一的售后标准而已，在价位上品牌机比组装机高 50%左右。下面介绍几款品牌机。

1. 著名的电脑品牌

目前市场上主要的品牌电脑有以下几种。

- 苹果 Apple：创始于 1976 年美国，世界品牌，领导品牌。
- 联想 Lenovo：创始于 1984 年北京，中国驰名商标，中国名牌，国家免检产品。
- 惠普 HP：创始于 1939 年美国，世界品牌。
- 戴尔 Dell：创始于 1984 年美国，世界品牌。
- 方正 Founder：中国驰名商标，中国名牌，一线品牌。
- 神舟 Hasee：创始于 2001 年中国深圳，隶属于新天下集团。
- 宏碁 Acer：创始于 1976 年中国台湾，领先电脑品牌。
- 华硕 ASUS：创始于 1989 年中国台湾，领先电脑品牌。
- 海尔 Haier：中国驰名商标，中国名牌，一线品牌。
- 东芝 Toshiba：日本驰名商标。

2. 品牌电脑的分类

品牌电脑根据规模大小、知名度、国际国内市场占有率以及技术支持能力等因素可分为多种档次。

（1） 第一阵营。

第一阵营的产品为国际级知名产品，拥有强大的技术实力。例如苹果、惠普、戴尔等都属于国际级知名品牌。此类电脑稳定性高、平均无故障时间长但价格偏高的特点，多为机关和单位所选用，也有一部分为预算较多的家庭个人用户所选用。

（2） 第二阵营。

第二阵营为国内著名企业生产的品牌电脑，凭借本地化的优势，售后服务工作也有很好的保证，有的产品还提供了全国联保。这类电脑部件由定点厂家 OEM，如国内著名的联想、方正、清华同方等，电脑性能和稳定性基本可以与国外品牌机媲美，甚至有些厂商已经成为国际化的公司，但价格上要优惠不少。

（3） 第三阵营。

第三阵营的品牌电脑主要产自当地有一定规模的企业，在特定区域范围内有一定的名气。产品主要靠组装为主，作为专业单位，对电脑的配置和硬件质量的把关较一般用户和电脑城里的装机商更有针对性，同时也具备一定的技术力量和售后服务能力。

（4） 第四阵营。

第四阵营的品牌电脑多是一些小单位企业在申请了品牌以后自己组装的电脑，除了多了一个商标名称外，本质上与兼容机没有大的区别。这些所谓的品牌电脑多没有联销网点，只是在电脑城租一两个门面出售，售后服务能力相当有限。

（二） 了解品牌电脑的选购原则

选购品牌电脑时，应注意以下原则。

（1） 根据个人的预算确定电脑品牌。

如果预算充裕自然定位于国际品牌，其品质和易操作性能绝对不会让用户失望。如果用户要求价廉物美，国产的品牌机（也就是上文中提到第二、第三阵营的电脑）也是不错的选择，现在很多国产品牌机造型和功能已经很多样化，用户很容易选购到适合自己的电脑。

有些品牌电脑个别型号特别突出某些功能，如配置了大尺寸的液晶显示器等，这对一般的家庭用户来说不是非常必须，而且使电脑的价格上升不少。选购品牌电脑，尤其是中档价位的产品，不应过分追求某些超前的功能或配置。品牌机多用显卡的显存容量多少来标志显卡配置的档次，这样是不科学的，建议用户问清显卡芯片的型号和显存容量以便全面比较。

（2） 根据用途确定电脑品牌。

同一品牌的电脑一般也有档次之分。入门级的机型适合基本应用和文字处理。中高档电脑可以适应大部分家庭应用和娱乐的要求。高档机型采用目前最高档的处理器，大容量内存也是基本配置，使用中高档显卡，有的还配置有大尺寸高性能的液晶显示器，价格一般也很高，对于家庭用户这可谓是顶级配置。用户根据自己的应用需要和预算选购。

（3） 选择适用的机型。

作为用户在选择电脑的时候就一定要清楚自己的需求，是学习、娱乐、设计、游戏还是工作，从而做到选择电脑的时候有的放矢。在软件方面，大多数品牌机都预装了操作系统和一些应用软件。少数较具实力的厂商能针对自己的机型开发出个性化的软件。

（4） 重视易用性。

软件的易用性指用户可以非常方便地根据电脑给予用户的提示、指令完成既定的目的。例如，如果电脑拥有一个桌面导航系统，就会为用户清楚地了解电脑提供极大的方便。现在很多家用电脑都采用了快捷键的功能键盘配备。比如，一键上网、收发 E-mail、播放 VCD 等，这些都简便了操作过程，而这些恰恰是那些兼容机所不具备的。

（5） 重视扩展性。

就像前面说的，现在很多品牌家用电脑的配置方面都模糊不清。而目前，电脑的升级能力也已经成为评价电脑的一项重要标准。因此，用户在选择电脑的时候，一定要考虑它是否拥有升级能力，以及升级能力是否优异。

（6） 重视售后服务。

很多人购买品牌机都是冲着其良好的售后服务的。一般规模较大的著名品牌机都会提供3年的免费保修服务，形式却不尽相同。有些第一年为上门服务，其余两年为送修服务（即自己负责机器的运送）；有些则3年都为送修服务。也有的品牌机售后只一年的保修，并要求用户把机器送到维修点，选购时一定要注意。

任务三 笔记本电脑的选购

笔记本电脑是一种小型、可携带的个人电脑，其发展趋势是体积越来越小，重量越来越轻，而功能却越发强大。与台式机相比的主要区别在于其携带方便。

（一） 了解笔记本电脑的主要种类

目前，笔记本电脑的种类丰富，为用户选择自己钟爱的产品提供了较大的选择空间。

1. 笔记本电脑的主流品牌

目前常见的笔记本电脑产品大致可以分为以下几类品牌。

（1） 国际品牌。

国际品牌主要是美国、韩国和日本的品牌，包括东芝（Toshiba）、戴尔（Dell）、惠普（HP）、索尼（Sony）、NEC、三星（SAMSUNG）、富士通（Fujitsu）、松下（Panasonic）、苹果（Apple）、LG等，其产品品质较为优秀，市场份额相当高，当然价格也较贵。

（2） 国内品牌。

中国台湾地区品牌主要包括宏基（Acer）、华硕（ASUS）、伦飞、联宝等。这类笔记本电脑技术成熟，价格相对便宜，购买的人也非常多。

大陆地区品牌笔记本电脑分两个层次，高端有明基（BenQ）、联想、方正、紫光、同方、TCL、神州、新蓝、七喜、海尔和长城，由于价格便宜、维修方便，越来越受到用户喜爱。

2. 按照用途分类

从用途上看，笔记本电脑一般可以分为4类。

- 商务型：这类电脑一般用于商务办公，其典型特征为便于携带、移动性强，电池续航时间长，便于长时间工作。
- 时尚型：外观特异也有适合商务使用的时尚型笔记本电脑。
- 多媒体应用型：结合强大的图形及多媒体处理能力又兼有一定的移动性的综合体，市面上常见的多媒体笔记本电脑拥有独立的较为先进的显卡，较大的屏幕等特征。
- 特殊用途：服务于专业人士，可以在酷暑、严寒、低气压以及战争等恶劣环境下使用的机型，多较笨重。

3. 显示屏尺寸

笔记本显示屏主要分为LCD和LED两种类型。LCD是液晶显示屏的全称，主要有TFT、UFB、TFD和STN等几种类型，其中最常用的是TFT。

LCD和LED是两种不同的显示技术，LCD是由液态晶体组成的显示屏，而LED则是由发光二极管组成的显示屏。LED 显示器和 LCD 显示器相比，LED 在亮度、功耗、可视角度和刷新速率等方面，都更具优势。

显示屏的尺寸是指屏幕对角线长度，如图 2-85 所示。目前产品主要尺寸有以下几种。

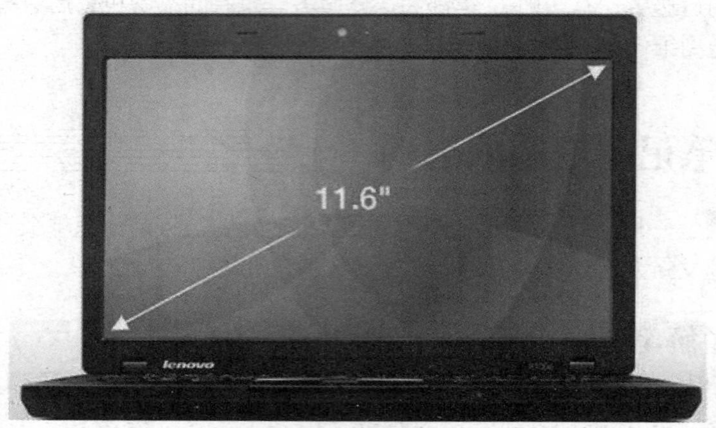

图2-85 显示屏尺寸

- 15 英寸以上：性能高，视觉效果好，便携性不佳。
- 14 英寸：目前最主流的尺寸，机型选择多。
- 13 英寸：性能与便携完美平衡的尺寸。
- 12 英寸以下：便携性突出，机型选择较少。

4. CPU

笔记本电脑的 CPU 也主要有 Intel 和 AMD 两大品牌。

（1） Intel 产品。

Intel 产品目前占据个人电脑市场的大部分份额，Intel 生产的 CPU 制定了 x86CPU 技术的基本规范和标准。目前典型的 Intel CPU 如图 2-86～图 2-90 所示。

图2-86 Core i

图2-87 Core 2

图2-88 奔腾双核

图2-89 赛扬双核

图2-90 凌动

（2） AMD 产品。

除了 Intel 产品外，最新的 AMD 速龙Ⅱ X2 和羿龙Ⅱ具有很好性价比，尤其采用了 3DNOW+技术并支持 SSE4.0 指令集，使其在 3D 上有很好的表现。目前典型的 AMD CPU 如图 2-91～图 2-95 所示。

图2-91 羿龙 2

图2-92 羿龙

图2-93 速龙双核

图2-94 闪龙

图2-95 炫龙

（二） 了解笔记本电脑的选购原则

笔记本电脑由于其便携性而使移动办公成为可能，现在的笔记本电脑更是在保持性能的前提下，外形越来越小巧、轻薄，其市场容量迅速扩展，越来越受到用户的推崇。

1. 主板

笔记本电脑的集成度非常高，一些主要功能都集中在主板上，主板的性能好坏直接决定了整机的性能。

Intel 的芯片组性能与质量是最好的，价格也最贵。除此之外，最常见的就是 SIS 和 ALI 的芯片组了，低价位的机器一般都采用这两种芯片，稳定程度也不错。

2. CPU

笔记本电脑上的 CPU 是“笔记本电脑专用处理器”，俗称“Mobile CPU”，它可以根据实际运行的需求来控制 CPU 运行的频率，以减低功耗。

3. 屏幕

选购笔记本电脑时，需要注意以下 3 个方面。

- 坏点问题。在笔记本电脑上打开一幅单色的图像，仔细观察有无特别的亮点就可以了。
- 反应时间。最简单的测试办法就是打开一页特别长的文本，按住向下键向下滚屏，观察屏幕，反应时间是越短越好。
- 液晶屏本身的档次。现在 LED 背光屏已成为笔记本电脑屏幕的主流，随着技术的发展，触摸屏、3D 屏等也在笔记本电脑上得到应用。

4. 电池使用时间

使用持久性是笔记本电脑非常重要的一个技术指标，而电池的容量决定了笔记本电脑使用的持久性。现在市场上大多数笔记本采用普通锂离子电池（Li-ion），锂聚合物电池则被部分高档超薄型笔记本电脑所使用。

目前，笔记本电脑的电池容量一般为 3 000～4 500mAh（1mAh=3.6C），也有极少数配备 6 000mAh 的。数值越高，在相同配置下的使用时间就越长。

5. 硬盘质量

目前的笔记本硬盘以 500GB 和 1TB 为主流配置，容量越大，价格相应也越贵。除容量外，还要考虑硬盘的厚度、转速、噪声、平均寻道时间、是否省电等方面的参数。

小结

本项目主要介绍了根据实际需求确定计算机配置方案的方法和原则，并详细介绍了计算机各种配件的选购方法，并对主要配件的主流产品进行了介绍。最后介绍了品牌机和笔记本电脑的选购原则，以及当前主流产品。选购计算机配件需要长期的经验积累，再加上配件更新换代速度较快，所以应多了解最新的硬件信息，多收集硬件识别与选购的资料，逐步熟悉和掌握计算机硬件的选购方法和技巧。

习题

1. 当前台式计算机的 CPU 主要有________和________两大品牌。
2. 常见内存有________、________和________。
3. 主板按照板型结构可分为________和________。
4. 硬盘按接口类型分类，可分为________硬盘和________硬盘。
5. 光驱是易损部件，列举出 5 点光驱维护要注意的事项。
6. 简述检测液晶显示器亮点的方法。
7. 根据所学知识配置两台不同需求的计算机，配置单填写如下表。配件价格可到当地计算机市场了解。

计算机配置单

配 件 名 称	配 件 型 号	价格（单位：元）
CPU		
内存		
主板		
显卡		
硬盘		
显示器		
光驱		
机箱		
电源		
键盘		
鼠标		

总计：________

配置理由：____

____

____

____

PART 3

项目三 组装计算机

通过上一项目的学习，我们对计算机各类硬件的结构、特点、用途和主要性能指标以及选购要领有了全面的了解，为自己组装计算机奠定了基础。本项目将详细地介绍计算机的组装过程。

学习目标

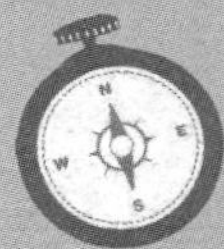

- 了解装机前的准备工作。
- 掌握计算机组装的一般过程。
- 掌握计算机组装后的检查与调试。

任务一 装机前的准备

在组装计算机前，首先应该了解必要的装机知识并准备必要的装机工具。

（一） 部件、环境、工具的准备

（1） 部件的准备。

在装机之前，要清查整理好购买的各部件，仔细查看所购买的产品的品牌、规格和计划购买的是否一致，说明书、防伪标志是否齐全，各种连线是否配套等。

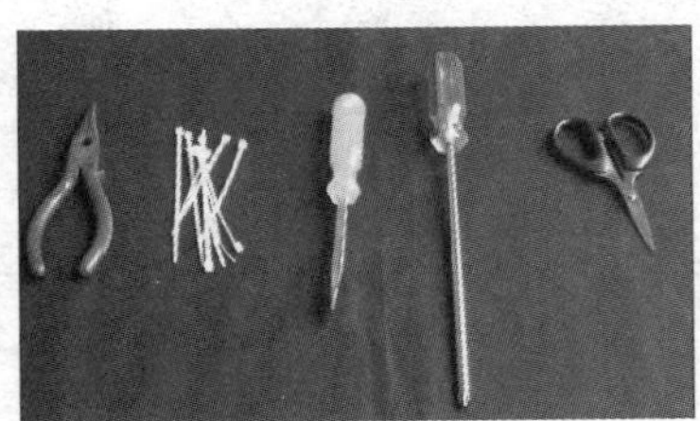

图3-1 装机工具

（2） 装机环境的准备。

组装计算机需要一个比较干净的环境，需要有一个工作台（可以是一张宽大且高度合适的桌子），还需要准备一个多功能的电源插座，以方便测试机器时使用，另外还要准备一个小器皿，盛放一些螺钉和小零件。

图3-2 万用表

（3） 装机工具的准备。

在进行计算机组装之前，需要准备一些工具，如螺丝刀、尖嘴钳、镊子、防静电的手套、万用表、毛刷等，如图 3-1 和图 3-2 所示。

- 螺丝刀：应尽量选用带磁性的螺丝刀，这样可以降低安装的难度。

- 尖嘴钳：主要用来拧一些比较紧的螺丝，如在机箱内固定主板时，就要用到尖嘴钳。
- 镊子：在插拔主板或硬盘上的跳线时需要用到镊子。
- 防静电手套：由于手上携带的静电很容易击穿晶体管，所以需要带上防静电手套。
- 毛刷：主要用来清理主机板和接口板卡上装有元器件的小空隙处，可避免损伤元器件。

（二） 注意事项

在组装计算机时，要遵守操作规程并注意以下事项。

- 防止静电：由于气候干燥、衣物相互摩擦等原因，很容易产生静电，而这些静电可能损坏设备，从而带来严重的后果。因此，最好在装机前用手触摸地板或洗手，以释放掉身上携带的静电。
- 防止液体进入：在装机时要严禁液体进入计算机内部的板卡上，因为这些液体会造成短路使器件损坏。
- 测试前，建议只装必要的设备，如主板、处理器、散热片与风扇、硬盘、光驱以及显卡，其他配件如声卡、网卡等，待确认必要设备没问题后再安装。
- 未安装使用的元器件需放在防静电包装袋内。
- 注意保护元器件和板卡，避免损坏。
- 装机时不要先连接电源线，通电后不要触摸机箱内的部件。

任务二 组装计算机

组装计算机时最好事先制订一个组装流程，使自己明确每一步的工作，从而提高组装的效率。组装一台计算机的流程不是唯一的，图 3-3 所示为常见的组装流程。

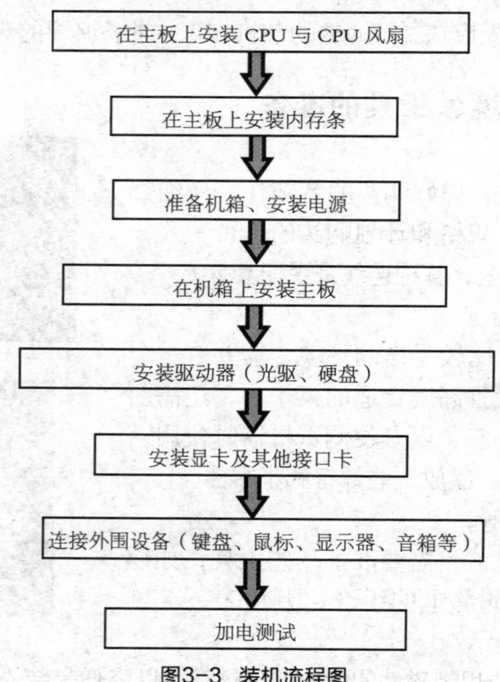

图3-3 装机流程图

（一）安装 CPU 及风扇

CPU 在计算机系统中占有最重要的地位，而在组装计算机时通常也是第一个进行安装的配件。CPU 风扇是 CPU 的散热系统，也需要在安装好 CPU 后一并安装。

【操作步骤】

STEP 1　准备配件及材料：主板、CPU、CPU 风扇。

STEP 2　安装 CPU。

（1）首先在桌面上放置一块主板保护垫（在购买主板时会配送），这是为了保护主板上的器件不受损害，如图 3-4 所示。

（2）将主板放置到主板保护垫上，如图 3-5 所示。

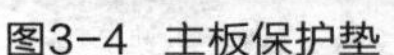

图3-4　主板保护垫

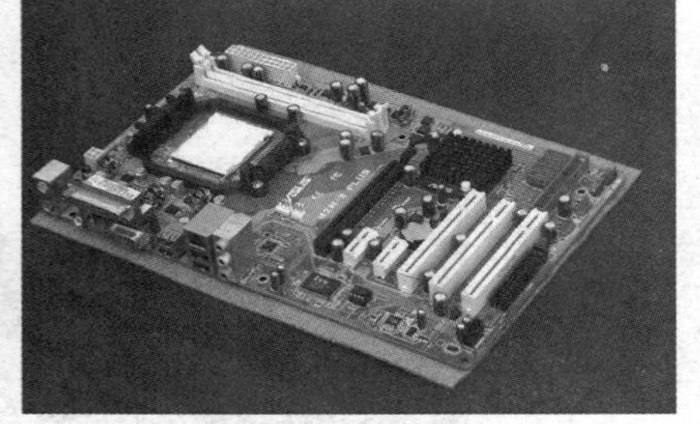

图3-5　放置主板

（3）拉起主板上 CPU 插槽旁的拉杆，使其呈 90°的角度，如图 3-6 所示。

图3-6　拉起拉杆

（4）将 CPU 安装到主板的 CPU 插槽上，安装时注意观察 CPU 与 CPU 插槽底座上的针脚接口是否相对应，如图 3-7 所示。

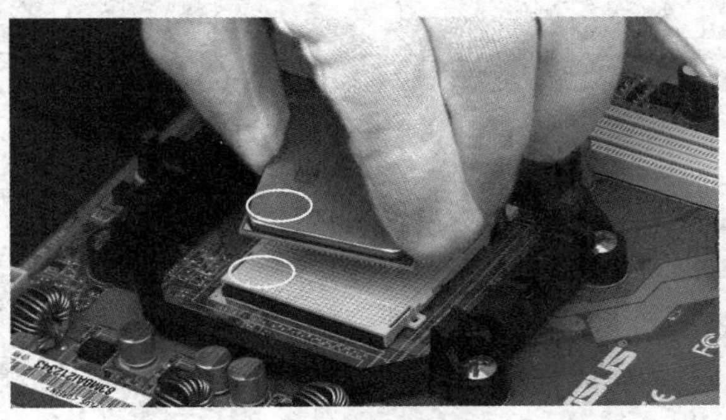

图3-7　针脚相对

（5）稍用力压 CPU 的两侧，使 CPU 安装到位，如图 3-8 所示。

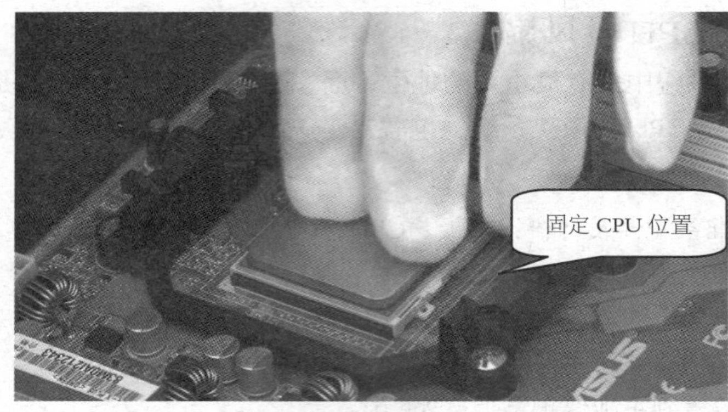

图3-8 固定 CPU 位置

（6） 放下底座旁的拉杆，如图 3-9 所示，直到听到“咔”的一声轻响表示已经卡紧，最终效果如图 3-10 所示。

图3-9 放下拉杆

图3-10 CPU 安装完成

（7） 在 CPU 背面涂上一层导热硅脂，主要作用是填充 CPU 和散热器之间的空隙并传导热量，使 CPU 的热量尽快散去，这样才能使 CPU 更加稳定地工作。

如果选购的是盒装 CPU，则会有一个原装的 CPU 散热器，在散热器的底部已经涂了一层导热硅脂，这时就没有必要再在 CPU 上涂一层了。

STEP 3 安装 CPU 风扇。

（1） 将 CPU 散热风扇对准主板相应的位置，如图 3-11 所示。

图3-11 放置风扇

（2） 把扣具的一端扣在 CPU 插槽的凸起位置，如图 3-12 所示。然后固定另一端扣具，如图 3-13 所示。注意，此时切不可用力过大，否则会损坏 CPU。

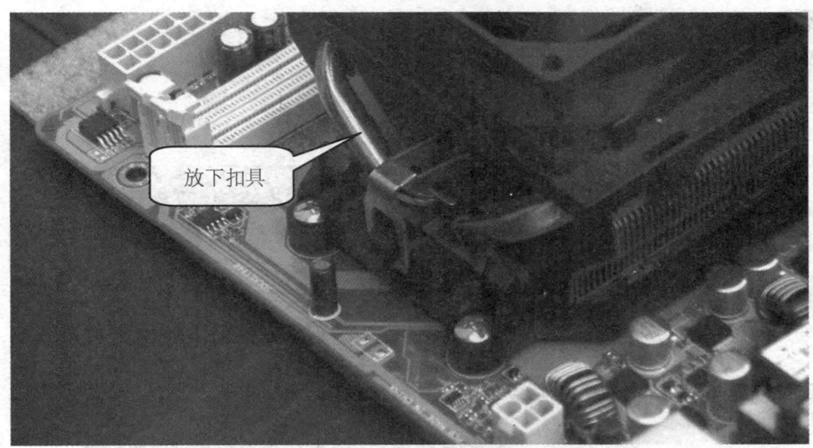

图3-12 放下扣具

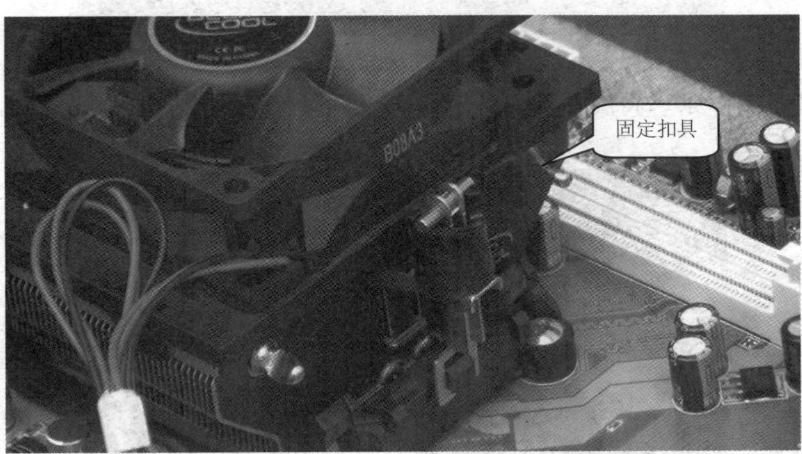

图3-13 固定扣具

（3） 将 CPU 风扇电源线插入主板相应接口，如图 3-14 所示。

图3-14　连接风扇电源线

（二） 安装内存条

本节来安装内存条。

【操作步骤】

STEP 1　准备配件及材料：主板、两根内存条。

STEP 2　安装内存条。

（1） 将需要安装内存的内存插槽两侧的塑胶夹脚（通常也称为“保险栓”）往外侧扳动，使内存条能够插入，如图 3-15 所示。

图3-15　扳动塑胶夹脚

（2） 拿起内存条，将内存条引脚上的缺口对准内存插槽内的凸起部分，如图 3-16 所示。

图3-16　对准缺口

（3） 稍微用力垂直向下压，将内存条插进内存插槽并压紧，直到内存插槽两端的保险栓自动卡住内存条两侧的缺口，如图3-17所示。

图3-17 插好的内存条

（4） 安装第2根内存条，操作同上。最终效果如图3-18所示。

图3-18 双内存条安装完成

安装第2根内存条时要选择与第1根内存条相同颜色的插槽。这里只有两个内存插槽，不必选择，但是读者在安装自己的计算机时，一定要分清楚。如果是安装两根内存条，一定要选择相同颜色的插槽，如全部选择黄色插槽或全部选择红色插槽，如图3-19所示。

图3-19 双通道内存插槽

（三） 安装电源

本节来安装电源。

【操作步骤】

STEP 1 准备配件及材料：机箱、机箱电源及螺钉。

STEP 2 安装电源。

（1） 将电源置入机箱内，如图 3-20 所示。

图3-20 将电源置入机箱

（2） 依次使用 4 个螺钉将电源固定在机箱的后面板上，注意第一次不要拧得太紧，如图 3-21 所示。

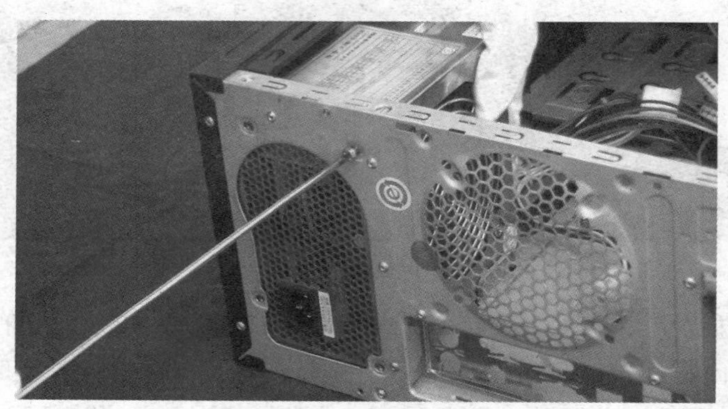

图3-21 安装电源螺钉

（3） 把螺钉全部安上后再将 4 个螺钉依次拧紧，如图 3-22 所示。

图3-22 拧紧螺钉

（四） 安装主板

本节来安装主板。

【操作步骤】

STEP 1　准备配件及材料：主板、机箱以及各种工具和螺钉。

STEP 2　安装主板。

（1）　安装机箱内的主板卡钉底座，并将其拧紧，如图 3-23 所示。

图3-23　安装主板卡钉底座

（2）　依次检查各个卡钉位是否正确，如图 3-24 所示。

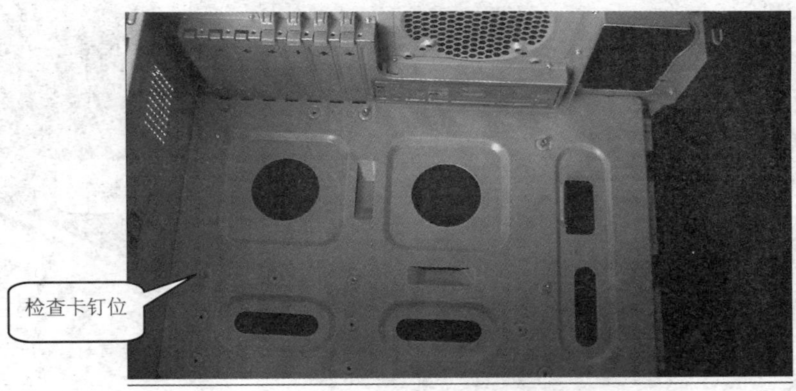

图3-24　检查卡钉位

（3）　注意主板上的螺钉孔，如图 3-25 所示。

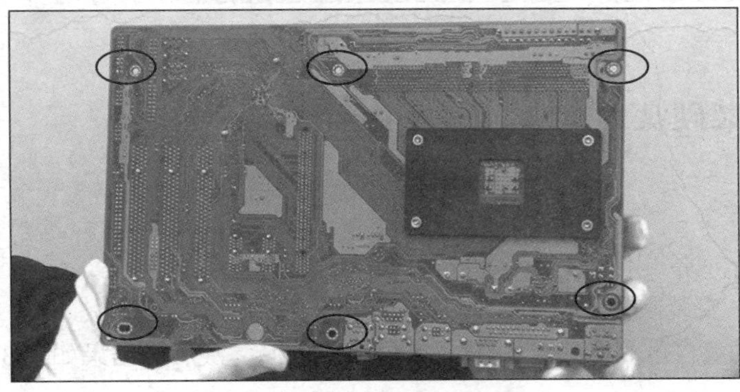

图3-25　主板的螺钉孔

（4） 将主板放入机箱内，注意螺钉孔一定要对齐到卡钉位处，如图 3-26 所示。

图3-26 将主板放入机箱

（5） 将主板固定在机箱内，采用对角固定的方式安装螺钉，注意不要一次将螺钉拧紧，而应该在主板固定到位后依次拧紧各个螺钉，如图 3-27 所示。

图3-27 拧紧各个螺钉

（五） 安装硬盘

本节来安装硬盘。

【操作步骤】

STEP 1 准备配件及材料：机箱、硬盘、数据线以及螺钉。

STEP 2 安装硬盘。

（1） 安装硬盘自带的滑槽，如图 3-28 所示。安装完成后的结果如图 3-29 所示。

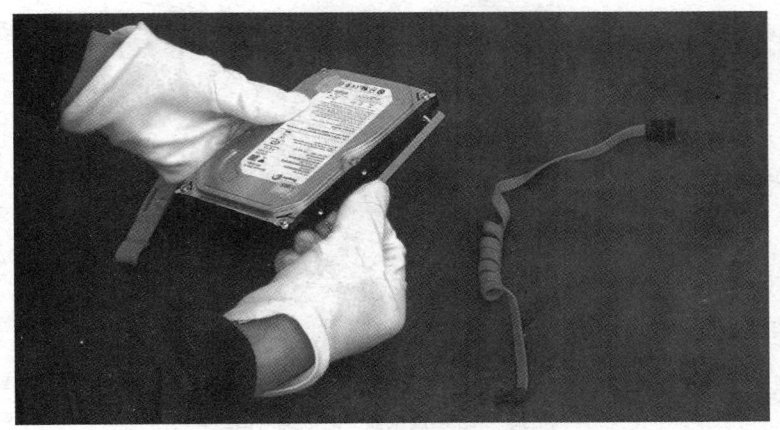

图3-28 安装滑槽

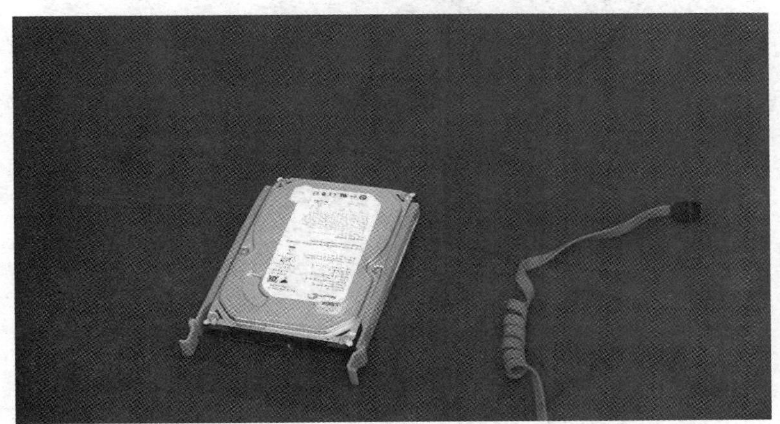

图3-29 安装完成后的硬盘

（2） 将硬盘安装到机箱内，如图 3-30 所示。

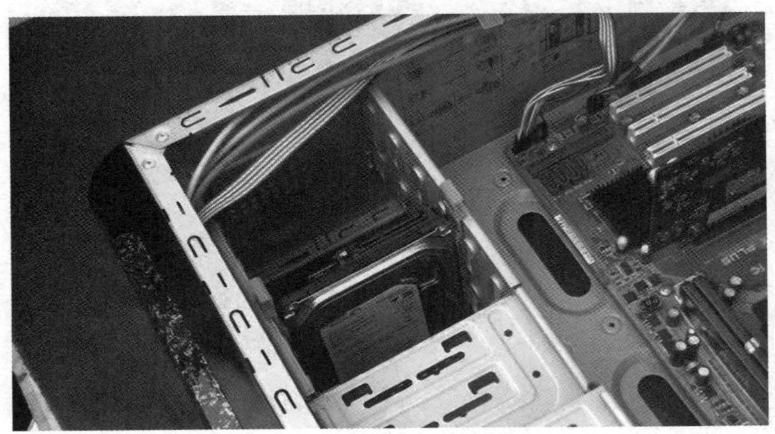

图3-30 将硬盘安装到机箱内部

（3） 连接硬盘和主板间的数据线，一端接硬盘的数据端口，数据线的接口如图 3-31 所示。连接完成后的结果如图 3-32 所示。

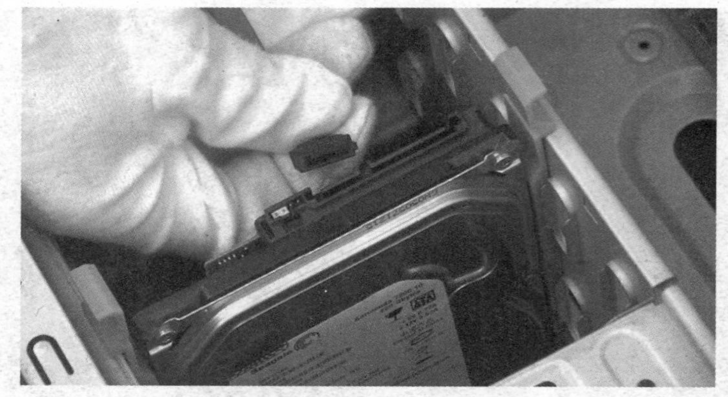

图3-31 连接硬盘上的数据端口

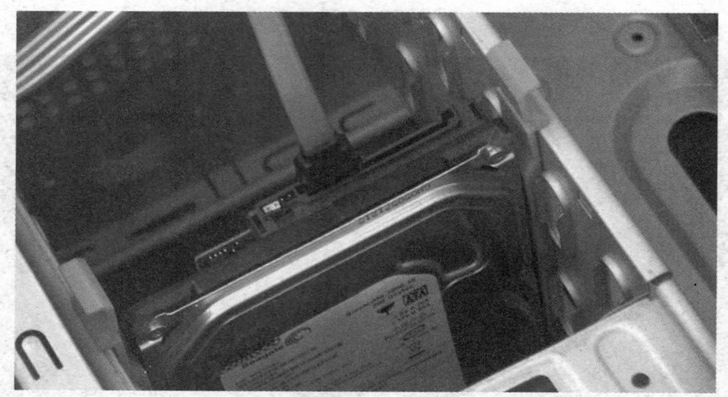

图3-32 硬盘端口连接完成

（4） 将数据线的另一端连接到主板上，连接完成后的结果如图 3-33 所示。

图3-33 将硬盘数据线连接到主板上

（六） 安装光驱

本节来安装光驱。

【操作步骤】

STEP 1 准备配件及材料：机箱、光驱、数据线及螺钉。

STEP 2 安装光驱。

（1）　拆除机箱正面的光驱外置挡板，如图 3-34 所示。

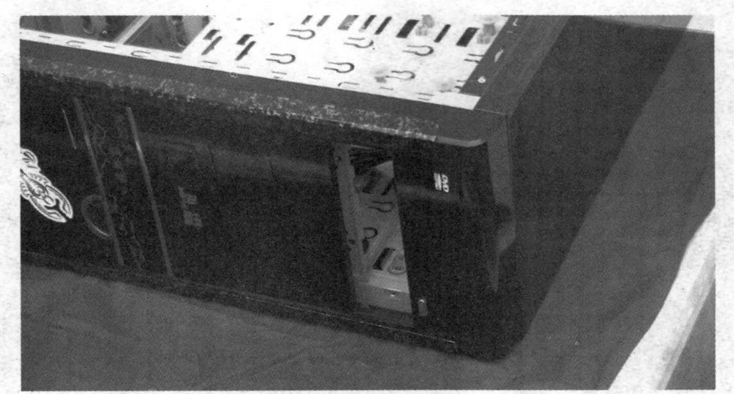

图3-34　拆除外置挡板

（2）　将光驱安装到机箱内，如图 3-35 所示。

图3-35　将光驱安装到机箱内

（3）　固定光驱，注意操作时前后的塑料扣具都要扣稳，如图 3-36 所示。

图3-36　固定光驱位置

（4）　连接光驱和主板间的数据线，一端接光驱的数据端口，连接光驱的数据线端口如图 3-37 所示。连接完成后的结果如图 3-38 所示。

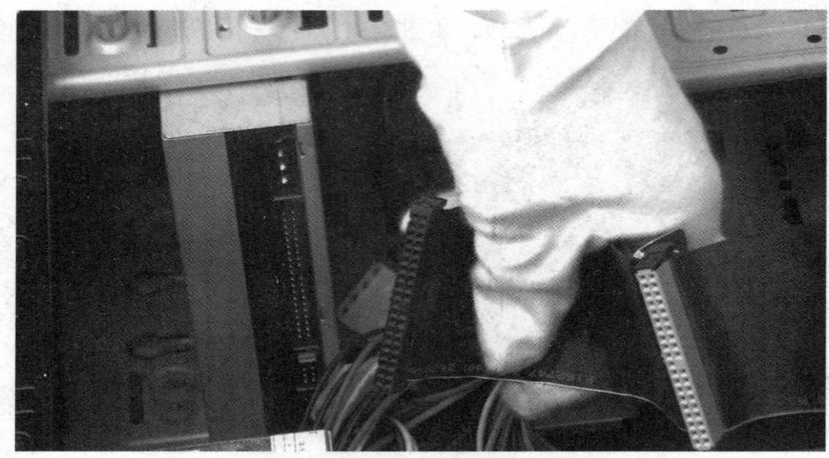

图3-37 连接光驱的数据线端口

图3-38 连接光驱完成

（5） 将数据线的另一端连接到主板上，连接到主板的光驱数据线接口如图 3-39 所示。连接完成后的结果如图 3-40 所示。

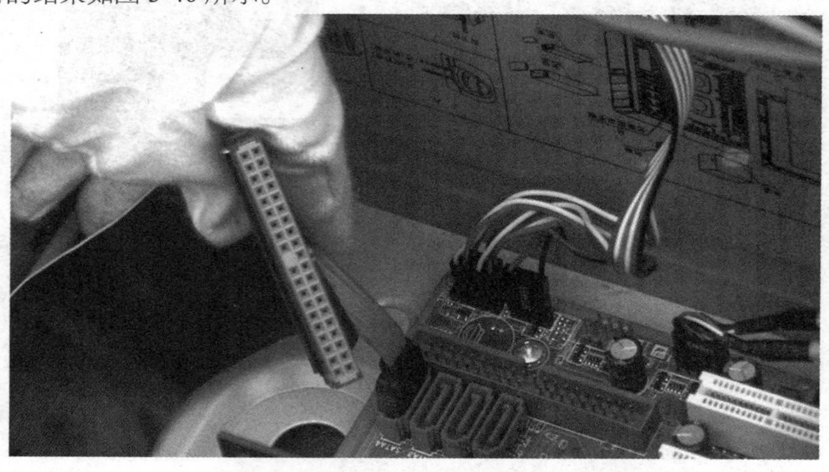

图3-39 连接到主板上的光驱数据线端口

图3-40　连接主板完成

（七）　安装显卡

本节来安装显卡。

【操作步骤】

STEP 1　准备配件及材料：机箱、显卡及螺钉。

STEP 2　安装显卡。

（1）　将显卡安装到显卡插槽中，并将其接口与机箱后置挡板上的接口位对齐，如图3-41所示。

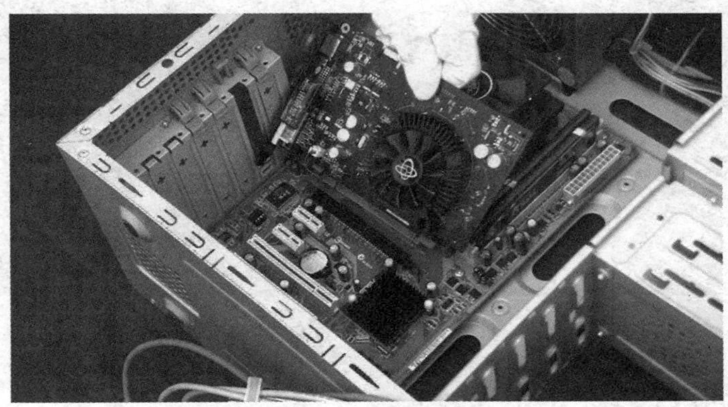
图3-41　对齐显卡接口

（2）　稍稍用力将显卡插入至插槽中，如图3-42所示。

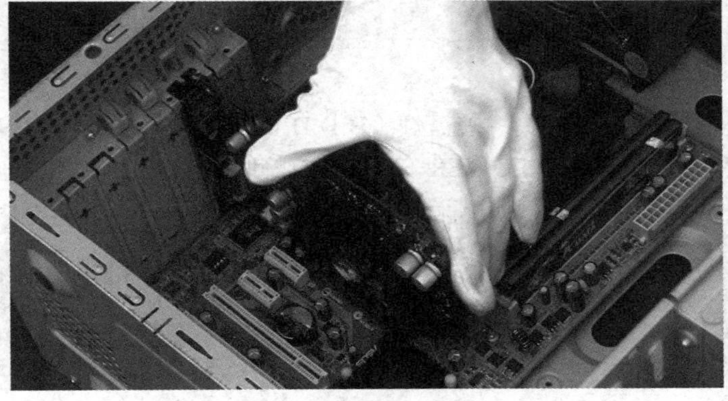
图3-42　插入显卡

（3） 扳动塑料扣具，将显卡进行初步固定，如图 3-43 所示。

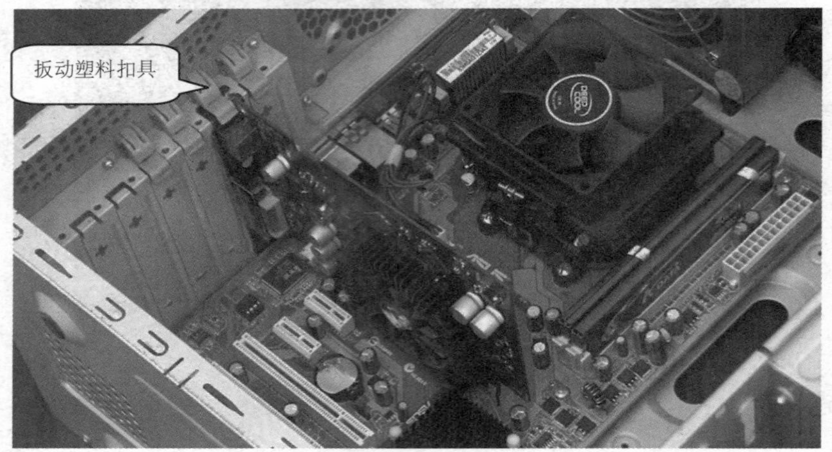

图3-43 初步固定显卡

（4） 最后用螺钉对显卡进行固定，结果如图 3-44 所示。

图3-44 用螺钉固定显卡

（八） 安插连接线

本节来安插连接线。

【操作步骤】

STEP 1 理顺各连接线。

STEP 2 安插连接线。

（1） 安装前置面板线。依次将硬盘灯（H.D.D LED）、电源灯（POWER LED）、复位开关（RESET SW）、电源开关（POWER SW）以及蜂鸣器（SPEAKER）前置面板连线插到主板相应接口中，如图 3-45 和图 3-46 所示。

知识提示

在连接前置面板线时，用户应对照主板说明书进行连线安插，以免出错。

图3-45 前置面板线

图3-46 连接前置面板线

（2） 主板电源线如图 3-47 所示，其安插完成后的结果如图 3-48 所示。

图3-47 主板电源线

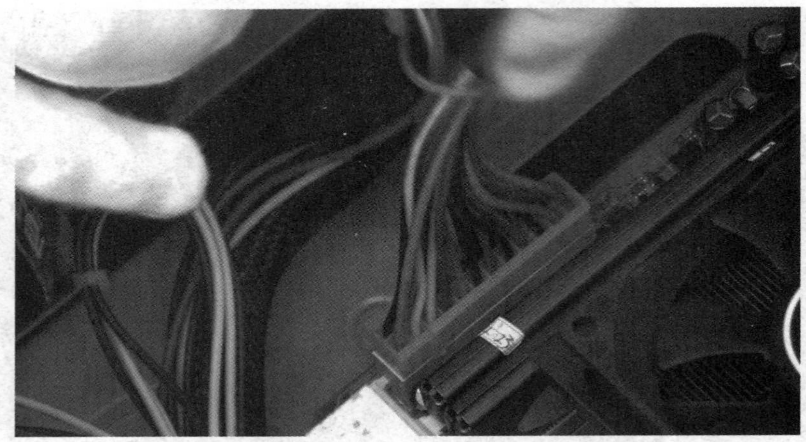

图3-48 主板电源线安插完成

（3） 安插 CPU 电源线，如图 3-49 所示。

图3-49 安装 CPU 电源线

（4） 硬盘电源线的接口如图 3-50 所示。硬盘电源线安插完成后的结果如图 3-51 所示。

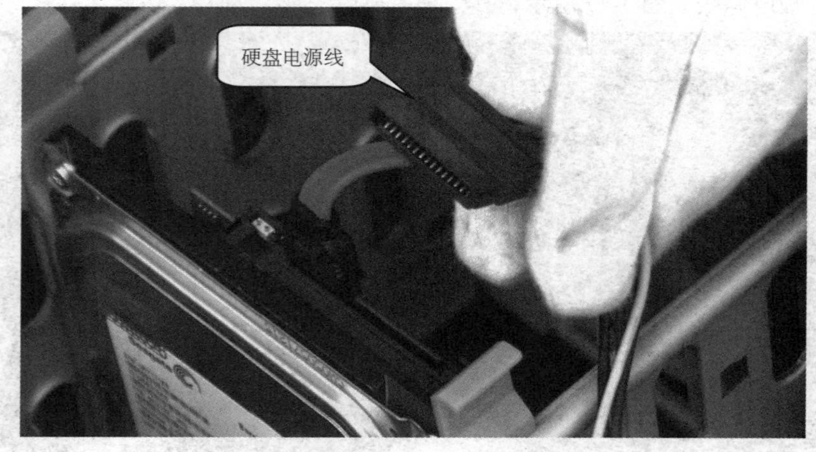

图3-50 硬盘电源线接口

图3-51 硬盘电源线安插完成

（5） 光驱电源线的接口如图 3-52 所示。光驱电源线安插完成后的结果如图 3-53 所示。

图3-52 光驱电源线接口

图3-53 光驱电源线安插完成

（九） 连接外围设备

本节来连接外围设备。

【操作步骤】

STEP 1 准备好需要连接的外围设备：一个 PS/2 接口的键盘、一个 USB 接口的鼠标和一台液晶显示器，如图 3-54 所示。

图3-54 需要连接的外设

STEP 2 连接外围设备。

（1） 插接显示器与主机的数据线，插好之后拧紧插头两旁的螺栓，如图 3-55 所示。

图3-55 连接显示器与主机的数据线

（2） 插接键盘的 PS/2 接口到主机后置面板上的紫色 PS/2 接口上，如图 3-56 所示。

图3-56 插接键盘的 PS/2 接口

（3） 插接鼠标的 USB 接口到主机后置面板上的 USB 接口上，如图 3-57 所示。

图3-57 插接鼠标的 USB 接口

目前的鼠标和键盘基本都是 USB 接口，只需将它们插入机箱后面的 USB 接口即可使用。如果是 PS/2 接口，则键盘对应的接口颜色是紫色，而鼠标对应的接口颜色是绿色。

任务三 装机后的检查与调试

当计算机组装完成后，首先要针对如下几个方面认真检查一遍。

- 检查 CPU 风扇、电源是否安装好。
- 检查在安装的过程中，是否有螺钉或者其他金属杂物遗落在主板上。这一点一定要仔细检查，否则很容易因为马虎大意而导致主板被烧毁。
- 检查内存条的安装是否到位。
- 检查所有的电源线、数据线和信号线是否已连接好。

只有确认上述几点均没有问题后，才可以接通电源，启动计算机。观察电源灯是否正常点亮，如果能点亮，并听到“嘟”的一声，且屏幕上显示自检信息，就表示计算机的硬件工作正常；如果不能点亮，就要根据报警的声音检查内存、显卡或其他设备的安装是否正确；如果完全没有反应，则需检查电源线是否接好，前置面板线是否插接正确，或重新进行组装。

如果测试均没有问题，则说明计算机的硬件安装完成。但要使计算机最终运行起来，还需要安装操作系统和驱动程序，这些内容将在后面的项目做详细介绍。

小结

本项目主要以一台计算机的组装过程为主线，详细介绍了计算机组装的主要步骤及各种计算机配件的安装方法，特别是 CPU、CPU 风扇、主板、硬盘、光驱等设备的安装方法。应该特别注意分清硬盘、光驱之间数据线和电源线的不同之处，这是一个在实践中经常遇到也十分容易出错的地方。

习题

1. 组装计算机前应该进行哪些准备工作?
2. 简述计算机组装的流程。
3. 安装 CPU 时应该注意哪些问题?
4. 组装完成后应主要检查哪些方面?
5. 将一台计算机的各个配件全部拆开，然后重新组装复原。

PART 4 项目四 设置 BIOS

用户在使用计算机的过程中，都会接触到 BIOS（Basic Input Output System，基本输入输出系统），它是被固化到计算机主板上的 ROM 芯片中的一组程序，掉电后不会丢失数据。掌握 BIOS 的基本设置，有助于用户更好地维护系统稳定并提升系统性能。

学习目标

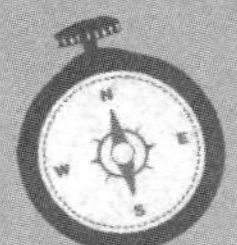

- 了解 BIOS 的基础知识。
- 掌握 BIOS 的常用设置方法。
- 掌握 BIOS 的高级设置方法。

任务一 了解 BIOS 的基础知识

BIOS 存储在一片不需要电源（掉电后不丢失数据）的存储体中，为计算机提供最底层的、最直接的硬件设置和控制，在计算机系统中起着非常重要的作用。

（一） 认识 BIOS 的主要功能

若计算机系统没有 BIOS，那么所有的硬件设备都不能正常运行，BIOS 的管理功能在很大程度上决定了主板性能的优越性。BIOS 的管理功能主要包括以下 4 个方面。

（1） BIOS 系统设置程序。

BIOS ROM 芯片中装有系统设置程序，主要用于设置 CMOS RAM 中的各项参数，并保存 CPU、软盘和硬盘驱动器等部件的基本信息，可在开机时按键盘上的某个键进入其设置状态。

（2） BIOS 中断服务程序。

BIOS 中断服务程序实质上是计算机系统中软件与硬件之间的一个可编程接口，主要用于程序软件功能与计算机硬件之间的连接。

（3） POST 上电自检。

计算机接通电源后，系统首先由 POST 程序对计算机内部的各个设备进行检查，通常完整的 POST 自检将对 CPU、基本内存、扩展内存、主板、ROM BIOS、CMOS 存储器、并口、串口、显卡、软盘和硬盘子系统、键盘等进行测试。

（4） BIOS系统自启程序。

系统完成POST自检后，ROM BIOS将首先按照系统CMOS设置中保存的启动顺序有效地启动设备，读入操作系统引导记录，然后将系统控制权交给引导记录，并由引导记录来完成系统的启动。

（二） 认识BIOS的分类

目前市场上BIOS种类比较多，其中主流BIOS类型主要有两种，即Phoenix-Award BIOS和AMI BIOS。

（1） Phoenix-Award BIOS。

早期的Phoenix和Award 是两家生产BIOS的企业。Phoenix BIOS多用于高档的原装品牌机和笔记本电脑上，其画面简洁，便于操作；Award BIOS 是台式机主板中使用最为广泛的 BIOS 之一，对各种软件、硬件的适应性好，能保证系统性能的稳定。现在 Phoenix 已和Award公司合并，共同推出具备两者标识的BIOS产品。

（2） AMI BIOS。

AMI BIOS是由AMI公司出品的，在早期的计算机占有相当的比重，后来由于绿色节能计算机的普及，而AMI公司错过了这一机会，迟迟没能推出新的BIOS程序，使其市场占有率逐渐变少，不过现在仍有部分计算机采用该BIOS进行设置。

（三） 掌握BIOS与CMOS的关系

互补金属氧化物半导体（CMOS）是指主板上一块可读写的RAM芯片，用来保存当前系统的硬件配置和用户对某些参数的设定。系统加电引导时，要读取CMOS信息，用来初始化机器各个部件的状态，它靠系统电源或后备电池来供电，关闭电源信息不会丢失。

CMOS RAM是系统参数存放的地方，而BIOS中系统设置程序是完成参数设置的手段。因此，准确的说法应该是通过BIOS设置程序对CMOS参数进行设置，而平常所说的CMOS设置和BIOS设置是其简化说法。本项目中所讲的BIOS设置，都是指通过BIOS设置程序对CMOS参数进行设置。

（四） BIOS参数设置中英文对照表

在设置BIOS之前，要了解BIOS中各参数的意义。BIOS参数设置中英文对照表如表4-1所示。

表4-1 BIOS参数设置中英文对照表

BIOS参数	意义
Time/System Time	时间/系统时间
Date/System Date	日期/系统日期
Level 2 Cache	二级缓存
System Memory	系统内存
Primary Hard Drive	主硬盘

续表

BIOS 参数	意义
BIOS Version	BIOS 版本
Boot Order/Boot Sequence	启动顺序（系统搜索操作系统文件的顺序）
Diskette Drive	软盘驱动器
Internal HDD	内置硬盘驱动器
Floppy Device	软驱设备
Hard-Disk Drive	硬盘驱动器
USB Storage Device	USB 存储设备
CD/DVD/CD-RW Drive	光驱
CD-ROM Device	光驱
Cardbus NIC	Cardbus 总线网卡
Onboard NIC	板载网卡
Boot POST	进行开机自检时（POST）硬件检查的水平。设置为“Minimal”（默认设置），则开机自检仅在 BIOS 升级，内存模块更改或前一次开机自检未完成的情况下才进行检查；设置为“Thorough”，则开机自检时执行全套硬件检查
Config Warnings	警告设置：该选项用来设置在系统使用较低电压的电源适配器或其他不支持的配置时是否报警，设置为“Disabled”，则禁用报警；设置为“Enabled”，则启用报警
Serial Port	串口：该选项可以通过重新分配端口地址或禁用端口来避免设备资源冲突
Infrared Data Port	红外数据端口：使用该设置可以通过重新分配端口地址或禁用端口来避免设备资源冲突
Num Lock	数码锁定：设置在系统启动时数码灯（NumLock LED）是否点亮。设为“Disable”，则数码灯保持灭；设为“Enable”，则在系统启动时点亮数码灯
Keyboard NumLock	键盘数码锁：该选项用来设置在系统启动时是否提示键盘相关的错误信息
Enable Keypad	启用小键盘：当其值设置为“By NunLock”时，在 NumLock 灯亮时数字小键盘为启用状态；当其值设置为“Only By Key”时，数字小键盘为禁用状态
Primary Password	主密码
Admin Password	管理密码
Hard-disk Drive Password(s)	硬盘驱动器密码

续表

BIOS 参数	意义
Password Status	密码状态：该选项用来在 Setup 密码启用时锁定系统密码。将该选项设置为“Locked”并启用 Setup 密码以防止系统密码被更改。该选项还可以用来防止在系统启动时密码被用户禁用
System Password	系统密码
Setup Password	Setup 密码
Drive Configuration	驱动器设置
Diskette Drive A	磁盘驱动器 A:如果系统中装有软驱，使用该选项可启用或禁用软盘驱动器
Primary Master Drive	第一主驱动器
Primary Slave Drive	第一从驱动器
Secondary Master Drive	第二主驱动器
Secondary Slave Drive	第二从驱动器
Hard-Disk Drive Sequence	硬盘驱动器顺序
System BIOS Boot Devices	系统 BIOS 启动顺序
USB Device	USB 设备
Memory Information	内存信息
Installed System Memory	系统内存：显示系统中所装内存的大小及型号
System Memory Speed	内存速率：显示所装内存的速率
CPU Information	CPU 信息
CPU Speed	CPU 速率：显示启动后中央处理器的运行速率
Bus Speed	总线速率：显示处理器总线速率
Processor 0 ID	处理器 ID：显示处理器所属种类及模型号
Cache Size	缓存值：显示处理器的二级缓存值
Integrated Devices (LegacySelect Options)	集成设备
USB Controller	USB 控制器：使用该选项可启用或禁用板载 USB 控制器
Serial Port 1	串口 1：使用该选项可控制内置串口的操作。设置为“AUTO”时，如果通过串口扩展卡在同一个端口地址上使用了两个设备，内置串口自动重新分配可用端口地址。串口先使用 COM1，再使用 COM2，如果两个地址都已经分配给某个端口，该端口将被禁用
Parallel Port	并口：该域中可配置内置并口

① BIOS 的主要功能是什么？
② BIOS 可以分为哪几类？

（五） 如何进入 BIOS 设置

BIOS 设置程序是储存在 BIOS 芯片中的，只有在开机时才可以进行设置。

【操作步骤】

STEP 1 打开显示器电源开关。

STEP 2 打开主机电源开关，启动计算机。

STEP 3 BIOS 开始进行 POST 自检，出现图 4-1 所示的画面。从中可以看出 BIOS（Phoenix-Award）、CPU（AMD Athlon 64 X2）、IDE 接口、SATA 接口等信息。

图4-1 启动自检

STEP 4 不停地按 Delete 键，进入 CMOS 设置主菜单，如图 4-2 所示。其中英文对照如表 4-2 所示。

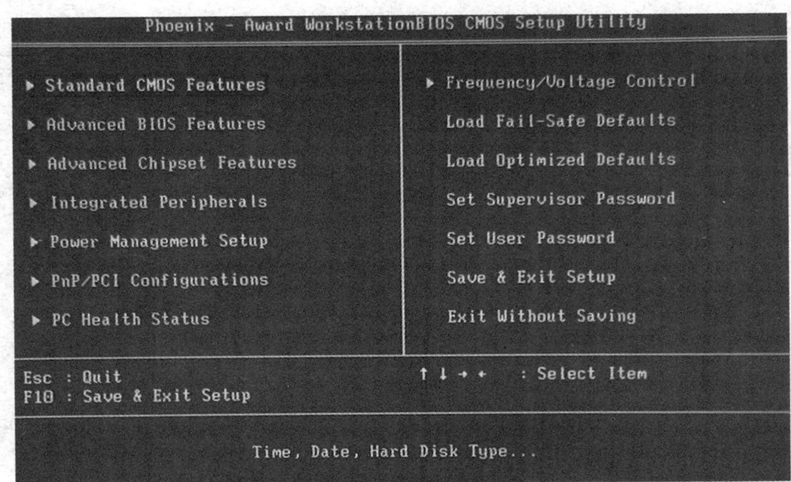

图4-2 CMOS 设置主菜单

表 4-2　Phoenix-Award CMOS 设置主菜单中英文对照表

CMOS 设置菜单	意义	CMOS 设置菜单	意义
Standard CMOS Features	标准 CMOS 设置	Frequency/Voltage Control	外频/电压控制
Advanced BIOS Features	高级 BIOS 设置	Load Fail-Safe Defaults	加载默认设置
Advanced Chipset Features	高级芯片组设置	Load Optimized Defaults	加载最优默认设置
Integrated Peripherals	集成功能项	Set Supervisor Password	设置超级用户密码
Power Management Setup	电源管理设置	Set User Password	设置普通用户密码
PnP/PCI Configurations	PnP/PCI 配置	Save & Exit Setup	保存并退出
PC Health Status	计算机健康状况	Exit Without Saving	退出不保存

根据 BIOS 的不同，其进入的方法有所不同。一些常见品牌的 BIOS 进入方法如表 4-3 所示。

表 4-3　常见品牌的 BIOS 进入方法

品牌	进入方法	品牌	进入方法
Phoenix-Award BIOS	按 Delete 键	Dell BIOS	按 Ctrl+Alt+Enter 组合键
AMI BIOS	按 Delete 键	Phoenix BIOS	按 F2 键
MR BIOS	按 Esc 键	IBM 品牌机	按 F1 键
Compaq BIOS	按 F10 键		

任务二　掌握 BIOS 的常用设置方法

计算机用户平时常用到的设置主要是指禁止软驱显示设置、系统启动顺序设置、CPU 保护温度设置、BIOS 超级用户密码设置和恢复最优默认设置，下面将介绍具体的设置方法。

（一）设置禁止软驱显示

现在的计算机都不再使用软驱，但在【我的电脑】窗口中仍然会显示软盘图标，如图 4-3 所示。如果用户在打开盘符时不小心点到软盘图标，计算机会等待较长时间才能弹出没有安装软驱的提示，而期间计算机接近死机状态。为了不给用户带来不必要的麻烦，可以通过 BIOS 设置来禁止软驱的显示。

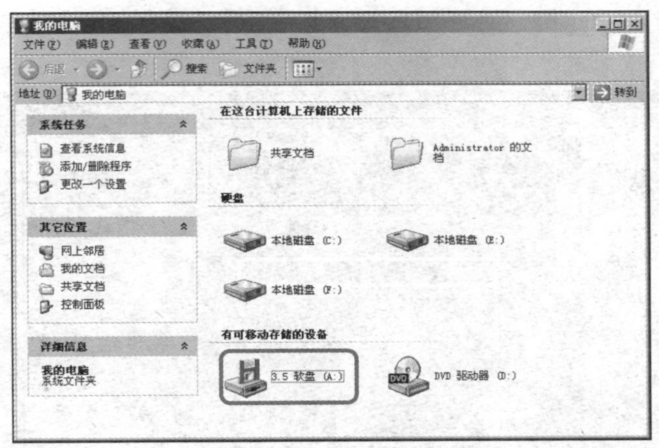

图4-3 软盘图标

【操作步骤】

STEP 1 重启计算机，按Delete键进入 CMOS 设置主菜单，用方向键移动光标到【Standard CMOS Features】选项，如图 4-4 所示。

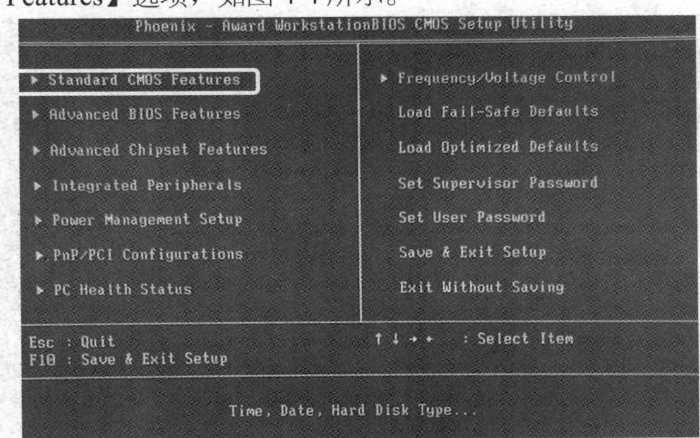

图4-4 CMOS 设置主菜单

STEP 2 按Enter键，进入标准 CMOS 设置界面，用方向键移动光标到【Drive A】选项，如图 4-5 所示。

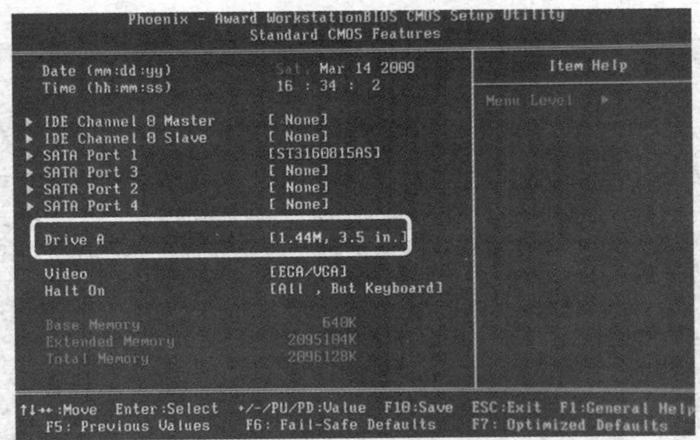

图4-5 选择【Drive A】选项

STEP 3 按Enter键，弹出【Drive A】对话框，用方向键选择【None】选项，如图4-6所示。

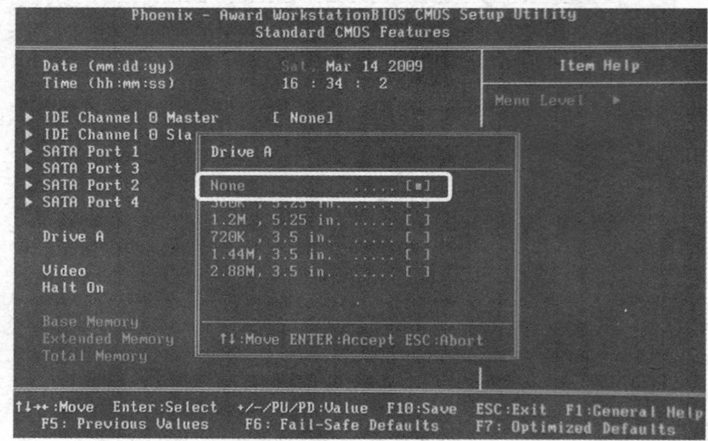

图4-6 选择【None】选项

STEP 4 按Enter键确认选择，效果如图4-7所示。

```
Phoenix - Award WorkstationBIOS CMOS Setup Utility
Standard CMOS Features
Date (mm:dd:yy)          Sat, Mar 14 2009        Item Help
Time (hh:mm:ss)          16 : 33 : 47
                                                 Menu Level ▸
▸ IDE Channel 0 Master   [ None]
▸ IDE Channel 0 Slave    [ None]
▸ SATA Port 1            [ST3160815AS]
▸ SATA Port 3            [ None]
▸ SATA Port 2            [ None]
▸ SATA Port 4            [ None]

  Drive A                [None]

  Video                  [EGA/VGA]
  Halt On                [All , But Keyboard]

  Base Memory            640K
  Extended Memory        2095104K
  Total Memory           2096128K
↑↓→←:Move Enter:Select +/-/PU/PD:Value F10:Save ESC:Exit F1:General Help
F5: Previous Values F6: Fail-Safe Defaults F7: Optimized Defaults
```

图4-7 设置后的效果

STEP 5 按Esc键，回到CMOS设置主菜单，用方向键移动光标到【Save & Exit Setup】选项，如图4-8所示。

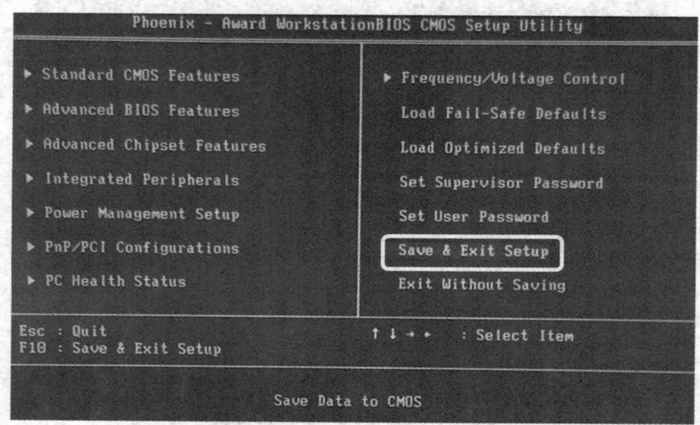

图4-8 选择【Save & Exit Setup】选项

STEP 6　按 Enter 键，弹出图 4-9 所示的提示框，输入“Y”，按 Enter 键确认，从而保存设置并退出 BIOS 设置，再打开【我的电脑】窗口就看不见软盘图标了。

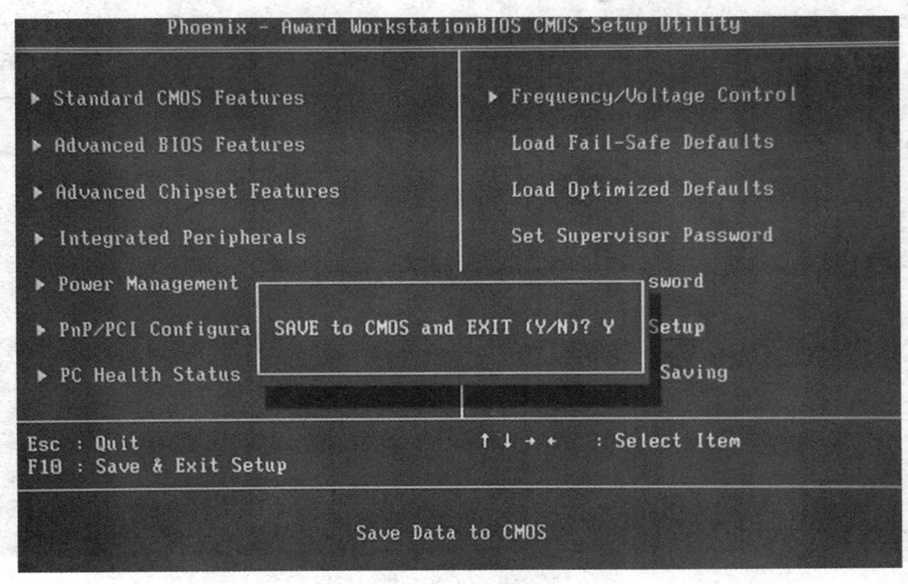

图4-9　保存设置

（二）设置系统从光盘启动

在计算机启动的时候，需要为计算机指定从哪个设备启动。常见的启动方式有从硬盘启动和光盘启动两种，在需要安装操作系统的时候，就要指定为从光盘启动。

【操作步骤】

STEP 1　进入 CMOS 设置主菜单，用方向键移动光标到【Advanced BIOS Features】选项，如图 4-10 所示。

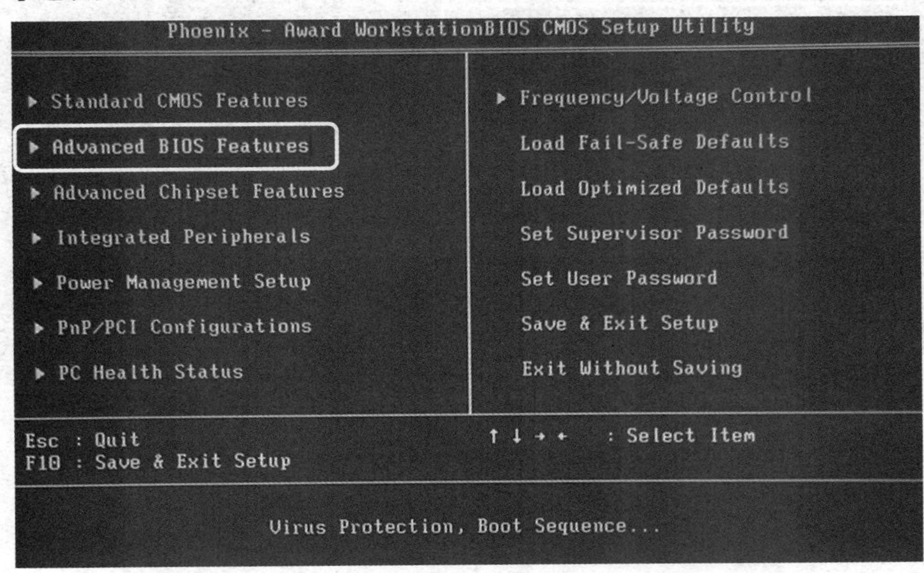

图4-10　选择【Advanced BIOS Features】选项

STEP 2 按 Enter 键，进入高级 BIOS 特性设置界面，如图 4-11 所示。

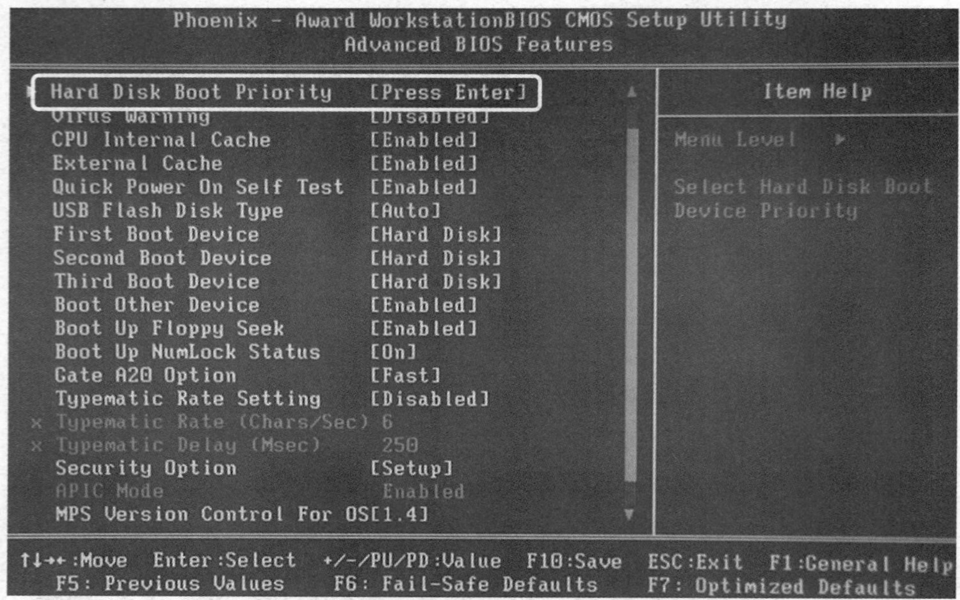

图4-11 高级 BIOS 特性设置界面

STEP 3 用方向键移动光标到【First Boot Device】(首选启动设备)选项，如图 4-12 所示。

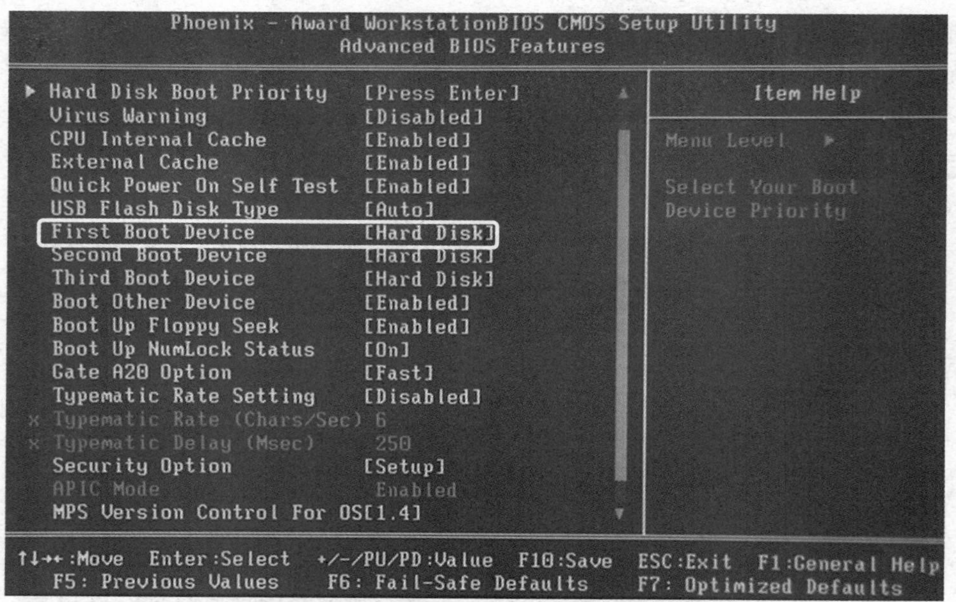

图4-12 选择【First Boot Device】选项

STEP 4 按 Enter 键，弹出【First Boot Device】对话框，用方向键选择【CDROM】选项，如图 4-13 所示。

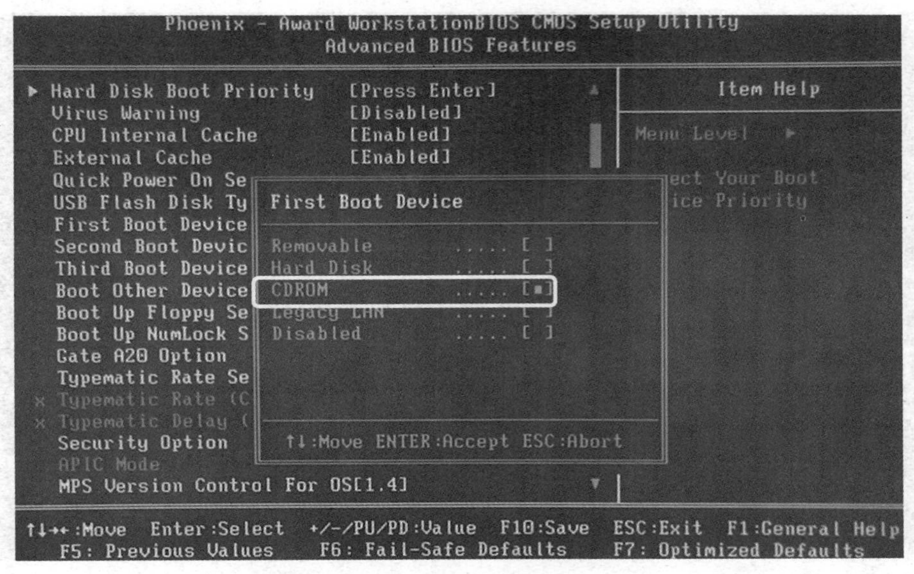

图4-13 选择【CDROM】选项

STEP 5 按Enter键确定选择，回到设置界面，效果如图 4-14 所示。

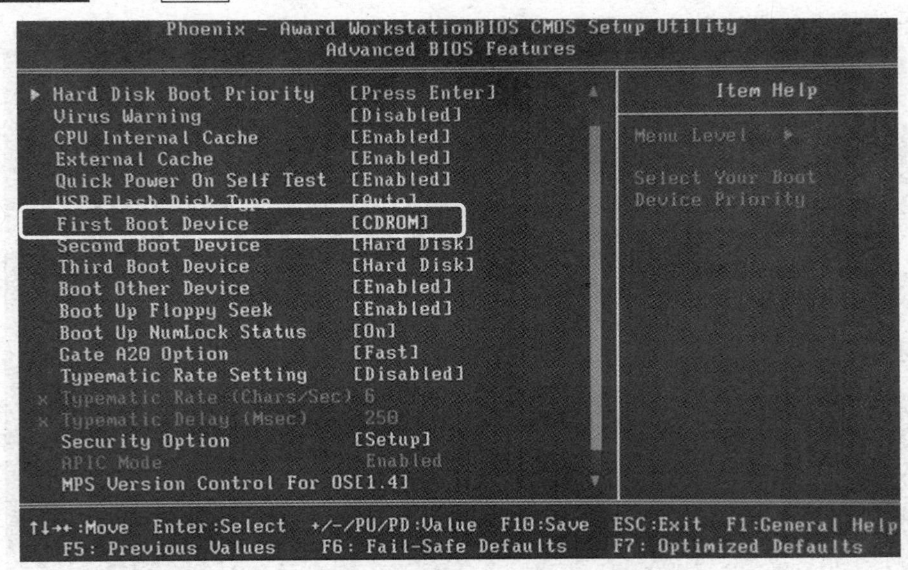

图4-14 设置为光驱启动

STEP 6 按F10键保存设置并退出。

（三） 设置 CPU 保护温度

CPU 在运行过程中会产生热量，从而使 CPU 的温度升高，而温度过高会影响 CPU 的正常运作，甚至烧坏 CPU。为了防止 CPU 温度过高，可以通过 BIOS 设置一个 CPU 保护温度，当 CPU 达到或超过这个温度时，计算机就会自动关闭，从而保护 CPU 不至于被烧坏。

【操作步骤】

STEP 1 进入 CMOS 设置主菜单，用方向键移动光标到【PC Health Status】选项，如图 4-15 所示。

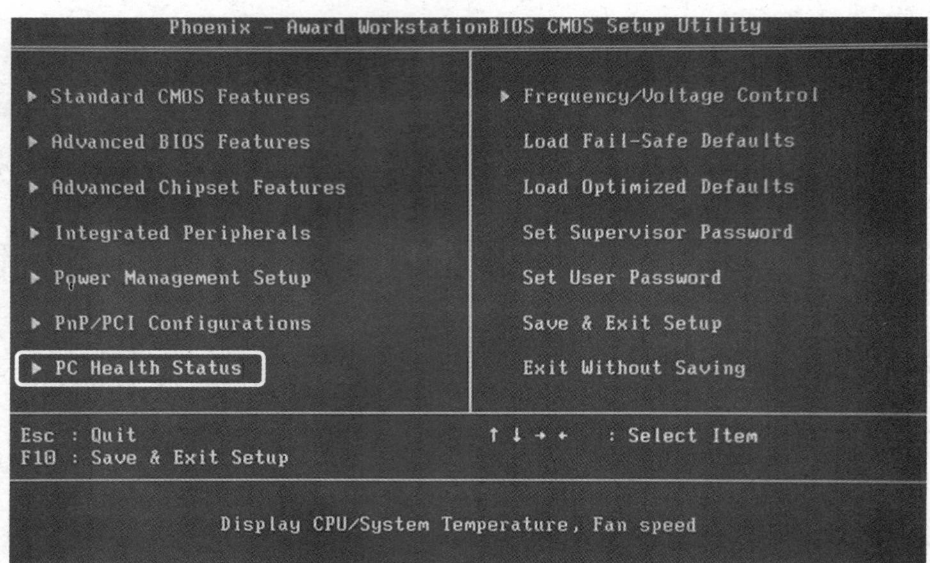

图4-15　选择【PC Health Status】选项

STEP 2　按Enter键，进入图 4-16 所示的系统健康状态设置界面，在该界面中可以查看到系统温度和 CPU 温度。

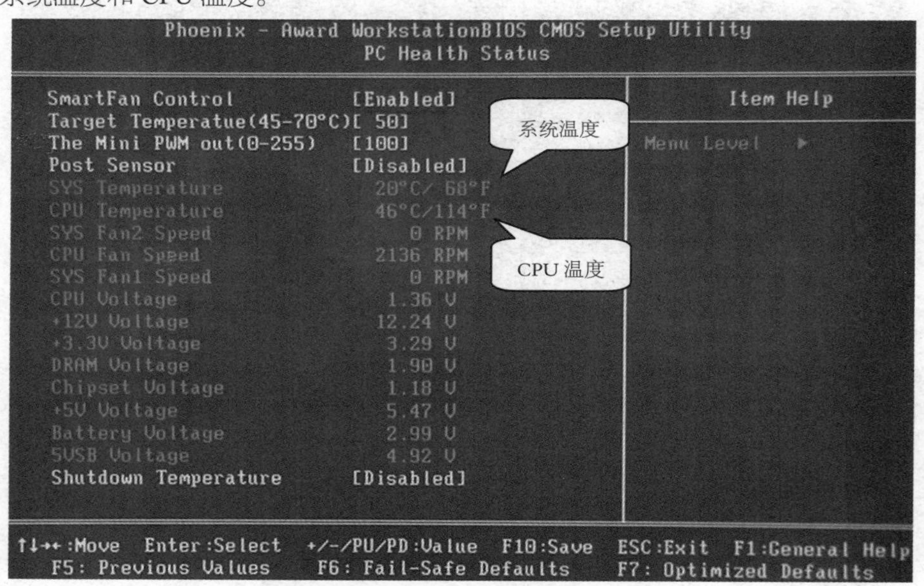

图4-16　系统健康状态设置界面

STEP 3　用方向键移动光标到【Shutdown Temperature】选项，然后按Enter键，弹出【Shutdown Temperature】对话框，如图 4-17 所示。

STEP 4　选择【75℃/167℉】选项，然后按Enter键确定。当 CPU 温度达到或超过 75℃时，计算机就会自动关闭。

STEP 5　按F10键保存设置并退出。

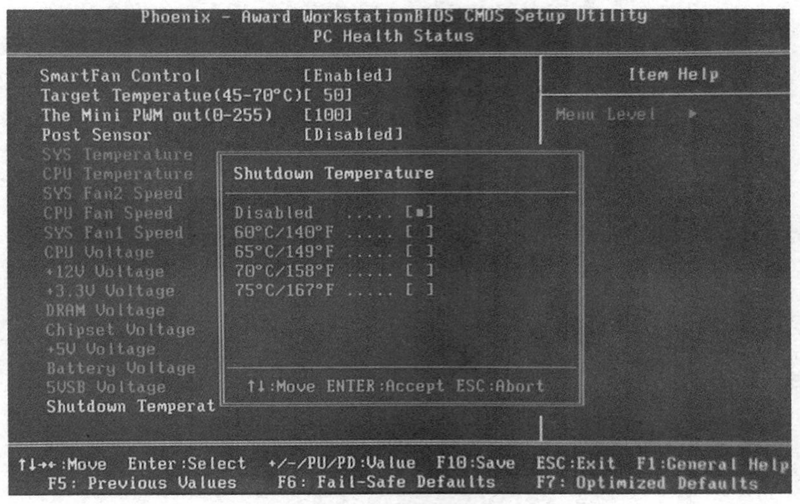

图4-17 温度选择

（四） 设置 BIOS 超级用户密码

适当设置 BIOS 密码可以为计算机带来一定程度的保护。设置密码的目的，一是防止别人擅自更改 BIOS 设置；二是防止别人进入自己的计算机。针对这两种情况，可以分别设置进入 BIOS 密码和开机密码。

BIOS 中有两种密码设置，它们的功能和区别如下。

- 普通用户密码。输入用户密码后能进入系统并查看 BIOS，但不能修改 BIOS 设置。
- 超级用户密码。输入超级用户密码后能进入系统，还能修改 BIOS 设置。

【操作步骤】

STEP 1 设置超级用户密码。

（1） 进入 CMOS 设置主菜单，使用方向键移动光标到【Set Supervisor Password】选项，如图 4-18 所示。

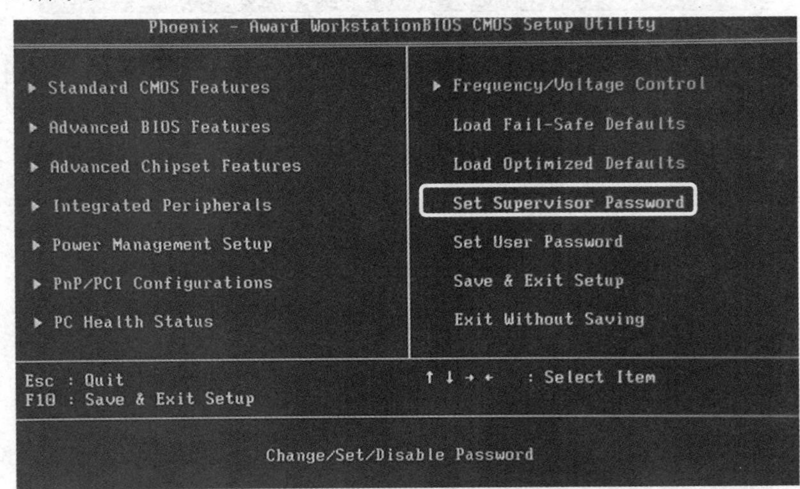

图4-18 选择【Set Supervisor Password】选项

（2） 按 Enter 键，在弹出的对话框中输入密码，如图 4-19 所示。输入的密码可以使用除空格键以外的任意 ASCII 字符，密码最长为 8 个字符，并且要区分大小写。

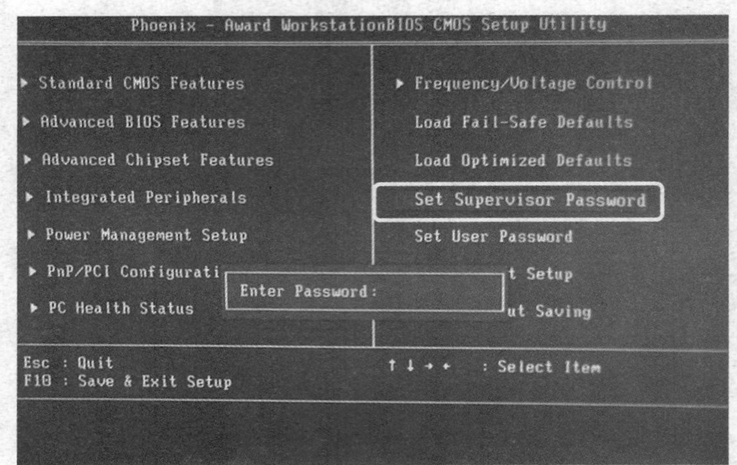

图4-19 设置超级用户密码

（3） 按Enter键，弹出确认密码对话框，再次输入密码，如图 4-20 所示。

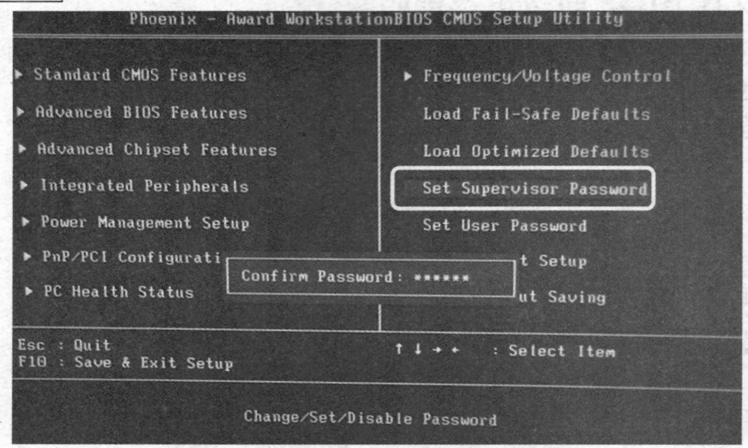

图4-20 确认密码

（4） 按Enter键确认，然后按F10键保存退出，这样在进入 BIOS 过程中就会提示用户输入密码，如图 4-21 所示。

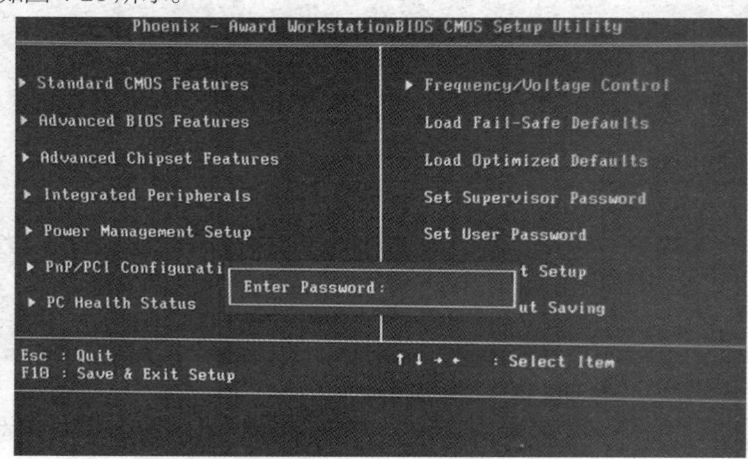

图4-21 进入 BIOS 要输入密码

STEP 2　设置开机密码。

（1）　进入 CMOS 设置主菜单，按方向键移动光标到【Advanced BIOS Features】选项，然后按 Enter 键，进入高级 BIOS 特性设置界面。

（2）　用方向键移动鼠标光标到【Security Option】选项，然后设置该项的值为“System”，如图 4-22 所示。这样，在开机的过程中就会提示用户输入开机密码，即上面步骤设置的密码，如图 4-23 所示。

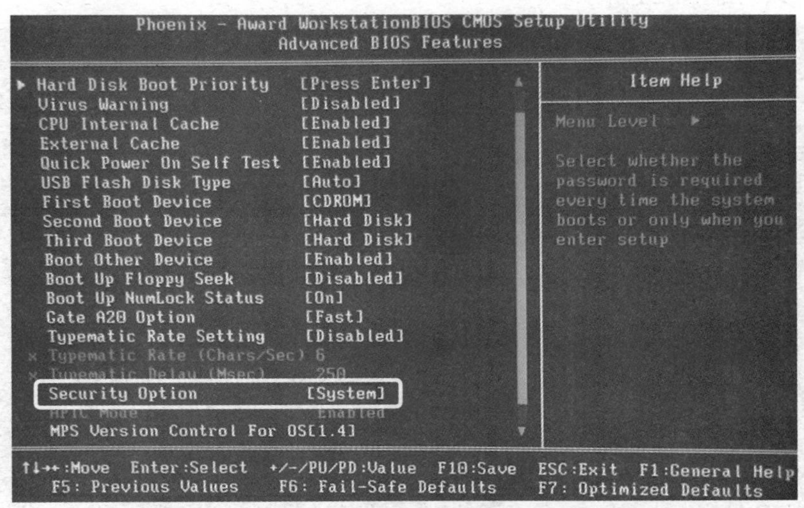

图4-22　设置【Security Option】项的值

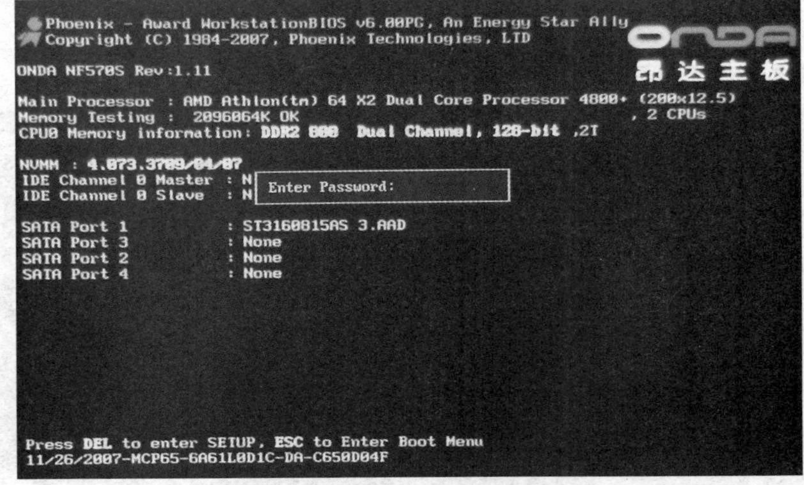

图4-23　开机输入密码

STEP 3　按 F10 键保存设置并退出。

输入密码进入 BIOS，选择【Set Supervisor Password】选项后按 Enter 键，弹出【Enter Password】对话框，如果需要修改密码，就输入新的密码，然后按 Enter 键，会弹出【Confirm Password】对话框，要求再输入一次新密码。如果想要取消密码，就直接按 Enter 键，系统会显示【Invalid Password Press Any Key to Continue】提示框。

（五） 恢复最优默认设置

当对 BIOS 的设置不正确，而使计算机无法正常工作时，需要将 BIOS 恢复到默认设置，BIOS 恢复默认设置分为恢复最原始的默认设置和恢复最优化的默认设置。

【操作步骤】

STEP 1 进入 CMOS 设置主菜单，用方向键移动光标到【Load Optimized Defaults】选项，如图 4-24 所示。

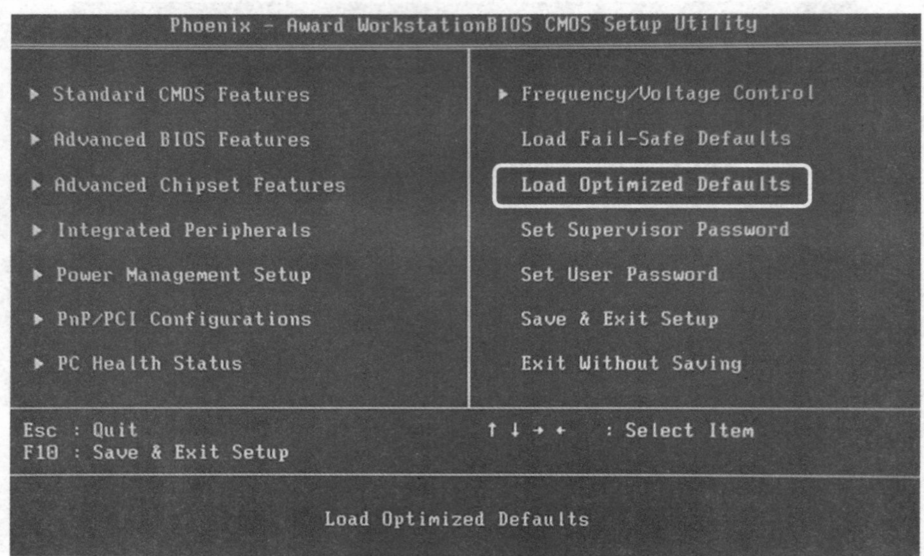

图4-24 选择【Load Optimized Defaults】选项

STEP 2 按 Enter 键，弹出图 4-25 所示的提示框。

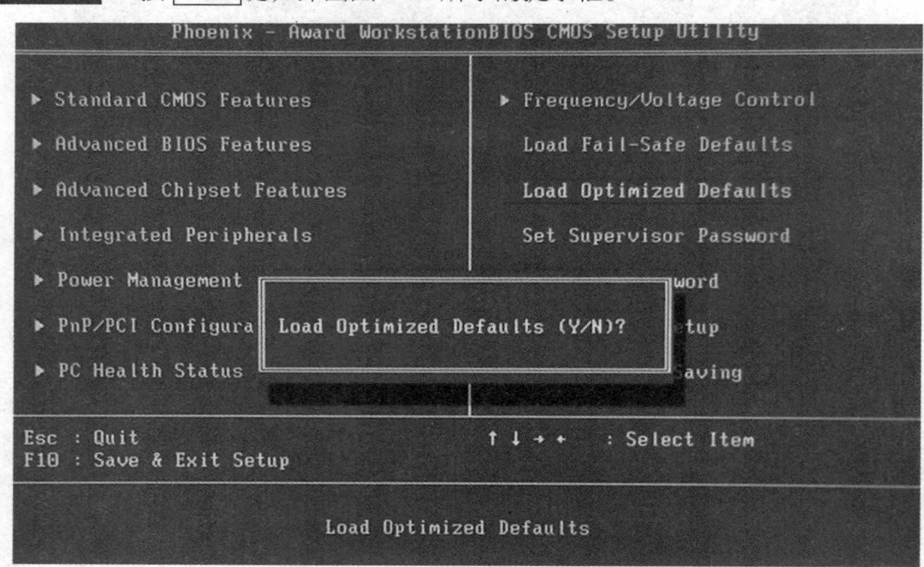

图4-25 恢复 BIOS 默认设置

STEP 3 在键盘上按 Y 键，然后按 Enter 键确定。

STEP 4 按 F10 键保存设置并退出。

任务三 掌握 BIOS 的高级设置方法

BIOS 为计算机提供最底层的、最直接的硬件设置和控制，通过 BIOS 设置还可以提高计算机相应硬件的性能，从而提高计算机的整体性能。下面介绍常用的 BIOS 高级设置方法。

（一） 设置键盘灵敏度

部分用户为了工作、娱乐或个人习惯需要较高的键盘灵敏度，如果在控制面版将其中的“重复延迟”（即持续按住一个键，出现第 1 个字符与出现第 2 个字符间隔的时间）和“重复率”两项设置到最高还不能满足用户的要求，那么就需要通过 BIOS 设置进一步提高“重复延迟”。

【操作步骤】

STEP 1 进入 CMOS 设置主菜单，用方向键移动光标到【Advanced BIOS Features】选项，如图 4-26 所示。

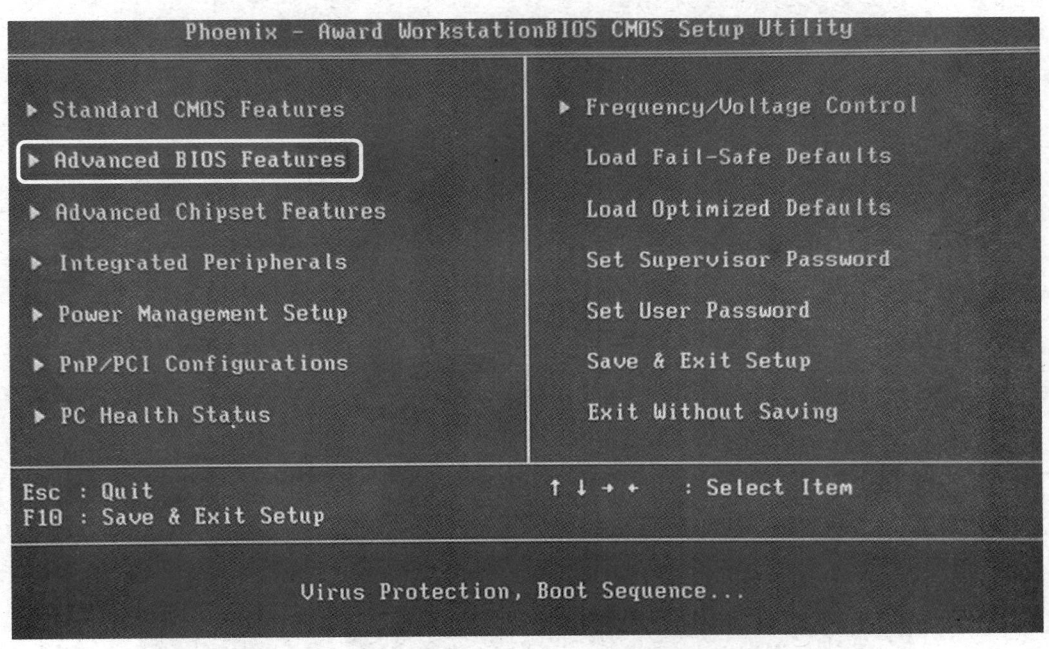

图4-26 选择【Advanced BIOS Features】选项

STEP 2 按 Enter 键，进入高级 BIOS 特性设置界面，按方向键，移动光标到【Typematic Rate Setting】（击键速率设置）选项，设置其值为“Enabled”，如图 4-27 所示。

STEP 3 用方向键移动光标到【Typematic Rate （Chars/Sec）】（击键率设置）选项，设置其值为“30”，如图 4-28 所示。

STEP 4 用方向键移动光标到【Typematic Delay （Msec）】（击键延时设置）选项，设置其值为“250”，如图 4-29 所示。

STEP 5 按 F10 键保存设置并退出。

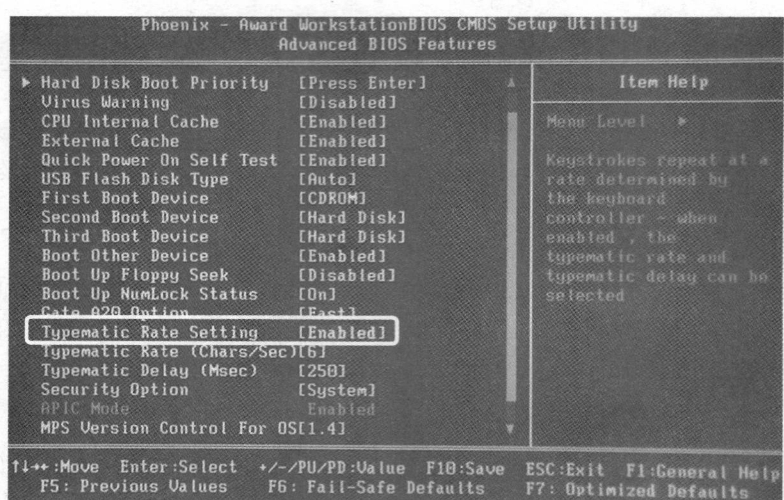

图4-27 设置值为“Enabled”

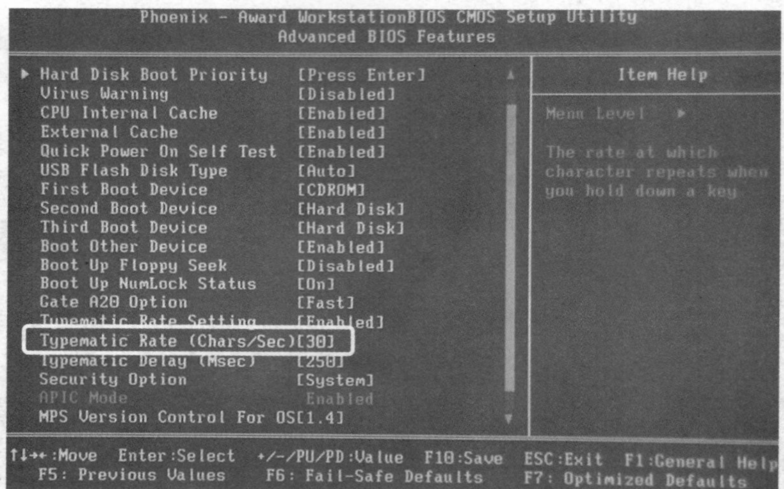

图4-28 设置值为“30”

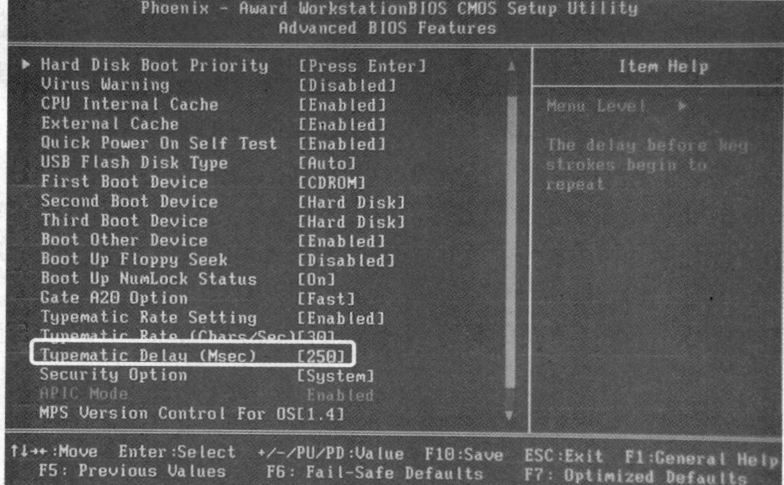

图4-29 设置值为“250”

（二） 设置 CPU 超频

CPU 超频是指人为地将 CPU 的工作频率提高，即提高 CPU 的主频，使它在高于其额定频率状态下稳定工作。

通过前面的学习我们知道，CPU 的主频是外频和倍频的乘积，所以要提高 CPU 的主频可以通过改变 CPU 的倍频或者外频来实现。

【操作步骤】

STEP 1 进入 CMOS 设置主菜单，用方向键移动光标到【Frequency/Voltage Control】选项，如图 4-30 所示。

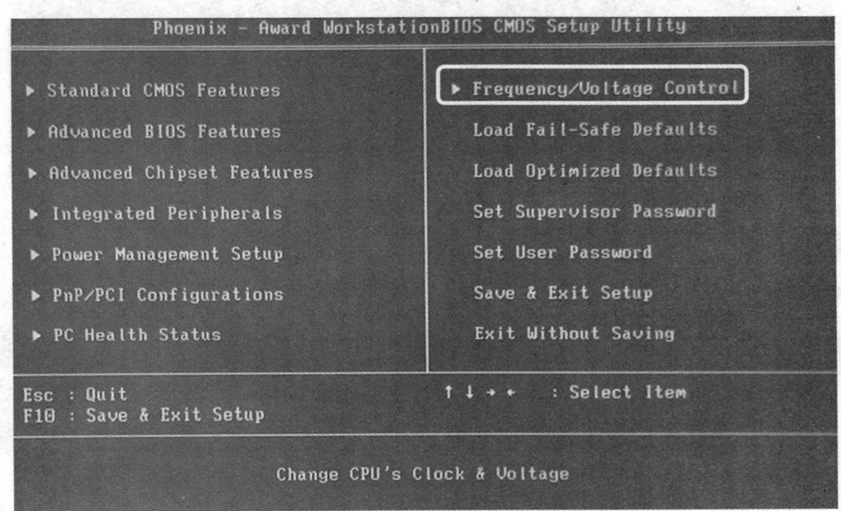

图4-30 选择【Frequency/Voltage Control】选项

STEP 2 按 Enter 键，进入系统频率和电压控制的设置界面，如图 4-31 所示。

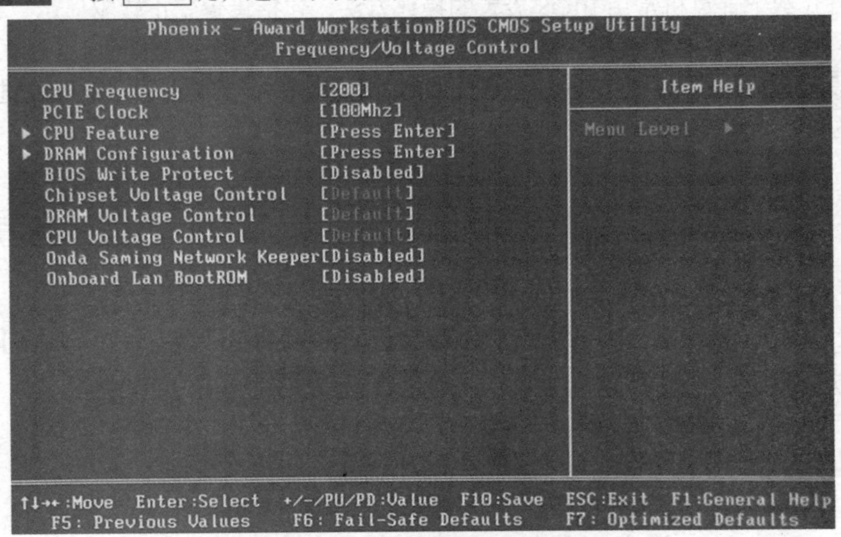

图4-31 系统频率和电压控制的设置界面

STEP 3 使用方向键移动光标到【CPU Frequency】选项，然后按 Enter 键，弹出外频设置对话框，如图 4-32 所示。从中可知外频的最小值为 200MHz，最大值为 450MHz。

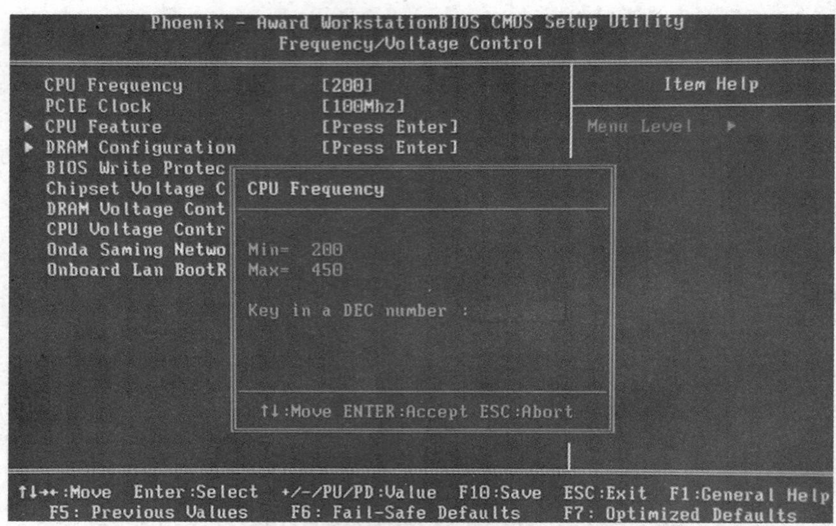

图4-32 外频设置对话框

STEP 4 在对话框中输入“220”，然后按 Enter 键确认。

STEP 5 按 F10 键保存设置并退出。

外频不是越大越好，它与计算机其他硬件的承受力有关，要根据计算机的整体性能设置。设置完成后，重新启动计算机试运行，如计算机运行不稳定，则应恢复原来的外频。

小结

本项目介绍了计算机常用BIOS设置的操作方法，包括设置禁止软驱显示、设置系统从光盘启动、设置CPU保护温度、设置BIOS超级用户密码、恢复最优默认设置、设置键盘灵敏度、设置CPU超频。通过对这些设置的学习，读者应该能够举一反三，进行对BIOS其他功能的设置。

习题

1. 什么是BIOS？什么是CMOS？
2. 进入一台计算机的BIOS设置界面，通过【Standard CMOS Features】选项中的【Halt On】（中断）选项，设置系统自检暂停参数为“All，But Keyboard”。
3. 设置系统引导顺序为光盘启动。
4. 设置计算机的CPU保护温度。
5. 设置一个普通用户密码。

PART 5

项目五 安装和管理 Windows 7 操作系统

在完成计算机的组装以后，各种配件已经成功地组成一个完整的体系了，但是这时的计算机是一台“裸机”，还不能正常工作，必须为其正确安装操作系统。本项目将详细介绍为计算机安装 Windows 7 操作系统及账户的管理基本方法。

学习目标

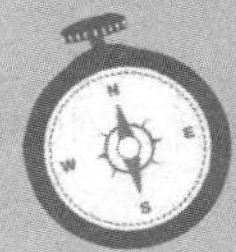

- 明确硬盘的分区和格式化方法。
- 掌握 Windows 7 操作系统的安装方法。
- 掌握 Windows 7 中常用的账户管理方法。

任务一 安装 Windows 7 操作系统

操作系统是计算机的核心软件，是计算机能正常运行的基础。目前常用的主流操作系统是由美国 Microsoft 公司开发的 Windows 7。本项目将介绍该操作系统的安装方法。

（一） 硬盘的分区与格式化

尚未使用过的一块新硬盘在使用之前必须要先进行分区，然后分别对各个分区进行格式化，经过分区和格式化的硬盘上才能存储数据和进行正常的数据读写操作。

1. 了解硬盘分区的基础知识

硬盘的分区主要有主分区和扩展分区两部分。要在硬盘上安装操作系统，则该硬盘必须有一个主分区，主分区中包含操作系统启动所必需的文件和数据；扩展分区是除主分区以外的分区，但它不能直接使用，必须再将它划分为若干个逻辑分区才能使用。逻辑分区也就是平常在操作系统中所看到的 D、E、F 等盘。这 3 种分区之间的关系示意图如图 5-1 所示。

2. 了解分区格式的种类

分区格式是指文件命名、存储和组织的总体结构，通常又被叫为文件系统格式或磁盘格式。Windows 操作系统支持的分区格式主要有 FAT32 和 NTFS 两种。

（1） FAT32。

这是目前使用最为广泛的分区格式，它采用 32 位的文件分配表，这样就使得磁盘的空间管理能力大大增强，最大支持容量为 4GB 的文件。

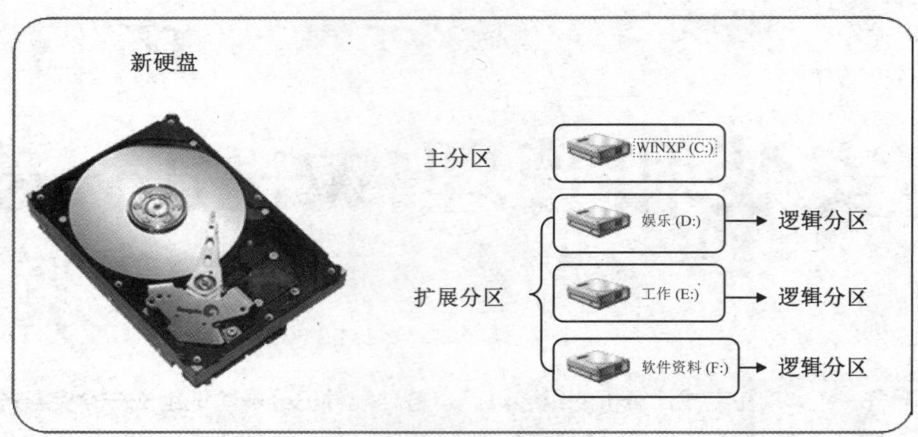

图5-1 3 种分区之间的关系

（2） NTFS。

这是 Microsoft 公司为 Windows NT 操作系统设计的一种全新的分区格式，它的优点是安全性和稳定性极其出色，在使用中不易产生文件碎片，并且 NTFS 格式对所支持文件的容量不限。所以建议将系统分区设置为 NTFS 格式。

（二） 使用光盘安装 Windows 7 操作系统

Windows 7 是 Microsoft 公司目前应用最广泛的一款操作系统，其功能完善，运行速度更快。下面介绍 Windows 7 操作系统的安装步骤。

【操作步骤】

STEP 1 启动计算机进入 BIOS，将第一启动引导方式设置为从光盘启动。

STEP 2 将 Windows 7 操作系统安装光盘放入光驱，保存 BIOS 设置并重启计算机，计算机将自动从光盘启动，进入系统安装状态，如图 5-2 所示。

图5-2 光盘启动界面

STEP 3 启动完成后进入 Windows 7 操作系统安装界面，首先对语言、时间和输入方法等进行设置，如图 5-3 所示。

图5-3 设置语言、时间等

STEP 4 单击下一步(N)按钮，显示开始安装界面，如图 5-4 所示。

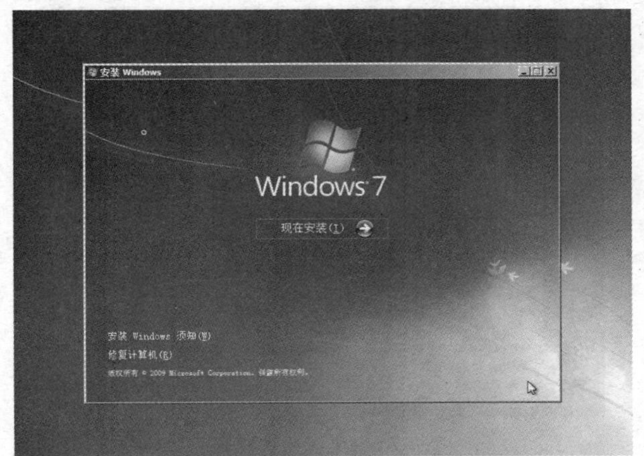

图5-4 开始安装界面

STEP 5 单击现在安装(I)按钮，启动安装程序，如图 5-5 所示。

图5-5 启动安装程序

STEP 6 启动完成后显示许可条款界面，如图 5-6 所示。

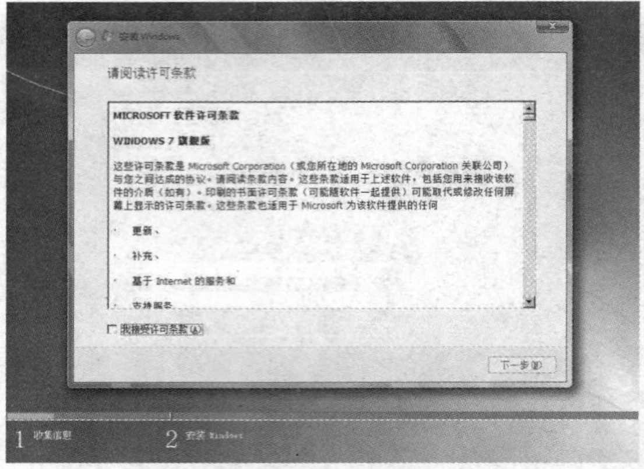

图5-6　许可条款界面

STEP 7　选中【我接受许可条款】复选框，单击 下一步(N) 按钮，显示安装类型的选择界面，如图 5-7 所示。

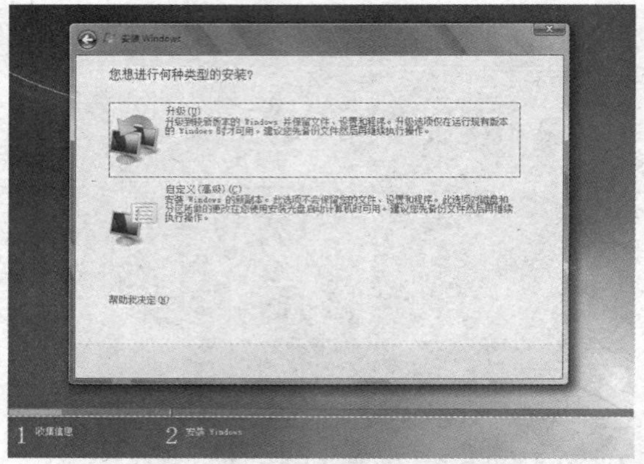

图5-7　安装类型选择界面

知识提示

Windows 7 的安装类型有升级安装和自定义安装，其中升级安装一般在计算机安装了 Windows Vista 或 Windows 7 的早期版本的基础上，保留一些相关设置的安装，而自定义安装则是进行全新的安装。

STEP 8　选择“自定义”安装方式，显示磁盘分区界面，如图 5-8 所示。

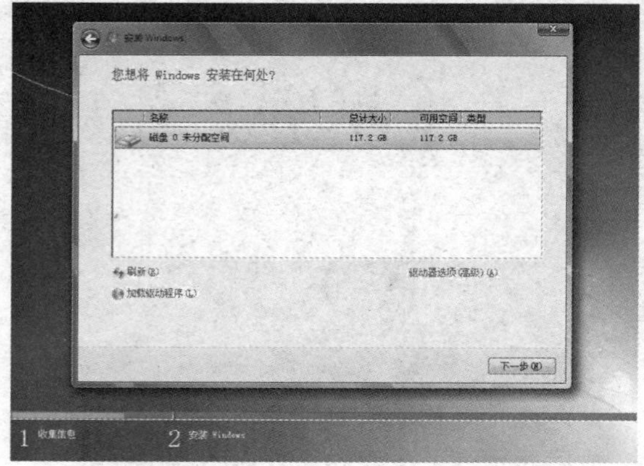

图5-8　磁盘分区界面

若磁盘已有分区信息，则必须保证安装 Windows 7 的分区大小在 8GB 以上。另外，为了保证系统的正常运行，建议分区大小为 30GB 以上。

STEP 9 选择【驱动器选项（高级）】选项，进行磁盘分区操作。选择【新建】选项，在弹出的【大小】数值框中输入“30000”，如图 5-9 所示。

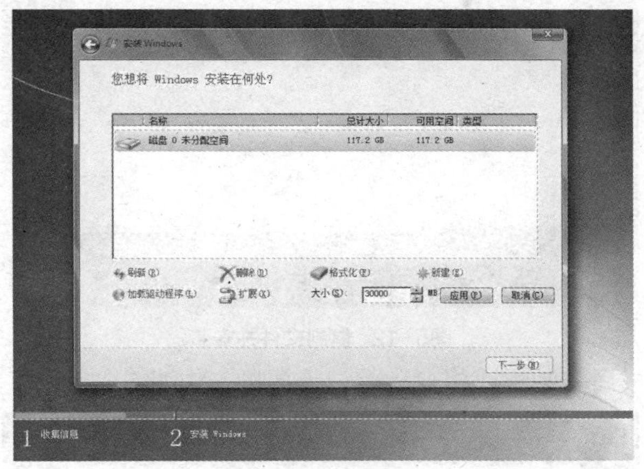

图5-9　新建分区

STEP 10 单击 应用(P) 按钮新建分区，弹出图 5-10 所示的提示对话框，单击 确定 按钮继续操作，分区结果如图 5-10 所示。

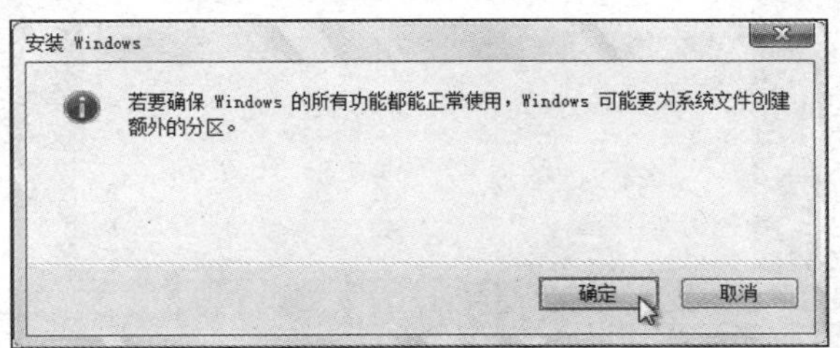

图5-10　提示对话框

STEP 11 选择用于安装 Windows 7 的分区（这里选择“磁盘 0 分区 2”，如图 5-11 所示），单击 下一步(N) 按钮。

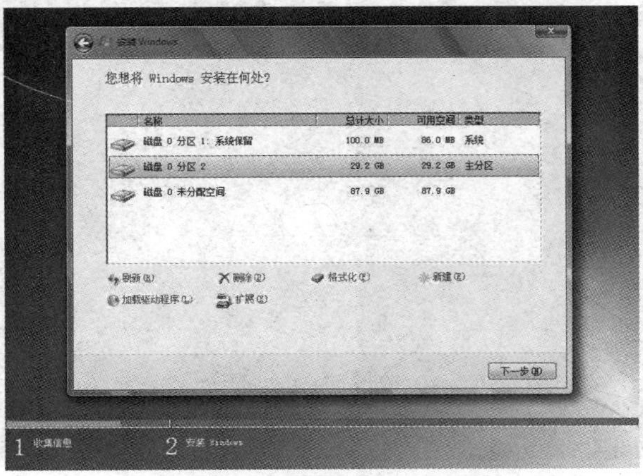

图5-11　选择安装分区

STEP 12 安装程序将自动进行文件的复制和安装，此过程通常需要较长时间，如图5-12 所示。

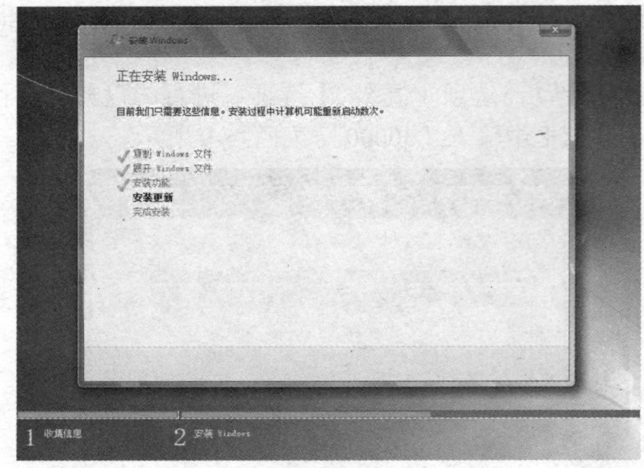

图5-12 复制文件并安装

STEP 13 完成后安装程序将自动重启计算机，如图 5-13 所示。

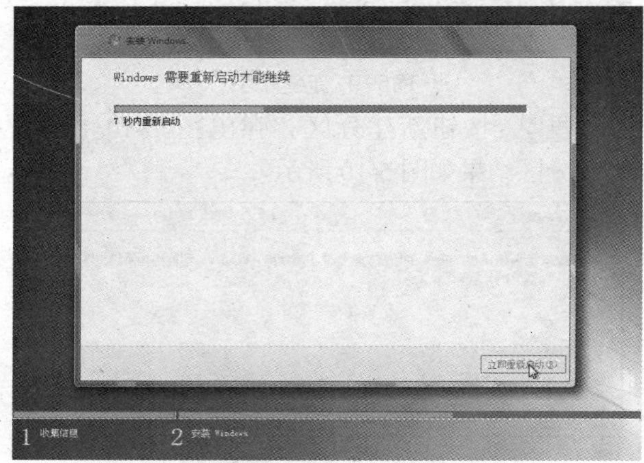

图5-13 自动重启计算机

STEP 14 计算机重启后从硬盘引导系统，将显示图 5-14 所示的启动界面。

图5-14 Windows 7 启动界面

STEP 15 启动后将继续完成剩余的安装工作，此过程通常需要较长时间，如图 5-15 所示。

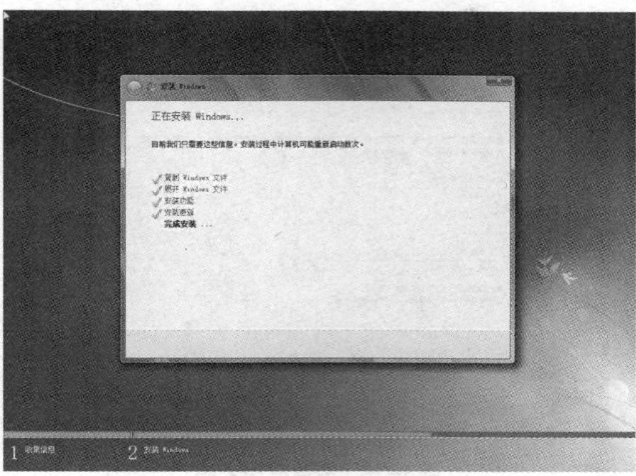

图5-15 安装界面

STEP 16 完成后将再次重启计算机，如图 5-16 所示。

图5-16 再次重启计算机

STEP 17 重启后从硬盘引导系统，安装程序将进行计算机用户名等设置，如图 5-17 所示。

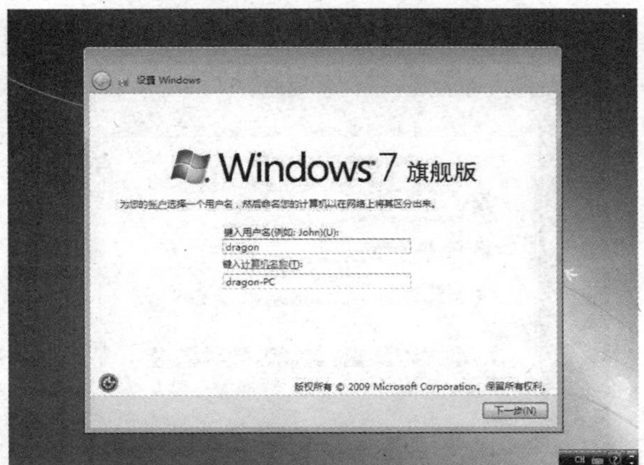

图5-17 设置用户名和计算机名称

STEP 18 输入用户名和计算机名后单击 下一步(N) 按钮，继续为账户设置密码，如图 5-18 所示。

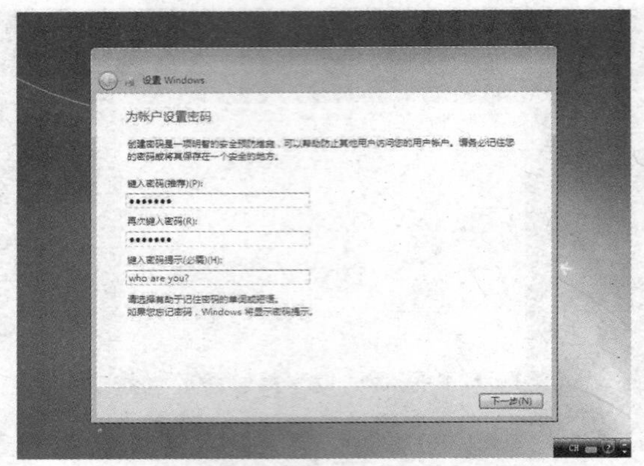

图5-18 设置账户密码

STEP 19 单击 下一步(N) 按钮，输入 Windows 产品密钥，如图 5-19 所示。

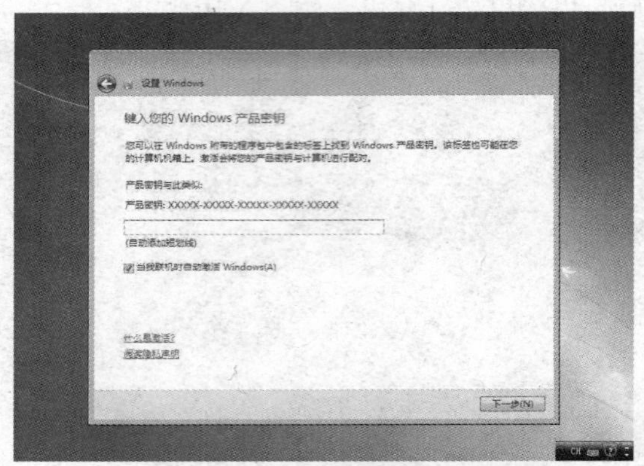

图5-19 输入产品密钥

> **知识提示**
>
> 在此处产品密钥并不是必须输入，可以在操作系统安装完成后再使用产品密钥对系统进行激活。另外，不输入产品密钥也可以对 Windows 7 操作系统进行试用。

STEP 20 单击 下一步(N) 按钮，继续进行更新方面的设置，如图 5-20 所示。

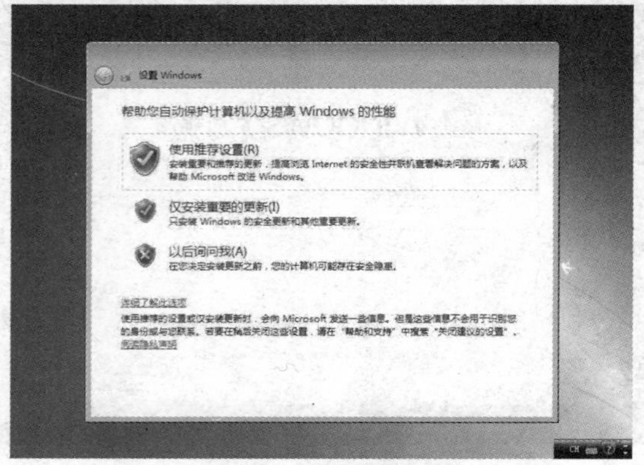

图5-20 设置更新

STEP 21 选择【使用推荐设置】选项，接着进行时间和日期设置，如图 5-21 所示。

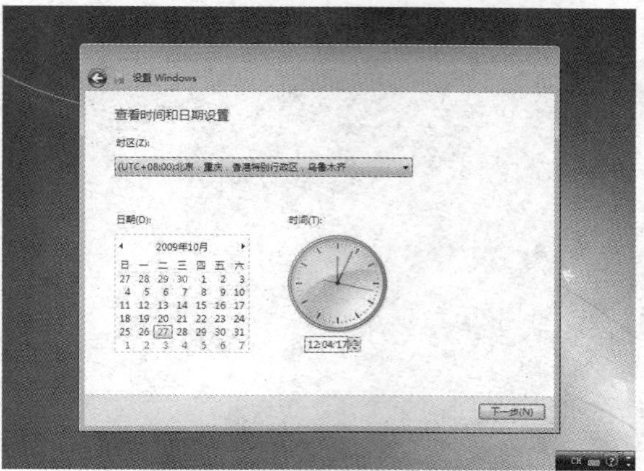

图5-21 设置时间和日期

STEP 22 设置完成后单击 下一步(N) 按钮，进行网络设置，如图 5-22 所示。

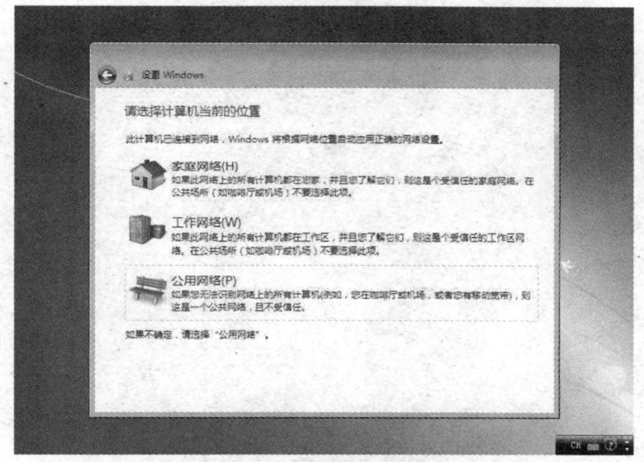

图5-22 网络设置

> **知识提示** 此处有 3 种网络类型供选择，可根据提示信息进行选择。对于一般用户或对网络类型不清楚的用户通常选择默认的“公用网络”即可。

STEP 23 选择【公用网络】选项，安装程序提示完成设置，如图 5-23 所示。

图5-23 完成设置

STEP 24 完成设置后显示欢迎界面，最后进入操作系统界面，如图 5-24 和图 5-25 所示。

图5-24 欢迎界面

图5-25 操作系统界面

（三） 使用 U 盘安装 Windows 7 操作系统

使用 U 盘安装 Windows 7 的方法较主要适用于没有光驱或者没有光盘的用户，安装前必须准备好以下器件。

- 一个格式化后的大于 4 GB 的 U 盘。
- 支持 USB 启动方式的计算机一台（计算机 A）。
- 一个已安装 Windows 操作系统计算机一台（计算机 B）。
- UltraISO 软件。
- Windows 7 镜像文件。

知识提示

① 在制作启动 U 盘前，一定要将 U 盘数据备份，因为制作启动 U 盘时需要格式化。

② UltraISO 软件（EXE）和 Windows 7 安装镜像（ISO）可以在相关网站下载。

本次实例在计算机 A 上面通过 U 盘安装 Windows 7 操作系统，首先要在计算机 B 上制作启动 U 盘，安装步骤如下。

【操作步骤】

STEP 1　将 UltraISO 安装在计算机 B 上，运行 UltraISO 程序，如图 5-26 所示。

STEP 2　选择【文件】/【打开】菜单命令，如图 5-27 所示。

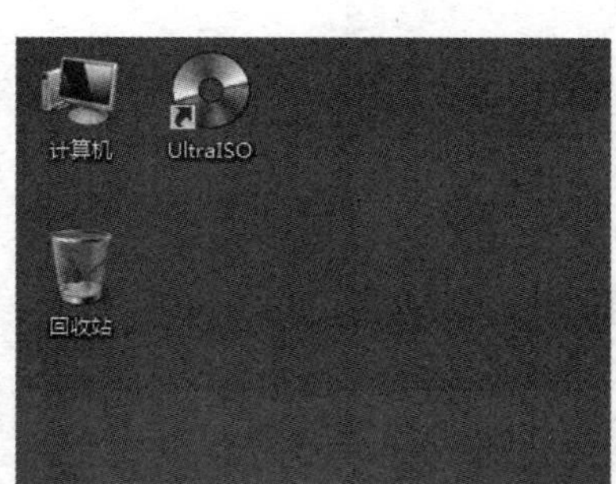

图5-26　UltraISO 图标

图5-27　UltraISO 程序窗口

> **知识提示**　如果计算机 B 使用 Windows 7 或更高系统，此处需在 UltraISO 图标上单击鼠标右键，在弹出的快捷菜单中选【以管理员身份运行】选项，否则在后面步骤会弹出错误提示。

STEP 3　弹出【打开 ISO 文件】窗口，选择准备好的 Windows 7 镜像文件打开，如图 5-28 所示。

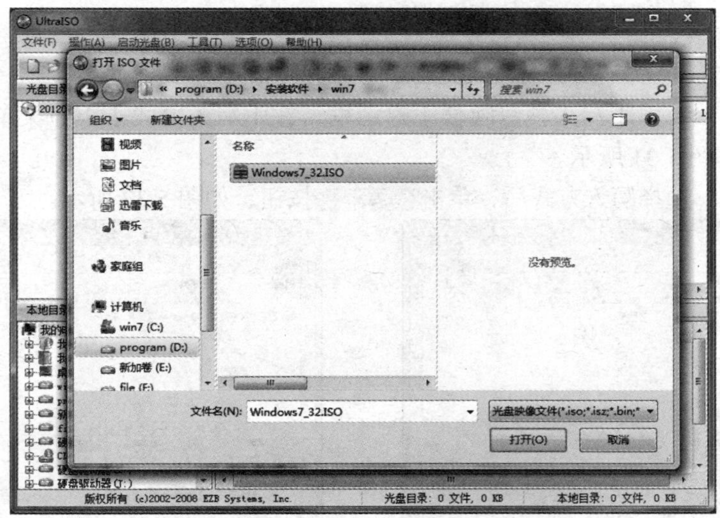

图5-28　【打开 ISO 文件】对话框

STEP 4　UltraISO 软件将出现有关 Windows 7 的一些系统安装文件信息，如图 5-29 所示。

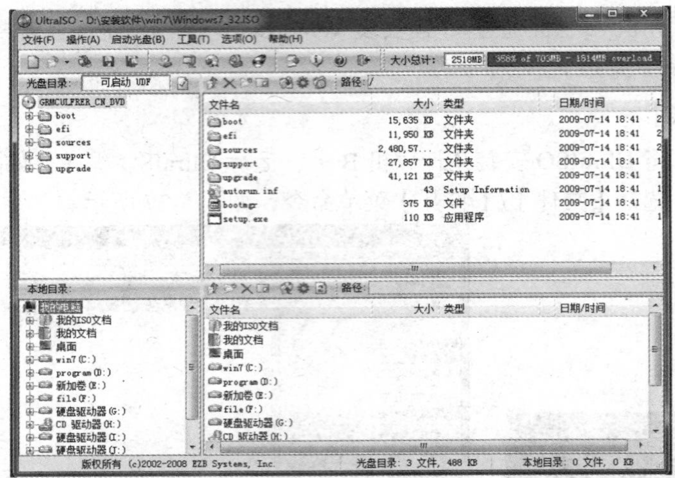

图5-29　打开 Windows 安装镜像

STEP 5　选择【启动光盘】/【写入硬盘映像】菜单命令，如图 5-30 所示。

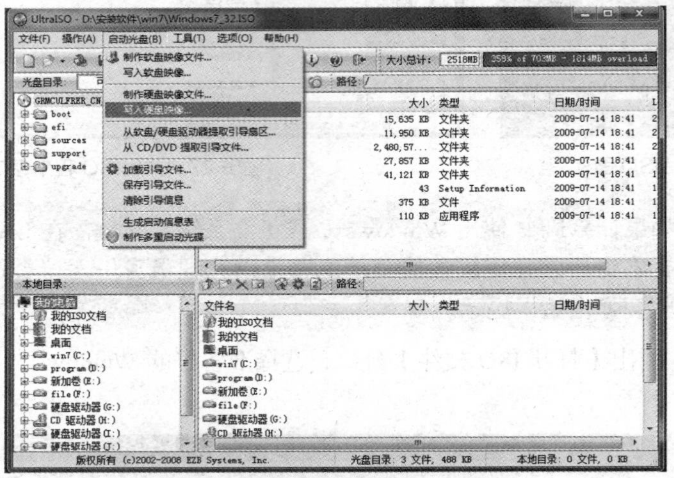

图5-30　写入硬盘映像

STEP 6　弹出【写入硬盘映像】对话框，在【写入方式】下拉菜单中选择【USB-HDD】选项，如图 5-31 所示。

STEP 7　选择写入方式后，单击 写入 按钮，如图 5-32 所示。

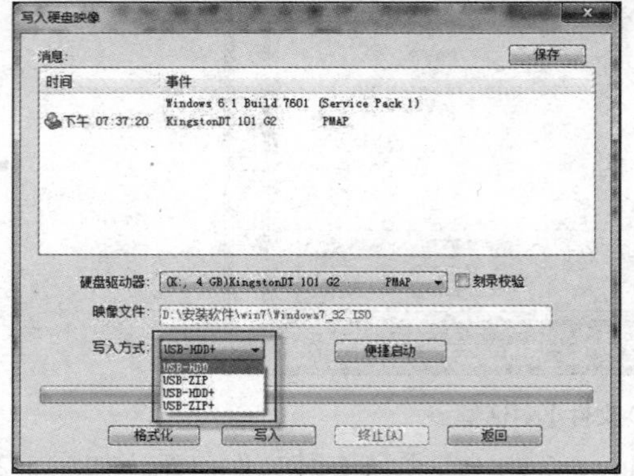

图5-31　选择写入方式

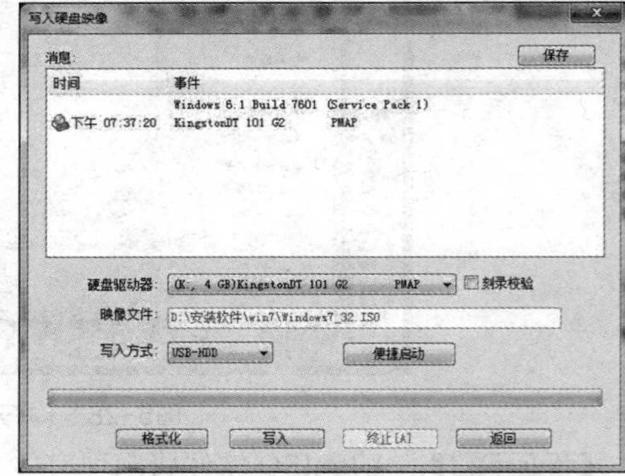

图5-32　开始写入

STEP 8 弹出一个提示对话框，检查【驱动器】是否为 U 盘，确认后，单击 是(Y) 按钮，如图 5-33 所示。

STEP 9 软件将自动开始制作启动 U 盘，【写入硬盘映像】对话框下方显示制作进度。如图 5-34 所示。

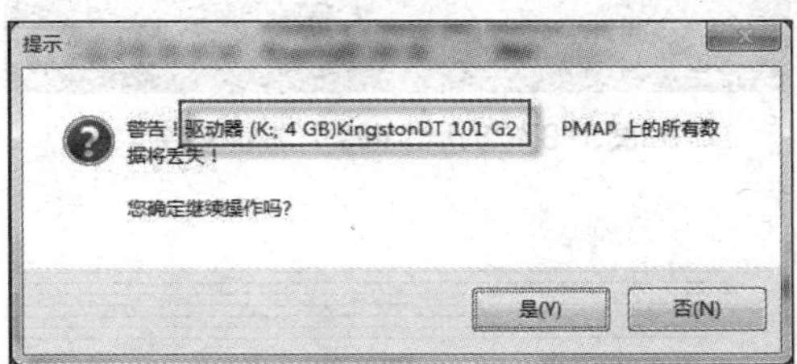

图5-33 提示对话框

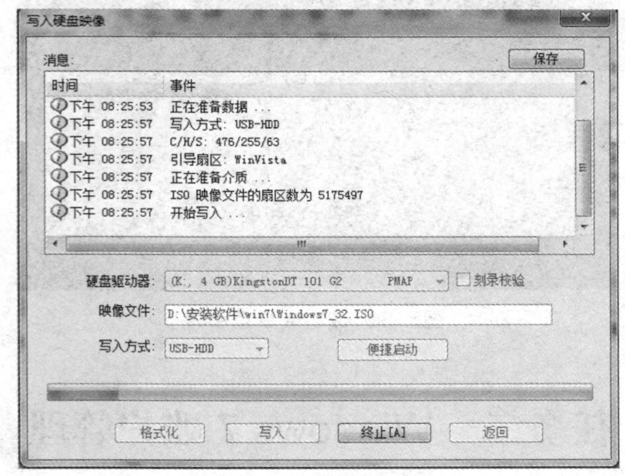

图5-34 正在制作启动盘

知识提示

此处一定要核对好要写入的驱动器是否为指示的 U 盘，以免误操作而丢失数据。（K：4GB）表示驱动器号为“K”盘，容量为“4GB”。

STEP 10 当出现【消息】框提示刻录成功，说明启动 U 盘制作成功，如图 5-35 所示。

图5-35 启动盘刻录成功

STEP 11 将 U 盘从计算机 B 取出，插入计算机 A 的 USB 插孔。启动计算机 A，设置 USB 为第一启动，重启计算机 A 后，计算机将通过 U 盘启动，如图 5-36 所示。

知识提示

如果看不到图 5-34 所示界面，而上面【消息】文本框提示【刻录成功！】，可以检查一下 U 盘是否插入或者开机引导是否设置正确。

STEP 12 通过 U 盘成功引导后，后续的操作和光盘安装方式一样，如图 5-37 所示。

图5-36 成功从 U 盘引导

图5-37 Windows 7 加载文件

任务二 Windows 7 账户管理

操作系统可以拥有多个账户，每个账户的操作权限不一样，有时一台计算机有多用户使用时，这样可以使计算机管理更加方便。

（一） 创建新账户

在 Windows 7 操作系统中，常见的账户类型主要有以下 3 种。

（1） Administrator（管理员）账户。

Administrator 是系统内置的权限等级最高的管理员账户，拥有对系统的完全控制权限，并不受用户账户控制机制的限制。

（2） 用户创建的账户。

在安装 Windows 7 时，用户需要创建一个用于初始化登录的账户。在 Windows 7 中，所有用户自行创建的用户都默认运行在标准权限下。标准账户在尝试执行系统关键设置的操作时，都会受到用户账户控制机制的阻拦，以免系统管理员权限被恶意程序所利用，同时也避免了初级用户对系统的错误操作。

（3） Guest（来宾）账户。

Guest 账户一般只适用于临时使用计算机的账户，其用户权限比标准类型的账户要受到更多限制，只能使用常规的应用程序，而无法对系统设置进行更改。

知识提示

默认情况下，Windows 7 基于安全考虑，内置的 Administrator 账户和 Guest 账户都处于禁用状态，以免无密码保护的这两个账户被黑客所使用。

在 Windows 7 中要创建新账户，可以按照以下步骤操作。

【操作步骤】

STEP 1 在【开始】菜单中单击账户头像图标，如图 5-38 所示，打开【用户账户】窗口，选择【管理其他账户】选项，如图 5-39 所示。

图5-38 启动账户管理

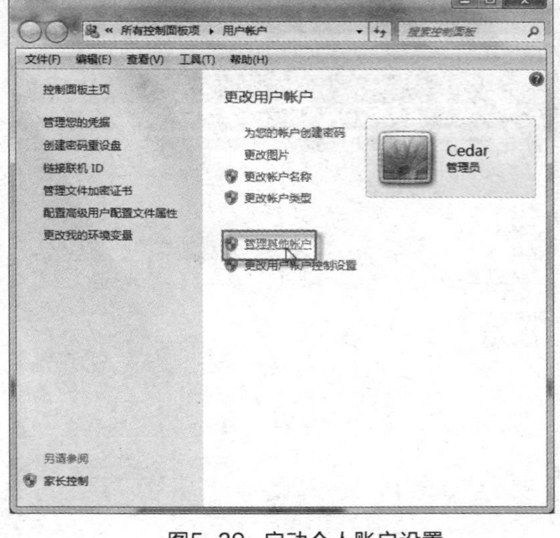

图5-39 启动个人账户设置

STEP 2 在弹出的窗口中选择【创建一个新账户】选项，如图 5-40 所示。

STEP 3 在打开的窗口中输入账户名称，选取账户类型，然后单击 创建帐户 按钮，如图 5-41 所示。

图5-40 创建新账户

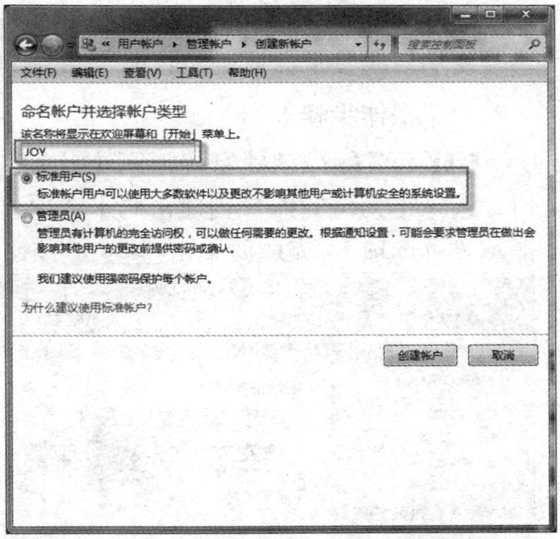

图5-41 设置账户名称和类型

（二） 更改账户类型

为了保障计算机系统的安全，用户可以更改计算机中用户账户的类型，赋予账户不同的操作权限，但是只有管理员权限的用户才能进行相关的账户操作。

【操作步骤】

STEP 1 按照前述操作打开【管理账户】窗口，选择需要更改的用户账户，如图 5-42 所示。

STEP 2 在弹出的窗口中选择【更改账户类型】选项，如图 5-43 所示。

图5-42 选择账户

STEP 3 在弹出的窗口中修改账户类型，然后单击 更改帐户类型 按钮，如图 5-44 所示。

图5-43 启动更改账户类型操作

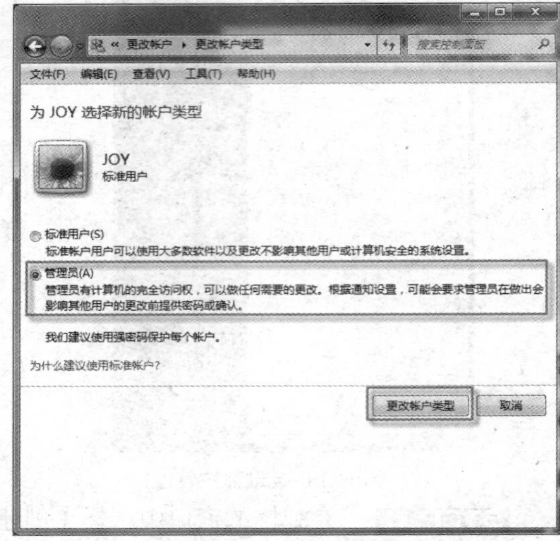

图5-44 更改账户类型

（三） 密码管理

使用密码登录计算机能防止未经授权的用户登录，增强系统的安全性。

【操作步骤】

STEP 1 创建密码。在【开始】菜单中单击账户头像图标，打开【用户账户】窗口，选择【为您的账户创建密码】选项，如图 5-45 所示。在弹出的窗口中输入密码和密码提示（可选项），完成后单击 创建密码 按钮，如图 5-46 所示。

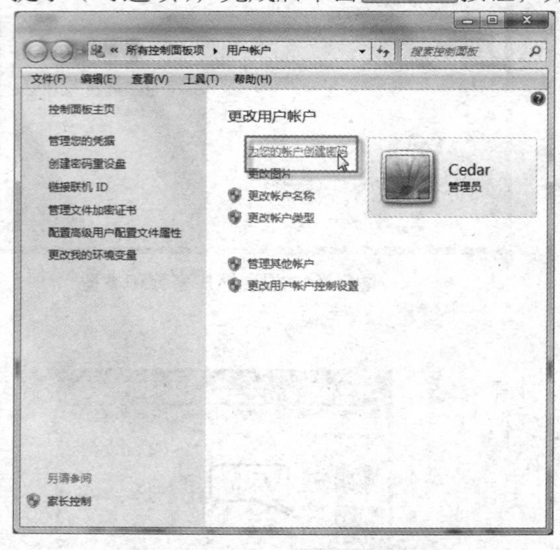

图5-45 启动创建密码操作

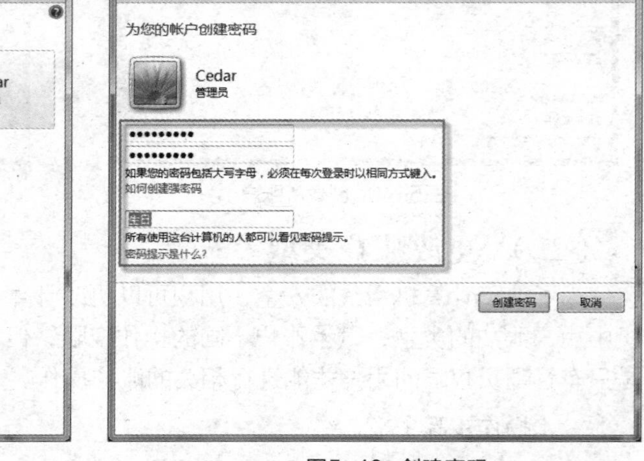

图5-46 创建密码

STEP 2 修改密码。在【开始】菜单中单击账户头像图标，打开【用户账户】窗口，选择【更改密码】选项，如图 5-47 所示。在弹出的窗口中先输入旧密码，然后输入新密码和密码提示（可选项），完成后单击 更改密码 按钮，如图 5-48 所示。

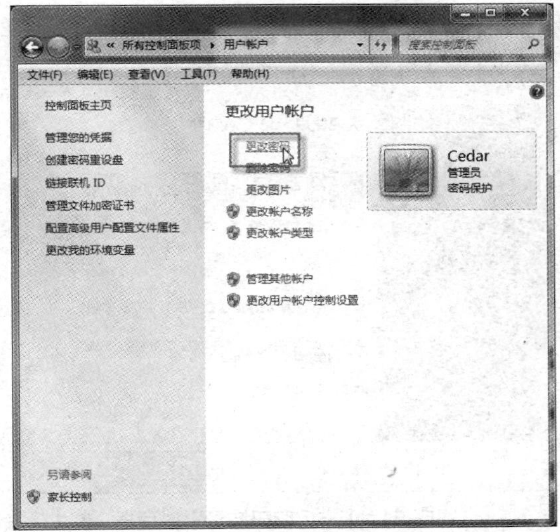

图5-47　启动更改密码操作

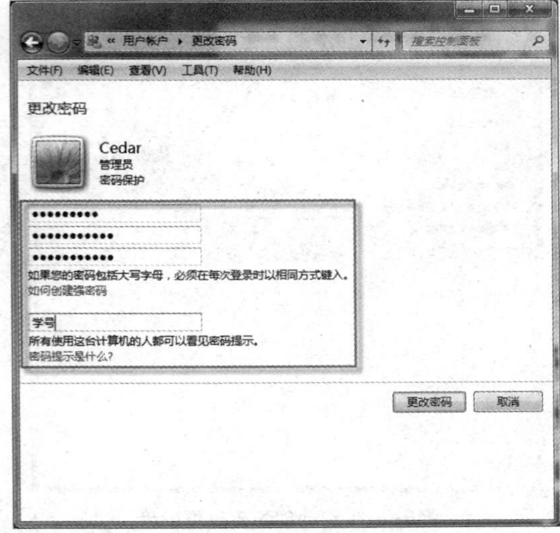

图5-48　修改密码

STEP 3　删除密码。在【开始】菜单中单击账户头像图标，打开【用户账户】窗口，选择【删除密码】选项。在弹出的窗口中先输入用户密码，后单击 删除密码 按钮，如图5-49所示。

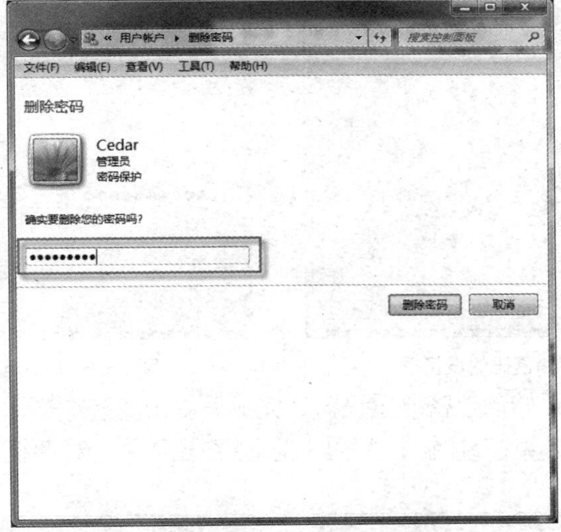

图5-49　删除密码

（四）使用密码重置功能

为了防止用户遗忘密码而不能正确登录系统，用户可以在创建密码后再创建一个密码重设盘。

【操作步骤】

STEP 1　将U盘插入计算机的USB接口。

STEP 2　在【开始】菜单中单击账户头像图标，打开【用户账户】窗口，选择【密码重设盘】选项，如图5-50所示。

STEP 3　在弹出的【忘记密码向导】对话框中单击 下一步(N) > 按钮，如图5-51所示。

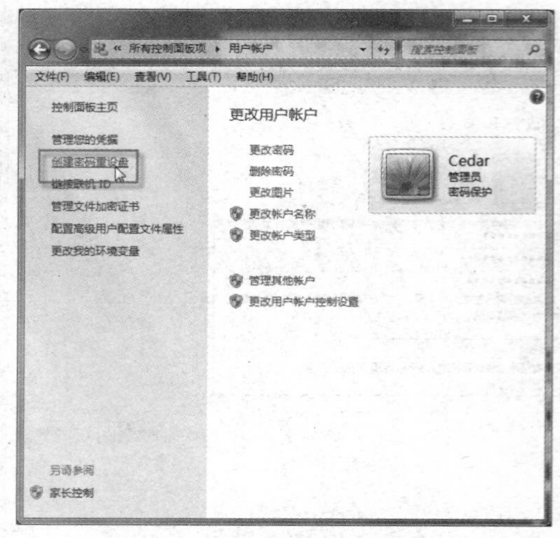

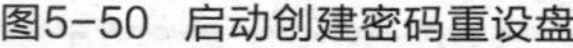
图5-50 启动创建密码重设盘

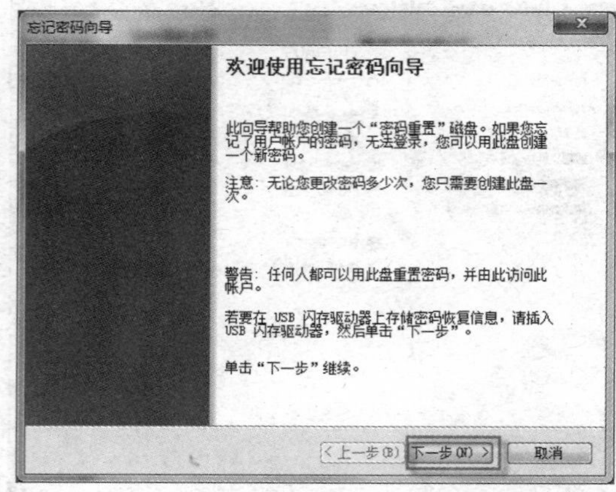

图5-51 【忘记密码向导】对话框

STEP 4 选择存储密码的设备（U 盘），然后单击下一步(N) >按钮，如图 5-52 所示。

STEP 5 输入当前账户的登录密码，然后单击下一步(N) >按钮，如图 5-53 所示。

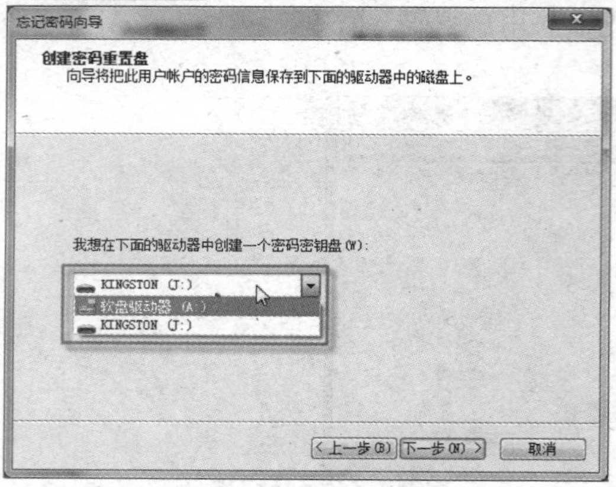

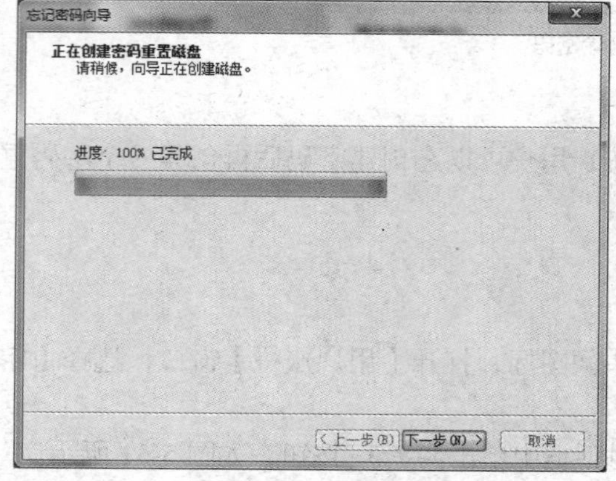

图5-52 选择存储密码的设备

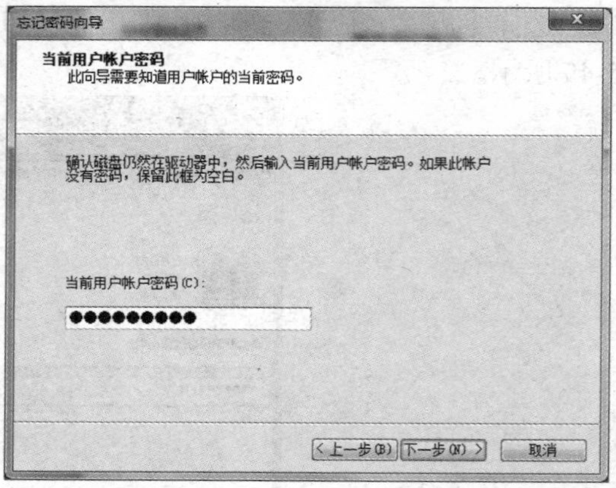

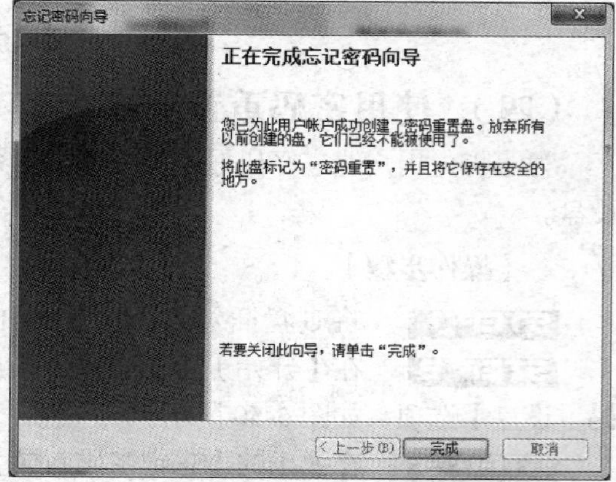

图5-53 输入当前账户的登录密码

STEP 6 系统开始创建密码重设盘，完成后单击下一步(N) >按钮，如图 5-54 所示。

STEP 7 单击完成按钮，关闭【忘记密码向导】对话框，完成重设密码盘的创建，如图 5-55 所示。

图5-54 建密码重设盘

图5-55 完成重设密码盘的创建

当用户登录系统输入密码错误时，将弹出图 5-56 所示的提示信息，单击 确定 按钮打开图 5-57 所示的界面，选择【重设密码】选项，随后按照系统提示重设密码，其主要步骤与使用“忘记密码向导”创建密码重设方法相似。最后使用新设置的密码登录即可。

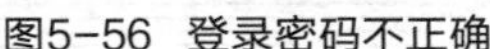
图5-56　登录密码不正确

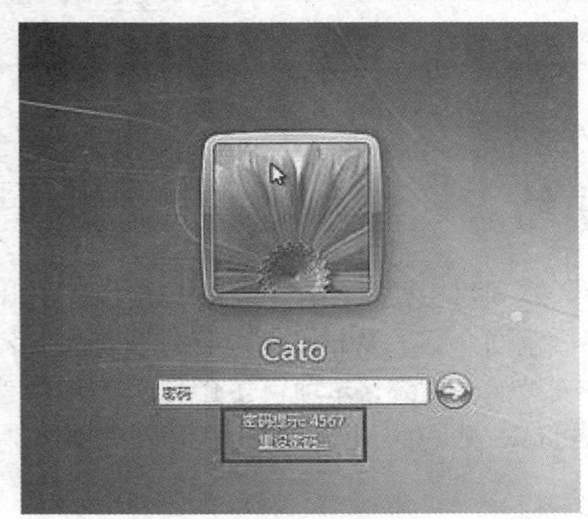

图5-57　重设密码

（五）　管理账户

由于 Windows 7 禁用了 Administrator 账户和 Guest 账户，用户可以手动启动或禁止这两个账户。

【操作步骤】

STEP 1　在【开始】菜单中单击账户头像图标，打开【用户账户】窗口，选择【管理其他账户】选项，如图 5-58 所示。

STEP 2　在【选取希望更改的账户】栏选择【Guest】选项，如图 5-59 所示。

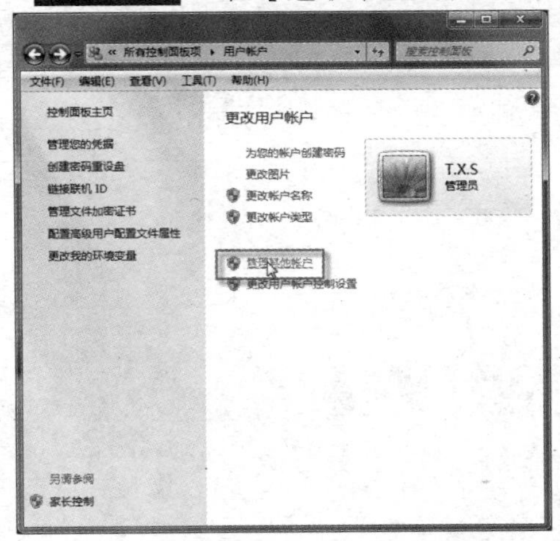

图5-58　启动账户管理操作

图5-59　选择账户

STEP 3　系统显示更改提示，单击 启用 按钮，如图 5-60 所示。

STEP 4　如果想要关闭来宾账户，只需要按照图 5-61 所示选择“Guest 账户”，然后选择【关闭来宾账户】选项即可。

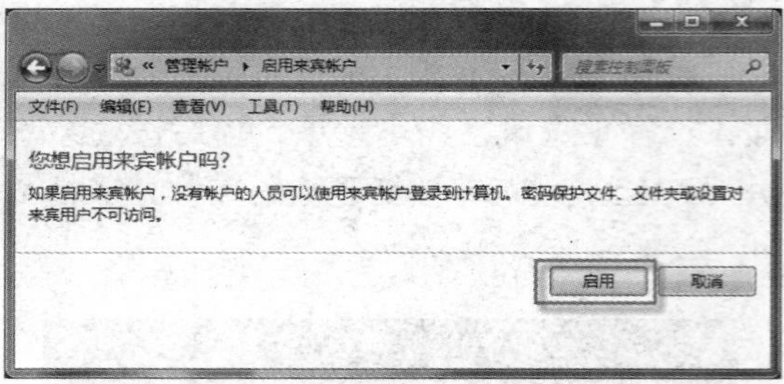

图5-60 启动来宾账户

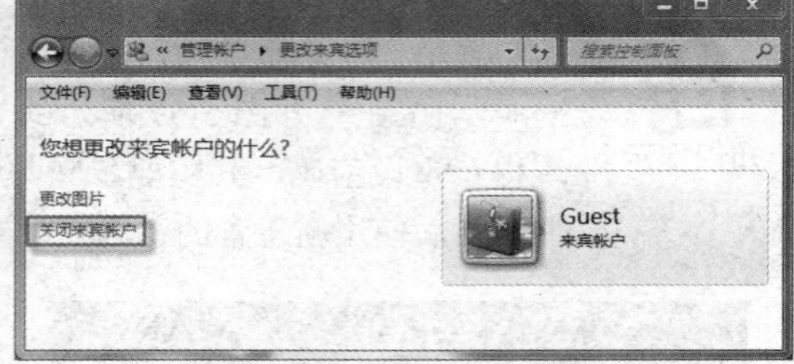

图5-61 关闭来宾账户

小结

本项目主要从操作系统的安装和管理出发，首先介绍了硬盘的分区与格式化操作要领，然后全面介绍了 Windows 7 操作系统的安装过程。为了便于没有光驱和系统安装盘支持的用户安装操作系统，本项目还介绍了使用 U 盘安装 Windows 7 的操作步骤。最后还介绍了对 Windows 账户的创建、更改以及管理操作。

习题

1. 什么是硬盘分区，常用的分区格式有哪些？
2. 简要说明安装操作系统的基本流程。
3. 在计算机上完成 Windows 7 操作系统的安装，并了解各个安装步骤所完成的工作。
4. 在哪些情况下适合于使用 U 盘安装操作系统？
5. Windows 7 中主要有哪几种账户类型？
6. 练习在系统中创建一个新账户，并为其设置权限。

PART 6

项目六 安装驱动程序和应用软件

在计算机上安装操作系统后，计算机就有了“大管家”，为了搭建计算机配件之间交流的桥梁，还需要安装硬件驱动程序。而为了让计算机能够在实际工作中“大显身手”，还需要安装各类应用软件，本项目将详细介绍在计算机上安装驱动程序和应用软件的方法与技巧。

学习目标

- 明确驱动程序的用途。
- 掌握在计算机上安装驱动程序并管理驱动程序的方法。
- 掌握在计算机上安装应用软件的方法和技巧。

任务一 安装驱动程序

驱动程序是指允许操作系统和系统中的硬件设备通信的程序文件，在安装了操作系统之后，若不安装相应的硬件驱动程序，那么该硬件将不能正常工作。

（一） 认识驱动程序

驱动程序是一种可以使计算机和设备通信的特殊程序，相当于硬件的接口，操作系统只有通过这个接口才能控制硬件设备的工作。

1. 什么是驱动程序

操作系统只有通过驱动程序这个接口，才能控制硬件设备的工作，如果设备的驱动程序未能正确安装，则不能正常工作。因此，驱动程序常被称为“硬件和系统之间的桥梁”。随着电子技术的飞速发展，设备硬件的性能越来越强大。驱动程序是直接工作在各种硬件设备上的软件，通过驱动程序，各种硬件设备才能正常运行，达到既定的工作效果。

刚安装好的操作系统，很可能驱动程序安装得不完整。硬件越新，这种可能性越大。比如操作系统刚装好的桌面“图标很大且颜色难看”，就是没有安装好显卡驱动的原因。硬件如果缺少了驱动程序的“驱动”，那么本来性能非常强大的硬件就无法根据软件发出的指令进行工作，硬件就是空有一身本领都无从发挥，毫无用武之地。

驱动程序、硬件设备和操作系统之间的关系如图 6-1 所示。

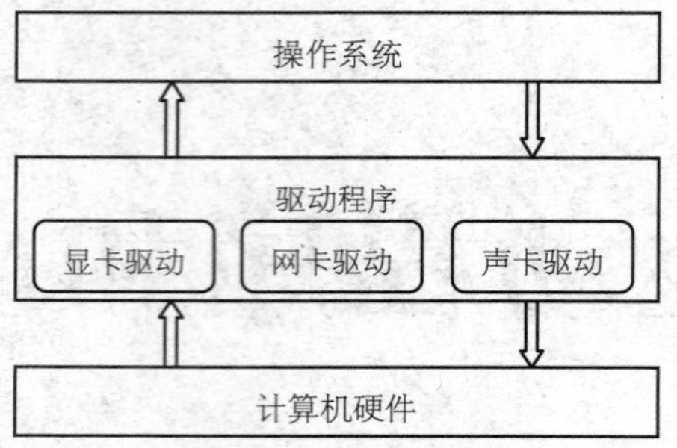

图6-1 驱动程序作用示意图

2. 驱动程序的分类及版本

驱动程序目前可以分为以下 5 个版本。

（1） 官方正式版。

官方正式版是指按照芯片厂商的设计研发出来的，经过反复测试、修正，最终通过官方渠道发布出来的正式版驱动程序，又称为公版驱动。通常官方正式版的发布方式，包括官方网站发布及硬件产品附带光盘这两种方式。稳定性、兼容性好是官方正式版驱动最大的亮点，同时也是区别于发烧友修改版与测试版的显著特征。因此推荐普通用户使用官方正式版。

（2） 微软 WHQL 认证版。

微软 WHQL 认证版是微软对各硬件厂商驱动的一个认证，是为了测试驱动程序与操作系统的相容性及稳定性而制定的。也就是说通过了 WHQL 认证的驱动程序与 Windows 系统基本上不存在兼容性的问题。

（3） 第三方驱动。

第三方驱动一般是指硬件产品 OEM 厂商发布的基于官方驱动优化而成的驱动程序。第三方驱动拥有稳定性、兼容性好，基于官方正式版驱动优化并比官方正式版拥有更加完善的功能和更加强劲的整体性能的特性。因此，对于品牌机用户来说，推荐首先使用第三方驱动，第二选才是官方正式版驱动。

（4） 发烧友修改版。

发烧友修改版驱动又名改版驱动，是指经修改过的驱动程序，而又不专指经修改过的驱动程序。由于众多发烧友对游戏的狂热，对于显卡性能的期望也就比较高，而厂商所发布的显卡驱动往往不能满足游戏爱好者需求的时候，因此经修改过的、以满足游戏爱好者更多的功能性要求的显卡驱动也就应运而生了。

（5） Beta 测试版。

Beta 测试版驱动是指处于测试阶段，还没有正式发布的驱动程序。这样的驱动往往具有稳定性不够、与系统的兼容性不够等问题。尝鲜和风险总是同时存在的，所以对于使用 Beta 测试版驱动的用户要做好出现故障的心理准备。

3. 驱动程序获取方式

一般情况下，可以通过下面 3 种方式获取驱动程序。

（1） 操作系统自带驱动程序。

Windows 操作系统自带了大量驱动程序，当安装操作系统时候会自动安装适合当前硬件的驱动。但是 Windows 自带驱动是有限的，会存在一些硬件系统不能识别，并且 Windows 自带驱动版本较低，只能发挥其基本性能，建议安装官方正式版的驱动。

（2） 使用附带光盘提供的驱动程序。

硬件厂商都会根据产品开发相应的驱动程序，一般会通过光盘形式附在相应硬件里，由设备厂商开发的驱动一般都只针对其提供的产品，要比 Windows 自带的驱动更好，但是随着时间推移和驱动不断更新，这种驱动版本会越来越低。

（3） 通过网络下载驱动程序。

硬件厂商一般会通过网站发布其驱动程序软件安装包，并且会随时更新驱动版本，建议用户最好到硬件厂商官网上面下载最新版本的驱动，这种版本的驱动不管兼容性还是其他方面都比较完善。

一定要注意保存配件的驱动光盘和说明书，在重装系统和排除系统故障时会经常用到。如果不小心丢了，也可以到网上下载相应的驱动程序和说明书。只要是正规厂商的主流产品，一般都能找到其驱动程序和说明书，但是杂牌产品就不一定了，这也是前面建议大家购买主流品牌的原因之一，因为驱动程序会直接影响硬件的性能表现，主流品牌的厂商会不断更新其产品的驱动程序，所以建议大家每隔一段时间都更新与硬件型号相对应的最新的驱动程序。

（二） 安装驱动程序

硬件设备如果没有安装驱动程序将不能正常使用。新安装的操作系统驱动程序可能会不完整，要安装全部的驱动才能正常使用计算机。

1. 检查驱动程序完整性

安装好操作系统后，接下来应该检查计算机驱动程序是否完整，不然会影响正常的使用，本节介绍如何查看计算机驱动程序的完整性。

【操作步骤】

STEP 1 在【开始】菜单底部的搜索文本框中输入“devmgmt.msc”后回车，如图 6-2 所示。

STEP 2 弹出【设备管理器】窗口，选择【操作】/【扫描检测硬件改动】菜单命令，如图 6-3 所示。

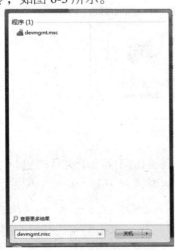

图6-2 打开设备管理器

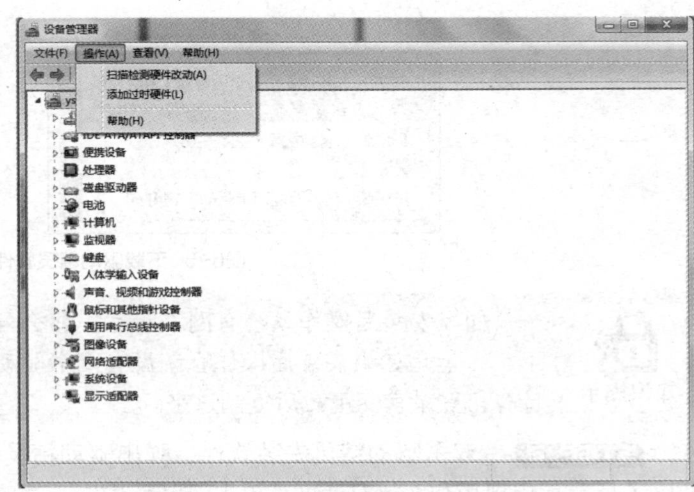

图6-3 设备管理器

也可以在【计算机】图标上单击鼠标右键，选择【属性】选项，弹出【计算机系统】窗口，单击左侧【设备管理器】选项打开设备管理器。

STEP 3 系统会检测当前未安装的设备，如果在设备选项前出现一个图标，或者在设备选项出现黄色问号，说明当前操作系统缺少此设备的驱动程序，如图 6-4 所示。

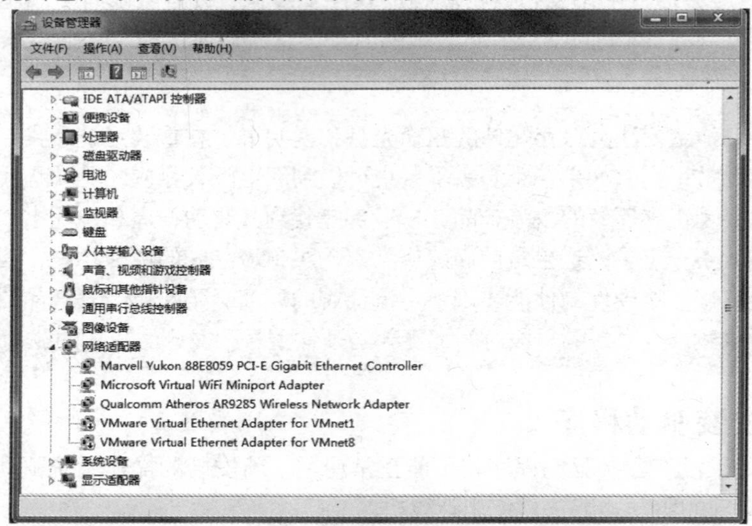

图6-4 缺少驱动程序设备选项

2. 驱动程序的安装方法

由于硬件厂家比较多，针对各个计算机硬件设备有不同品牌硬件，驱动种类较多，单个驱动的安装不仅操作复杂，而且局限性较大。直接使用“驱动精灵”等第三方软件可以自动检测并安装计算机未安装的驱动，还可以对当前计算机驱动进行备份。

【操作步骤】

STEP 1 登录驱动精灵官网下载“集成万能网卡驱动”版本的驱动精灵软件，如图 6-5 所示。

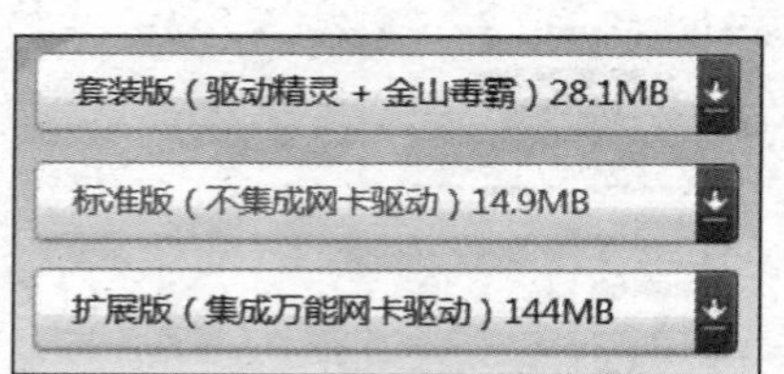

图6-5 下载驱动精灵软件

如果安装后操作系统有网卡驱动，那么可以直接访问驱动精灵官网进行下载，但是如果安装后操作系统没有网卡驱动，这时需要另外一台可上网的计算机登录官网下载后复制过来。

STEP 2 双击驱动精灵安装软件，弹出驱动精灵安装向导，单击下一步(N) >按钮，如图 6-6 所示，出现用户协议对话框，单击我接受(A)按钮，如图 6-7 所示。

图6-6 驱动精灵安装向导

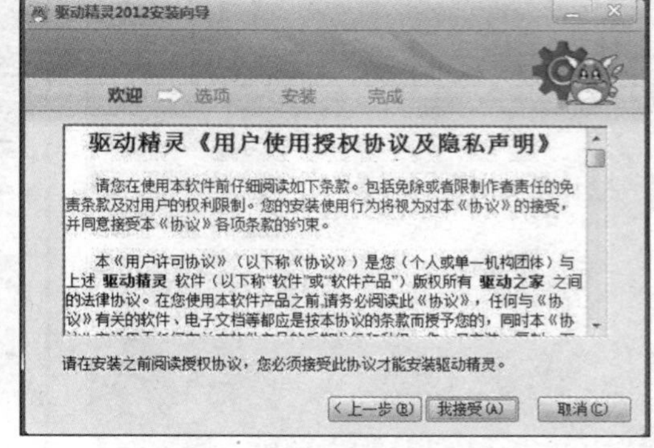

图6-7 接受许可协议

STEP 3 出现套装安装对话框，取消“金山毒霸套装”复选框，单击下一步(N) >按钮，如图 6-8 所示。出现安装选项对话框，所有复选框默认设置，单击下一步(N) >按钮，如图 6-9 所示。

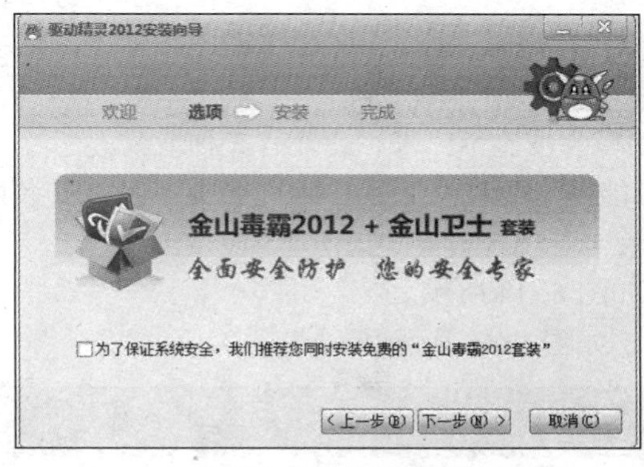

图6-8 选择套装软件

图6-9 选择安装选项

STEP 4 出现安装位置对话框，这里默认安装到 C 盘，备份目录放到 D 盘，用户也可以根据需要选择安装位置和驱动文件备份和下载位置，单击安装(I)按钮，如图 6-10 所示。安装向导将自动进行文件抽取及安装，如图 6-11 所示。

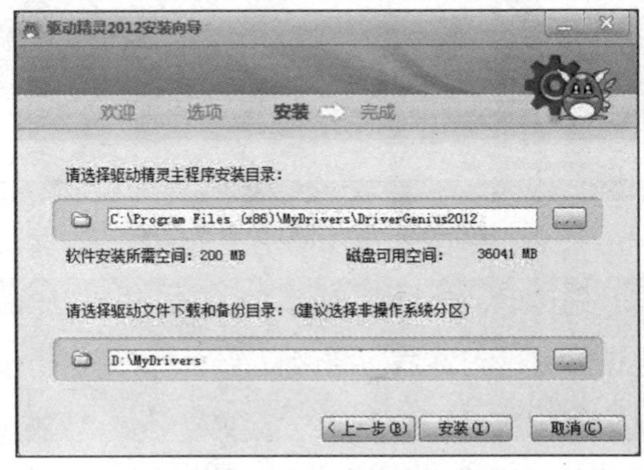

图6-10 选择安装目录

图6-11 程序安装

STEP 5 一段时间后，安装结束，单击完成按钮以打开驱动精灵，如图 6-12 所示。

STEP 6 出现驱动精灵主界面窗口，驱动精灵软件将自动扫描并检测系统缺少的驱动，如图 6-13 所示。

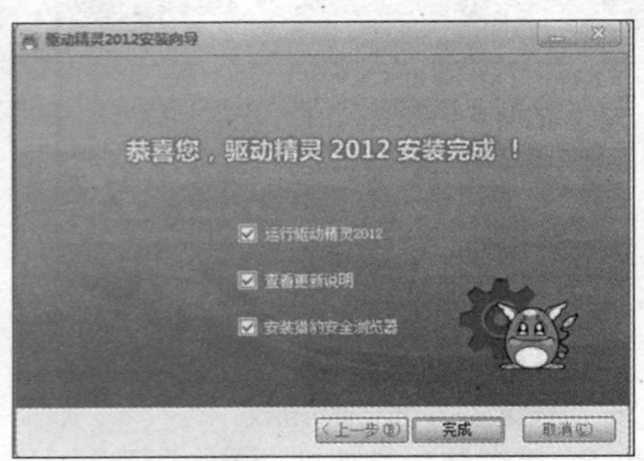
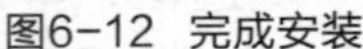

图6-12 完成安装

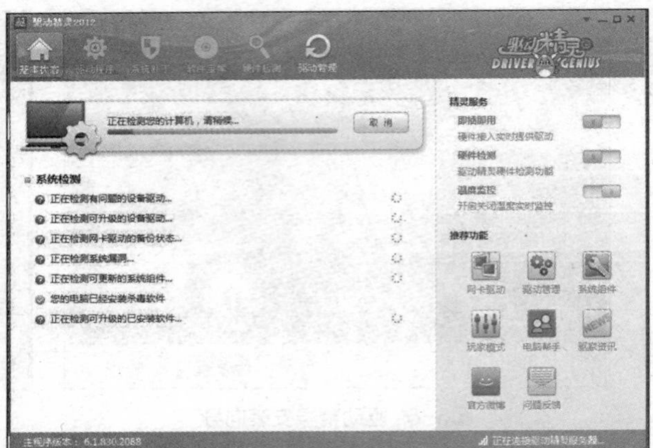

图6-13 扫描系统硬件

知识提示

Windows 7 的用户必须以管理员身份运行才能进行正常检测。

STEP 7 扫描结束后，系统缺少的驱动将会被显示出来，此处有 3 种情况。

- 系统缺少网卡驱动，因为下载“集成万能网卡驱动”版本，因此会提示是否安装网卡驱动。
- 系统有网卡驱动，但是缺少其他驱动，如图 6-14 所示。
- 系统不缺少驱动，只存在一些驱动升级，如图 6-15 所示。

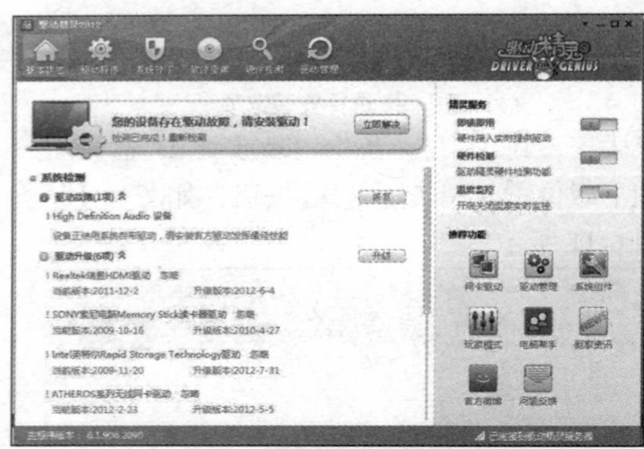

图6-14 系统缺少驱动程序

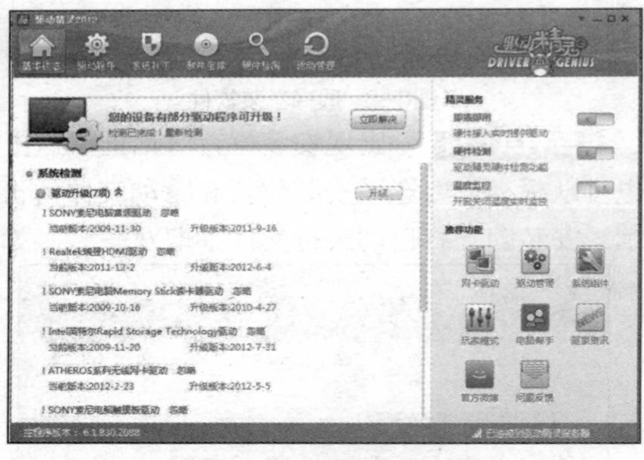

图6-15 系统不缺少驱动程序

知识提示

如何判定系统是否能已经识别网卡呢?

① 可以通过插上网线，看看是否能正常通过浏览器访问网页。

② 打开设备管理器，看看网卡驱动是否被安装。

STEP 8 安装完网卡驱动后（如果系统能识别网卡，直接单击 立即解决 按钮即可），然后单击 立即解决 按钮，弹出【驱动精灵问题解决向导】对话框，选中左下角的【全选】复选框，然后单击 下一步(N) >，如图 6-16 所示。

STEP 9 出现确认对话框，单击 立即解决(N) 按钮，如图 6-17 所示。

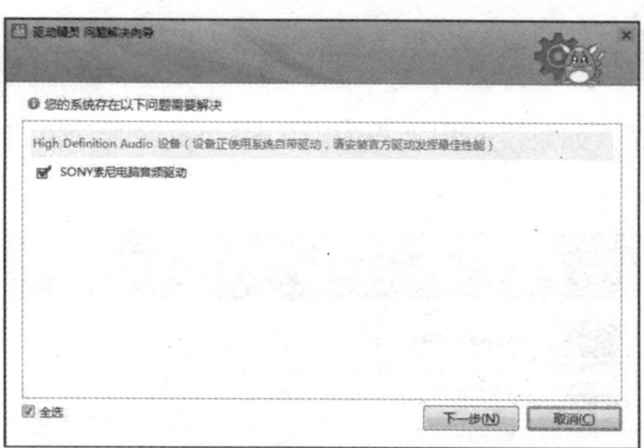

图6-16 选择要安装的驱动程序

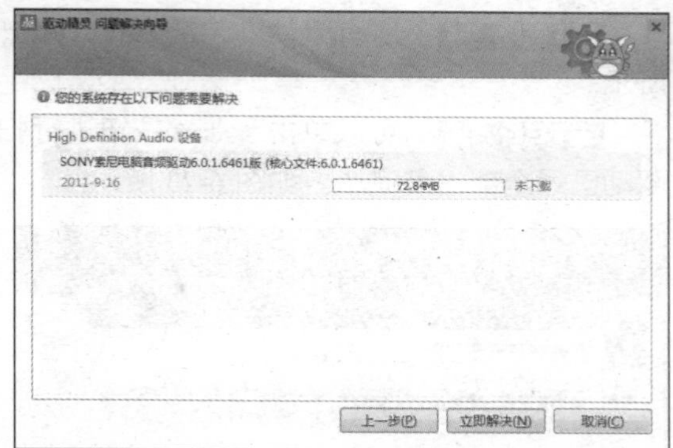

图6-17 确认要下载的驱动

STEP 10 驱动精灵自动下载驱动，下载完毕后，会自动打开驱动程序安装包，如图6-18所示。

STEP 11 出现安装向导，单击 下一步(N) > 按钮，如图6-19所示。

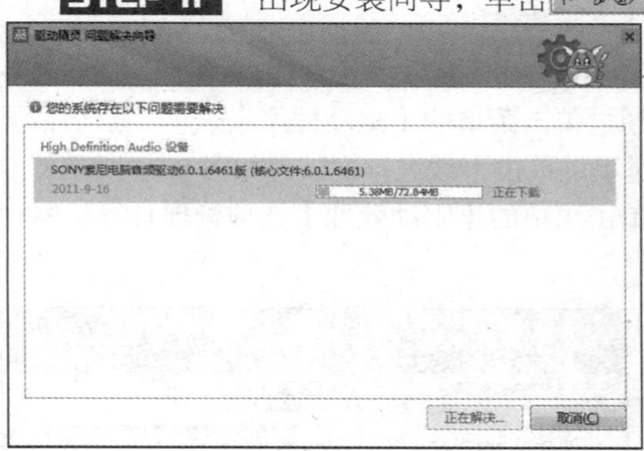

图6-18 下载安装驱动

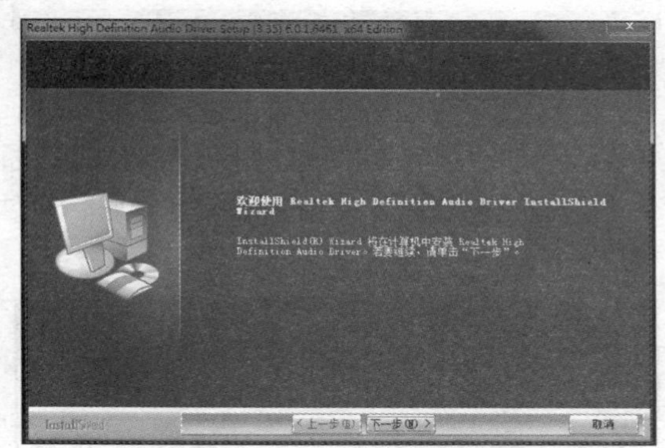

图6-19 驱动安装向导

STEP 12 出现安装驱动操作，如图6-20所示。

STEP 13 驱动安装结束后，选中【否，稍后再重新启动计算机】选项，然后单击 完成 按钮，完成驱动程序的安装。如图6-21所示。

图6-20 正在安装驱动

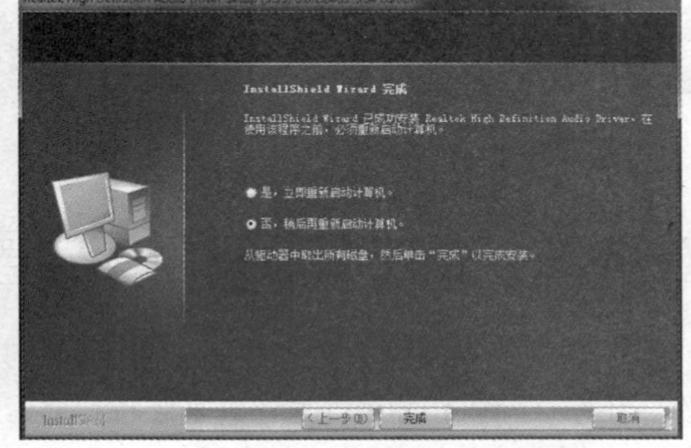

图6-21 完成安装

此处若是有多个驱动未安装，这个过程会出现多个安装向导，每个安装向导有一定差异，一般情况下单击【下一步】按钮，记得每次安装结束都选择【否，稍后再重新启动计算机】选项，等待所有驱动安装完毕后再重新启动计算机。

STEP 14 所有驱动安装结束后，弹出安装结束窗口，单击 解决完毕 按钮，如图 6-22 所示。

STEP 15 可以单击 重新检测 按钮进行扫描，如果没有出现未安装的驱动，说明计算机驱动已经全部安装完毕。如图 6-23 所示。

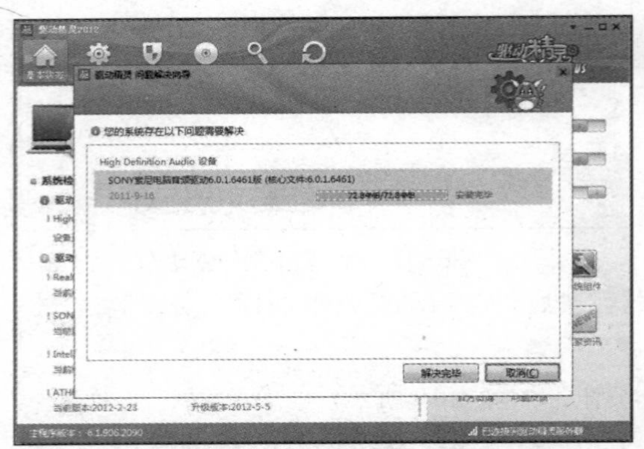

图6-22 所有驱动安装结束

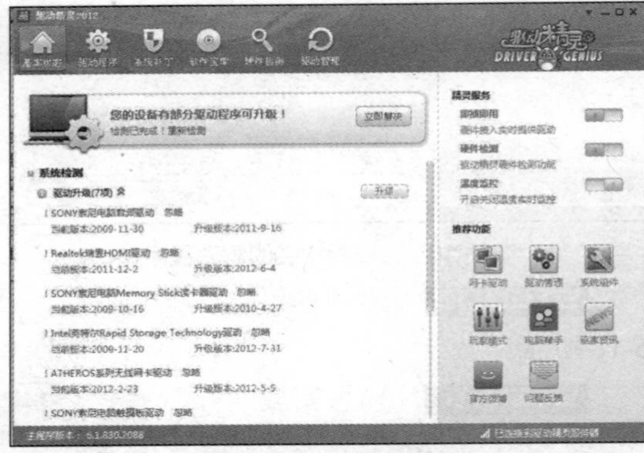

图6-23 已解决所有驱动

STEP 16 此处也可以进行手动安装，通过单击菜单的【驱动程序】选项，驱动精灵会将当前缺少或者需升级的驱动显示出来，通过手动单击下载进行安装。如图 6-24 所示。

STEP 17 驱动程序安装完毕后，通过单击菜单的【驱动管理】选项管理计算机驱动程序，如图 6-25 所示。

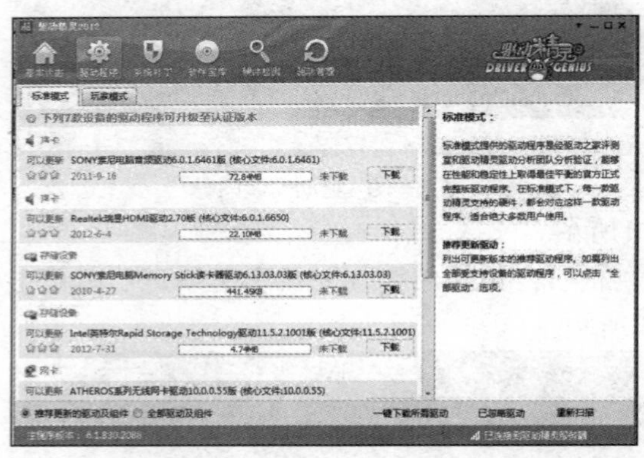

图6-24 手动安装驱动

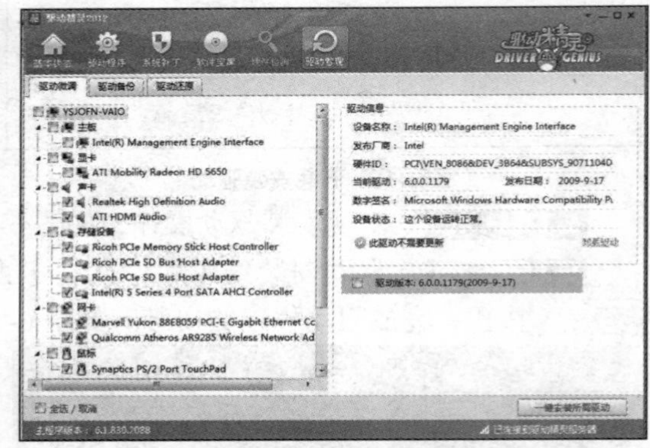

图6-25 管理当前驱动

任务二 管理驱动程序

在电脑上安装好驱动程序了，为了保障其稳定运行，用户还需要掌握对驱动程序的备份、还原、升级和卸载等操作。下面将介绍这些操作的具体实施步骤和技巧。

（一） 备份驱动程序

驱动安装好以后，最好先对计算机驱动进行备份，这样遇到紧急情况时可以很方便恢复系统的驱动。

【操作步骤】

STEP 1 打开驱动精灵，单击驱动精灵菜单的【驱动管理】选项，在选项卡里面选择【驱动备份】选项，如图 6-26 所示。

STEP 2 出现驱动精灵备份窗口，选中【需要备份的驱动】及【系统自带的驱动】复选框，然后单击开始备份按钮，如图 6-27 所示。

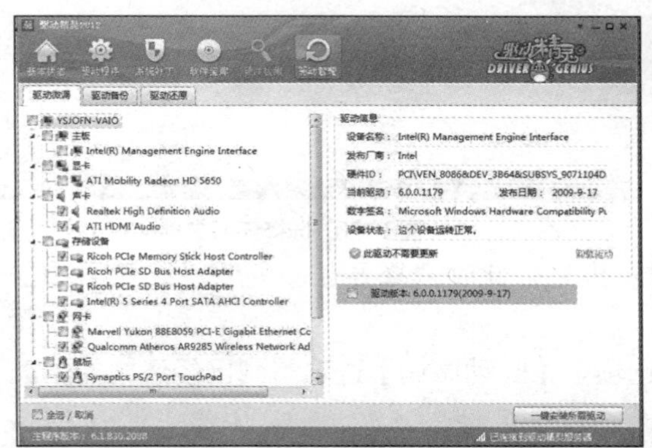

图6-26 驱动管理窗口

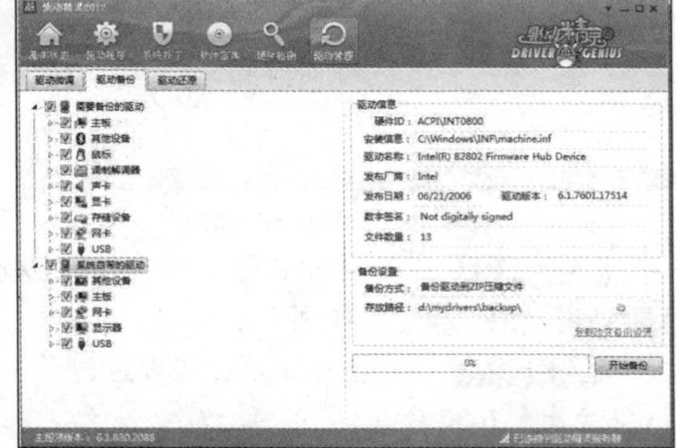

图6-27 驱动备份窗口

STEP 3 驱动备份结束后，可以在指定备份路径（此处是 D:\mydrivers\backup）下看到备份后的文件，如图 6-28 所示。

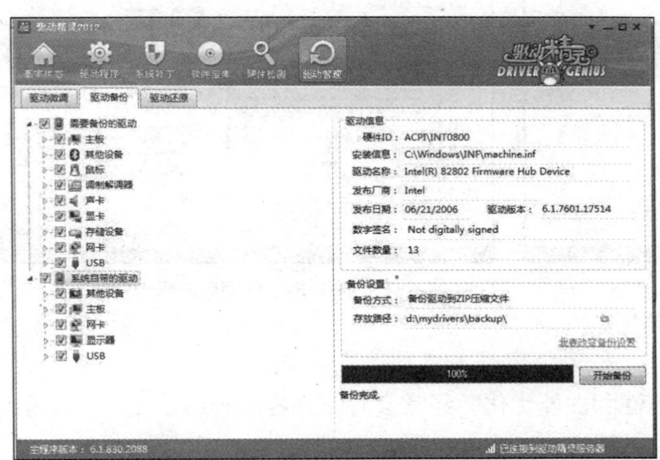

图6-28 备份后的驱动程序

（二） 还原驱动程序

当系统操作系统发生故障时，可以还原驱动程序以恢复系统。

【操作步骤】

STEP 1 打开驱动精灵软件，在菜单栏选择【驱动管理】选项，并在选项卡选择【驱动还原】选项，如图 6-29 所示。

STEP 2 在【备份模式】下拉框选择【ZIP】选项，在文件路径找到备份文件（此处是 D:\mydrivers\backup 中的 win7_64_mydrivers.zip 文件），如图 6-30 所示。

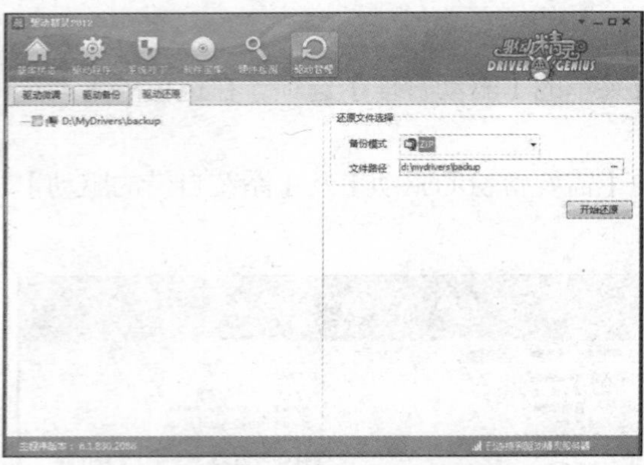
图6-29 打开驱动还原窗口

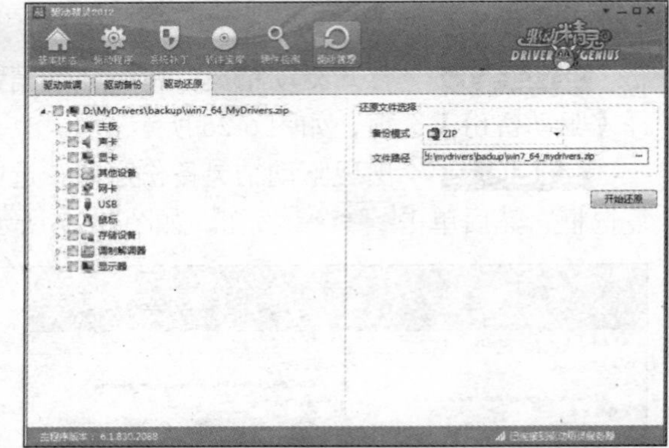
图6-30 选择还原文件

STEP 3 备份好的程序将会在左边显示出来，此时选择要还原的驱动，然后单击[开始还原]按钮，如图 6-31 所示。

STEP 4 还原结束后，可以通过单击选项卡【驱动微调】选项看到已经还原的驱动信息，如图 6-32 所示。

图6-31 选择还原文件

图6-32 还原后的网卡信息

（三） 升级驱动程序

各个厂家为了保证硬件的兼容性和性能优化，经常会对驱动程序升级。用户可以在每半年或者驱动需要更新的情况下进行更新。

【操作步骤】

STEP 1 打开驱动精灵软件，驱动精灵会自动扫描本机各个驱动的版本，把需要升级的驱动显示出来，然后单击[立即解决]按钮，如图 6-33 所示。

STEP 2 弹出【驱动精灵升级向导】窗口，在要升级的驱动程序前面的复选框打钩，然后单击[下一步(N)]按钮，如图 6-34 所示。

STEP 3 弹出驱动升级确认窗口，会把要安装的驱动的大小及下载状态显示出来，然后单击[立即解决(N)]按钮，如图 6-35 所示。

STEP 4 驱动精灵开始自动下载最新版本的驱动程序，如图 6-36 所示。

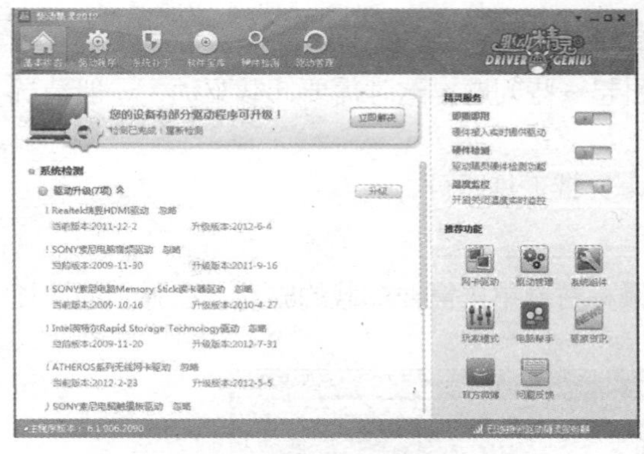

图6-33 检测需要升级的驱动

图6-34 选择需要升级的驱动

图6-35 确认需要升级的驱动

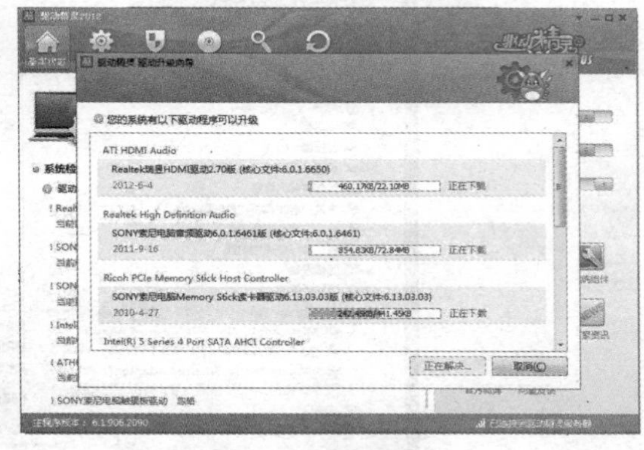

图6-36 下载驱动程序

STEP 5 下载完成后，驱动精灵会自动打开下载的安装包，并弹出驱动安装向导，此时只需单击下一步(N) >按钮安装即可，如图 6-37 所示。

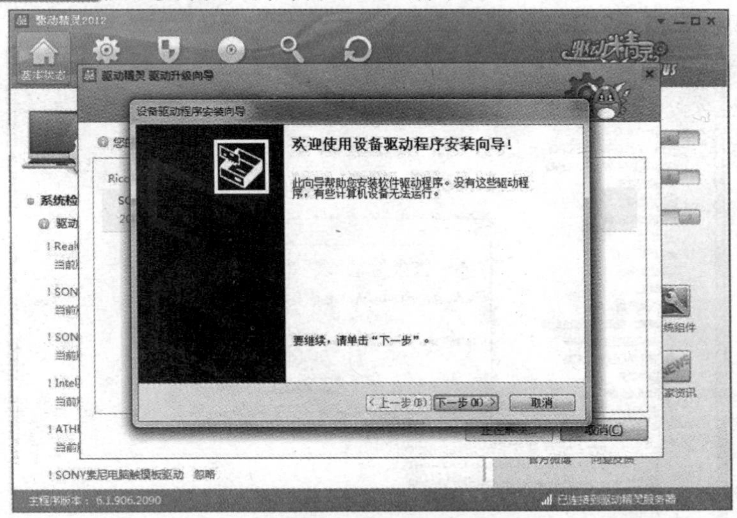

图6-37 安装最新版的驱动程序

知识提示

根据要升级的驱动不同，驱动向导有一定的差别，但是安装过程大致都一样，只需单击下一步(N) >按钮即可，如遇到【阅读协议窗口】则需要把【我接受此协议】单选框选中，如遇到选择安装路径一般选择默认。

（四）卸载驱动程序

如安装了“发烧友修改版”的驱动可能会引起一些问题，这时需要卸载驱动，一般情况下，不要自己轻易卸载驱动。

卸载驱动不需要第三方软件，使用 Windows 自带工具即可。

【操作步骤】

STEP 1 进入 Windows 设备管理器，鼠标右键单击需要卸载的驱动，在弹出的快捷菜单中选择【卸载】命令，如图 6-38 所示。

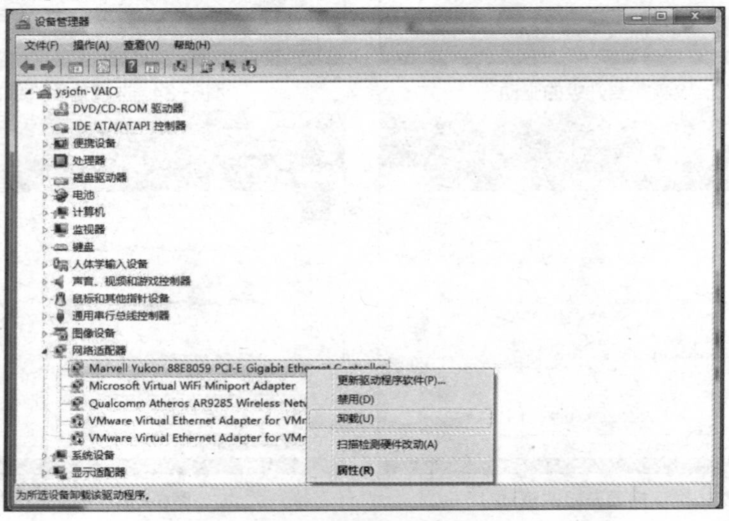

图6-38 选择需要卸载的驱动程序

STEP 2 弹出卸载警告窗口，选中【删除此设备的驱动程序软件】复选框，然后单击 确定 按钮，如图 6-39 所示。

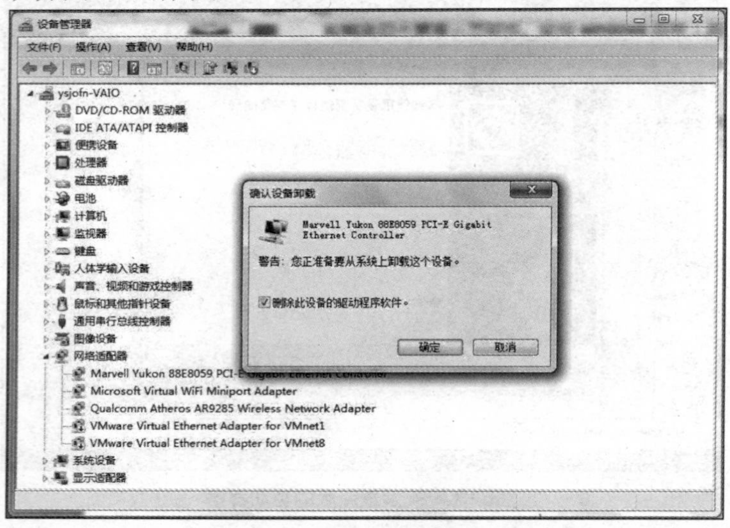

图6-39 选择需要卸载的驱动程序

STEP 3 完成卸载，可以看到刚刚选择的设备驱动已经被卸载，如图 6-40 所示。

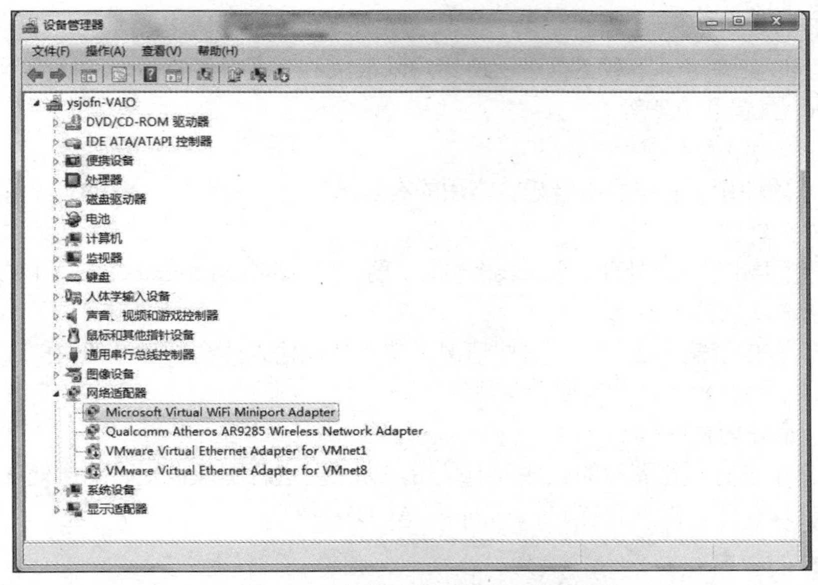

图6-40 卸载驱动程序后的设备管理器

任务三 在计算机上安装应用软件

计算机软件是为了某种特定的用途而开发的软件。它可以是一个特定的程序，比如一个图像浏览器；也可以是一组功能联系紧密，可以互相协作的程序的集合，比如微软的 Office 软件；也可以是一个由众多独立程序组成的庞大的软件系统，比如数据库管理系统。

（一） 了解计算机软件

本节主要介绍有关计算机软件的知识。

1. 装机必备的计算机软件

安装好操作系统后，推荐安装以下的软件，还需要在操作系统提供的平台上安装各种软件才能确保计算机有强大的功能，如图 6-41 所示。

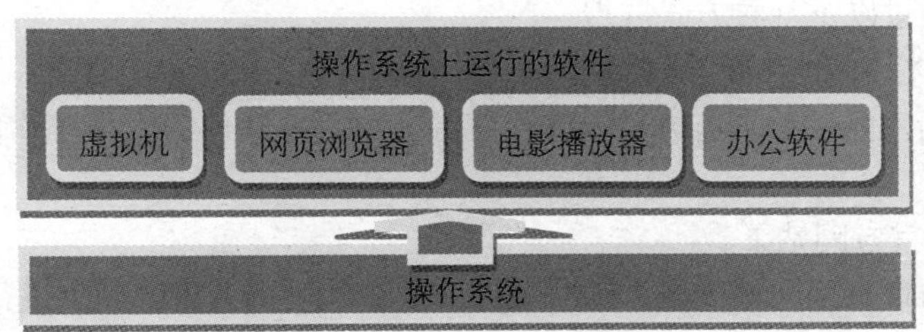

图6-41 计算机软件示意图

在一台计算机上通常可以安装以下软件。

（1） 文件管理软件。

文件管理软件主要是压缩、解压软件，常见的有 WinRAR 和好压等。

（2） 安全软件。

安全软件用于保护计算机不被病毒或木马入侵，常见的有 360 杀毒、360 安全卫士和金山毒霸等。

（3） 下载软件。

在网上获取资源时，下载工具可以使用户以很快的速度得到资源，常用的下载工具有迅雷、FlashGet、优蛋和电驴等。

（4） 影音娱乐软件。

影音娱乐软件用于看电影听音乐，常用的有暴风影音、酷狗音乐和 QQ 音乐等。

（5） 办公软件。

办公软件主要用于平时处理文字、表格和演示稿，常用的有 Microsoft Office 和 WPS 等。

（6） 输入法软件。

虽然微软有自带输入法，但是有些情况下使用其他输入法会更加方便快捷，如现在主流的搜狗输入法、QQ 输入法和百度输入法等。

（7） 图形处理软件。

微软操作系统有浏览图片的软件，但是用户如果要进行图像捕捉、图像处理，就需要安装一些图片处理软件，常见的有 Photoshop 和 ACDSee 等。

2. 软件的版本

软件根据各种不同的因素可以分为 4 个版本。

（1） 测试版。

这种版本的软件一般是最新的，但是由于没有经过时间的考验，可能会存在一些 BUG，这类软件一般都标有“测试版”或者“Beta”等字样。

（2） 试用版。

这种版本的软件主要为了让用户体验免费期或者免费功能，从而设置了时间限制或者功能限制。

（3） 正式版。

这类软件就是经过了长时间的考验测试，比较稳定可靠，推荐用户使用这类版本的软件。

（4） 升级版。

这类软件是在正式版上面添加或者修改某个功能，从而将软件改进更加适合用户使用。

3. 获得计算机软件的方法

软件一般通过以下几种方式取得。

（1） 通过相关门户网站下载。

现在很多门户网站都拥有大量的软件资源，如天空软件、太平洋软件、华军软件和中关村软件等。

（2） 通过官方网站下载。

一些软件的官方网站都会提供下载地址，用户通过进入官方网页进行相关软件下载。

（3） 通过搜索引擎下载。

这种下载方式是最好的，因为当用户不知道门户网站或者官方网站时，可以通过搜索引擎找到对应的门户网站或者官方网站，这样下载软件会更方便、快捷。常见的搜索引擎有以下几个。

- www.baidu.com：百度。
- www.sohu.com：搜狐。
- www.bing.com：必应。

● www.google.cn：谷歌。

下面以下载 QQ 为例介绍如何下载软件。

【操作步骤】

STEP 1 打开 IE 浏览器，在浏览器输入 www.baidu.com 后回车，如图 6-42 所示。

STEP 2 在文本框输入要搜索的软件名称，这里输入“QQ”，然后单击百度一下按钮，如图 6-43 所示。

图6-42 打开百度网页

图6-43 输入要搜索的软件

STEP 3 出现搜索的资源列表，在要选择的门户网站或者官方网站单击鼠标左键。这里可以看到在官方网页下面有快捷的下载通道，单击该链接，如图 6-44 所示。

STEP 4 在 IE 浏览器下方将弹出运行还是保存该软件包，单击保存(S)按钮，如图 6-45 所示。

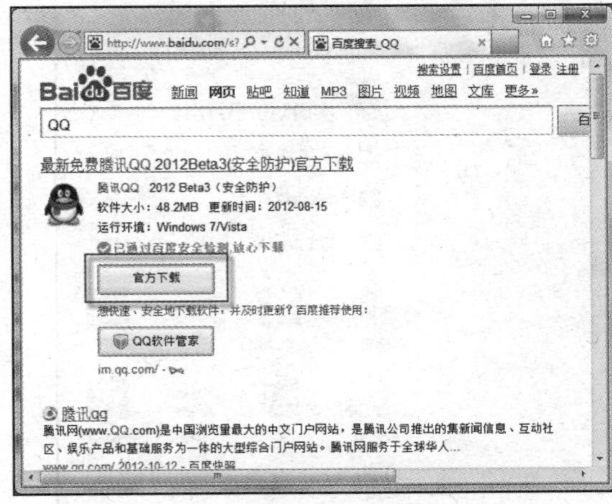

图6-44 单击下载链接

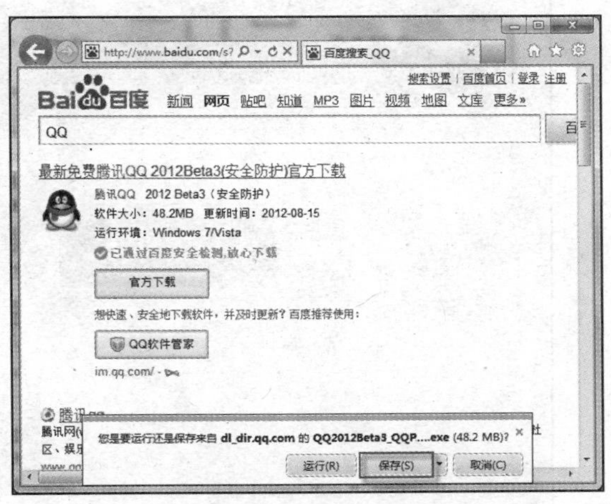

图6-45 保存提示框

STEP 5 在 IE 浏览器下方将显示下载进度，如图 6-46 所示。

STEP 6 软件安装包下载完毕，打开【计算机】，在左侧【收藏夹】下单击下载按钮，会在右侧看到刚刚下载的软件包，如图 6-47 所示。

图6-46　正在下载软件包

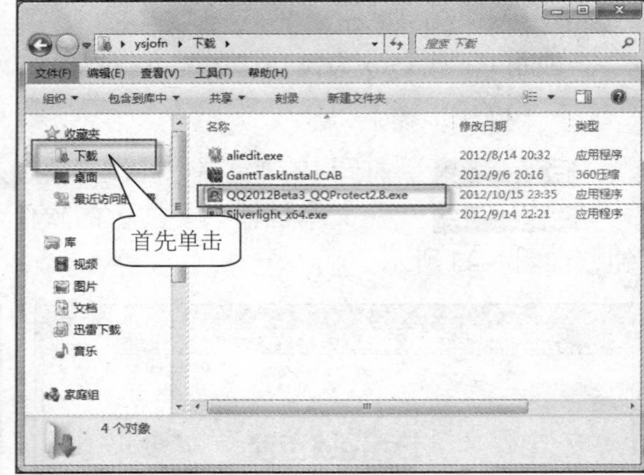

图6-47　下载好的软件包

（4）　通过辅助软件获得。

现在一些辅助软件使用相当方便，用户直接通过辅助软件可以轻松获得软件并自动安装，常见的有 360 安全卫士和 QQ 管家等。下面以 360 安全卫士为例下载遨游浏览器安装包。

【操作步骤】

STEP 1　打开 360 安全卫士主窗口，在上面的工具栏选择【软件管家】，如图 6-48 所示。

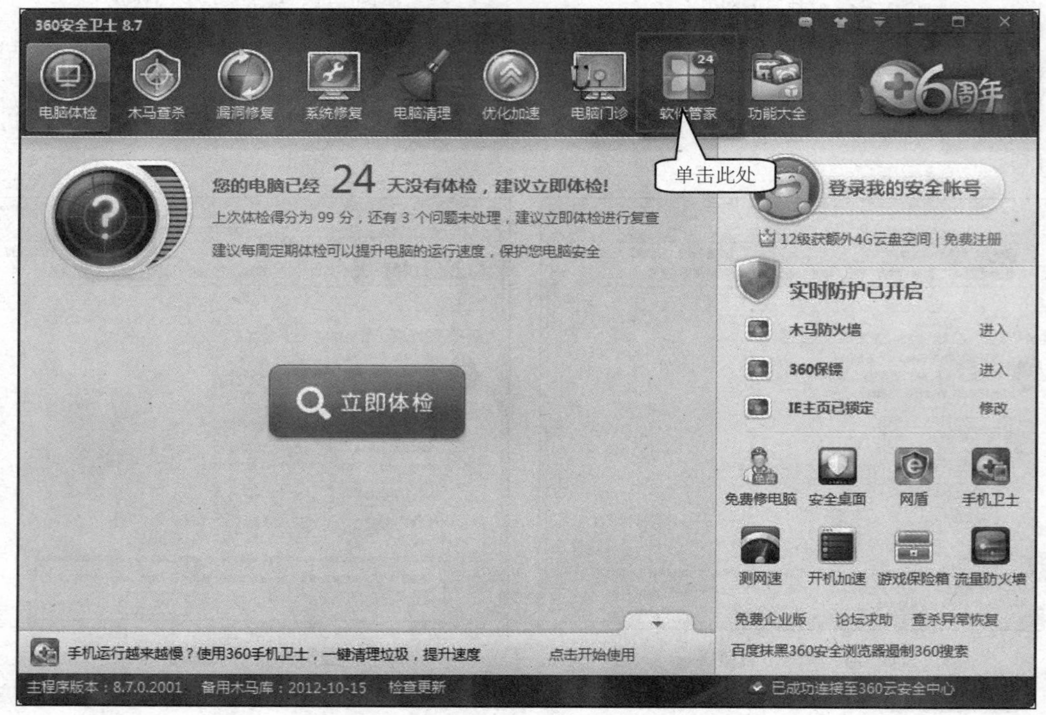

图6-48　360 安全卫士主窗口

STEP 2　出现 360 软件管家主窗口，首先在搜索栏输入要搜索的软件名称，然后单击搜索按钮，搜索结果会罗列出来，最后在需要下载的软件后面单击下载按钮，如图 6-49 所示。

图6-49 360 软件管家主窗口

STEP 3 下载完成后，360 自动打开软件包进行安装，具体安装步骤将在后面具体介绍。

4. 安装软件前的预备知识

安装软件之前，需要了解安装软件的相关知识。

（1） 安装位置。

软件安装位置是软件一些重要文件放置的地方，系统一般会默认放在 C 盘的“Program Files”的文件夹下面，由于 C 盘空间比较小，而软件安装太多后会占用大量的系统盘的空间，所以建议用户修改安装位置，最好将软件安装在 D 盘的“Program Files”的文件夹下。

（2） 安装许可协议。

一般软件安装都会有一个协议提示窗口，用户阅读完协议后需选中【我同意该协议】才能继续下面的安装。

（3） 创建快捷方法。

一般情况下，软件安装完毕后，会提示用户在桌面创建快捷方式、创建开始菜单栏和添加至快速启动栏，用户可以根据自己需要进行相应选择。

（4） 安装过程的一些选项。

在安装过程中，用户需要仔细阅读每一个窗口的提示，因为有些软件可能会推荐用户安装一些无用的插件，这些插件默认是安装的，无用的插件安装太多会降低计算机的运行速度的。

（二） 安装安全防护软件

操作系统安装好以后，首先用户需要安装一个安全软件，这样在后面软件安装或者系统优化都比较方便，并且系统也更加安全。下面以安装 360 安全卫士为例介绍如何安装安全软件。

【操作步骤】

STEP 1 首先下载 360 安全卫士安装包，其下载方法和上面介绍获取 QQ 安装包方法一样。双击打开安装包，如图 6-50 所示。

STEP 2 弹出安全卫士安装向导，首先选中左下角的【我已阅读并同意】复选框，然后单击右下角的【自定义】按钮，因为此处为了介绍软件具体安装方法，所以选择自定义选项，用户也可以选择【快速安装】选项将更加方便，如图 6-51 所示。

图6-50 下载好的安装包

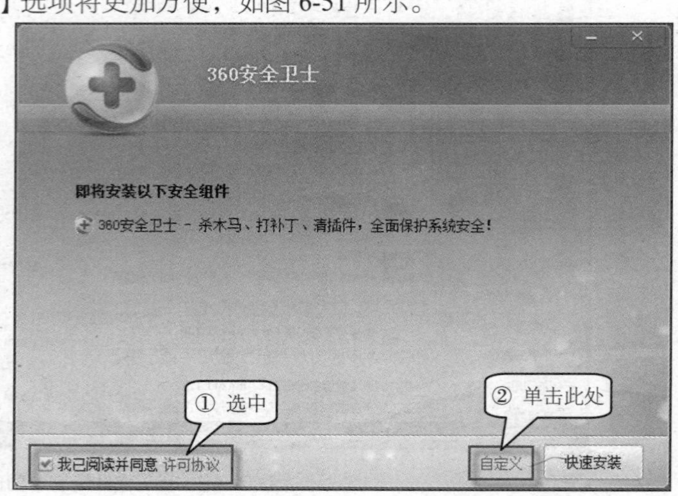

图6-51 安装向导

STEP 3 出现安装位置选择窗口，系统默认安装在 C 盘的“Program Files”目录下，单击 浏览 按钮，如图 6-52 所示。

STEP 4 出现选择安装目录对话框，推荐都将软件安装在 D 盘的“Program Files”目录下，如果 D 盘没有此目录可以手动创建一个该目录，单击 确定 按钮。再单击 下一步 按钮，如图 6-53 所示。

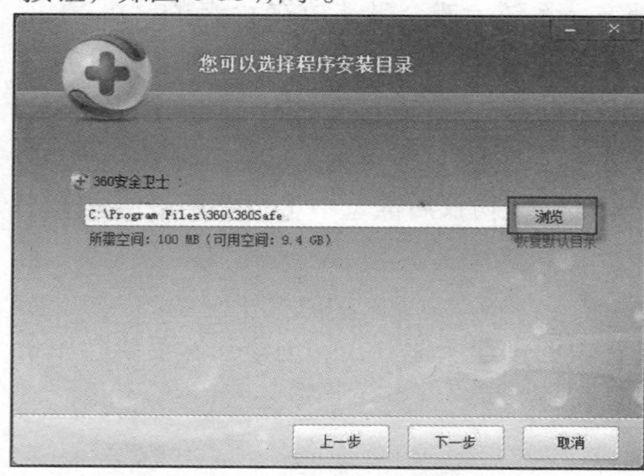

图6-52 选择安装位置

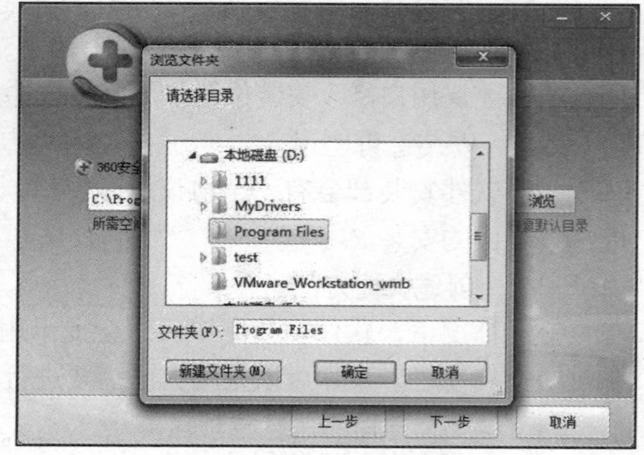

图6-53 选择安装目录

STEP 5 出现推荐其他软件安装对话框，此时用户一定要仔细阅读推荐软件是否需要安装。此处在【安装 360 安全浏览器】前取消选择，不安装该软件，然后单击 下一步 按钮，如图 6-54 所示。

STEP 6 出现 360 安全卫士下载对话框，360 安装向导将自动为用户下载安装包，如图 6-55 所示。

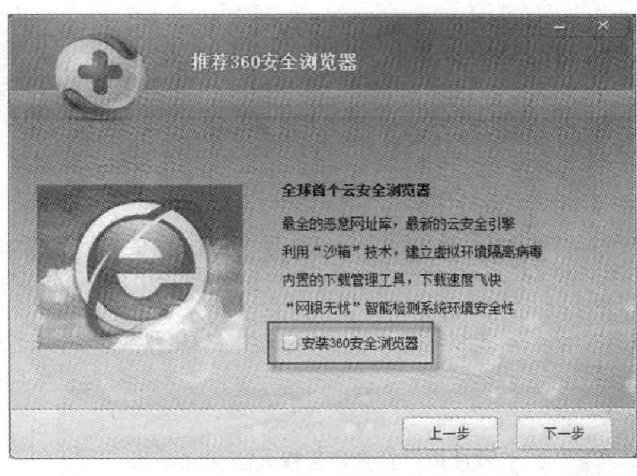

图6-54 选择安装其他软件

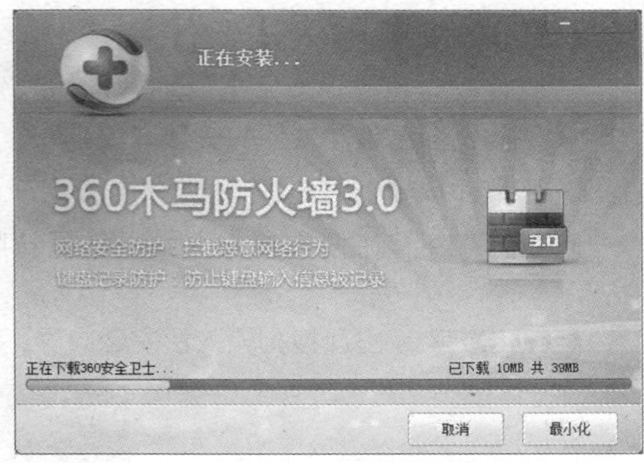

图6-55 正在下载

STEP 7 下载完成后，360 安全卫士会自动进行安装，如图 6-56 所示。

STEP 8 360 安全卫士安装完成，单击 完成 按钮退出安装向导，如图 6-57 所示。

图6-56 自动安装

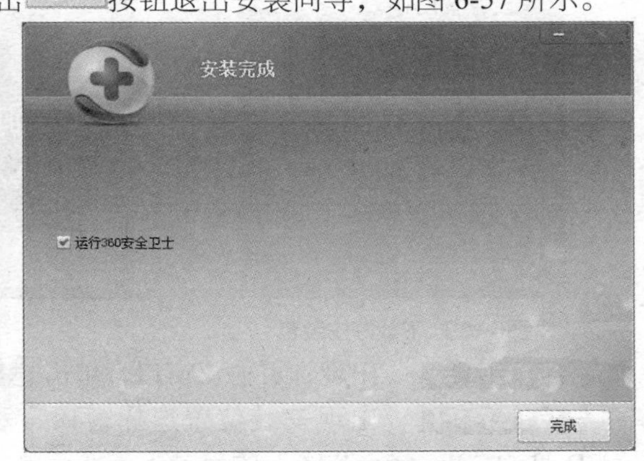

图6-57 完成安装

STEP 9 弹出 360 安全卫士主窗口，如图 6-58 所示，用户可以正常使用 360 安全卫士的功能了。

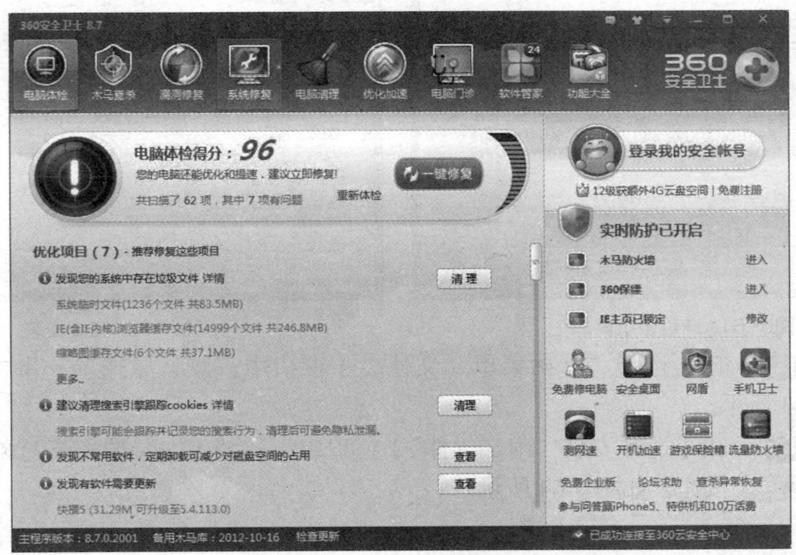

图6-58 360 安全卫士主窗口

（三） 安装输入法软件

安装好操作系统后，另外一种软件也是必须安装的，那就是输入法软件，下面以安装搜狗输入法为例介绍该类软件的安装方法。

【操作步骤】

STEP 1 在搜狗官方网站下载最新版本的输入法软件包，双击打开，如图 6-59 所示。

STEP 2 出现搜狗输入法安装向导，单击 下一步(N) > 按钮，如图 6-60 所示。

图6-59 下载好安装包

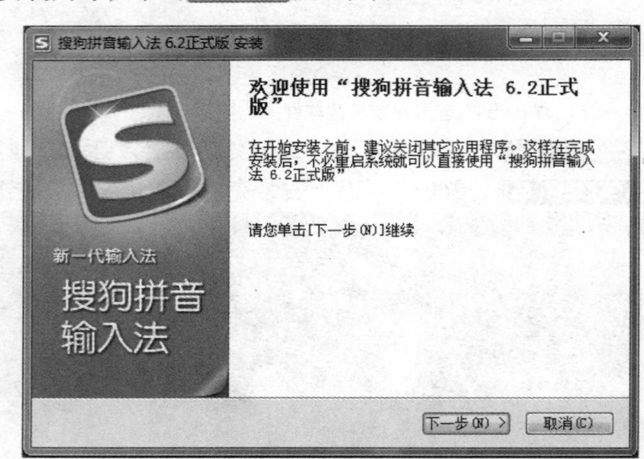

图6-60 安装向导

STEP 3 出现许可协议窗口，单击 我接受(I) 按钮，如图 6-61 所示。

STEP 4 出现安装位置选择窗口，和安装 360 安全卫士一样，将安装位置选择到 D 盘的“Program Files”的目录下，然后单击 下一步(N) > 按钮，如图 6-62 所示。

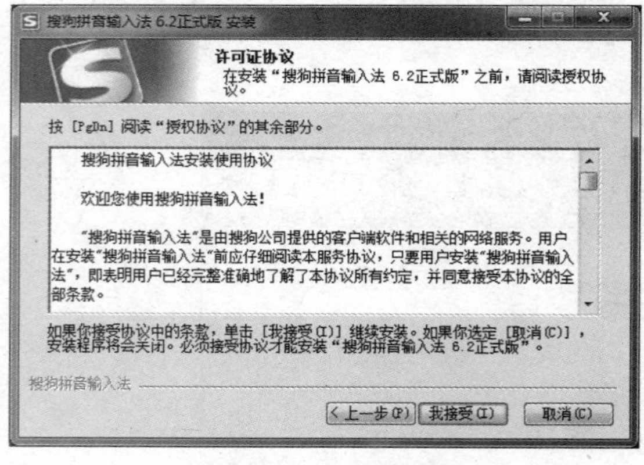

图6-61 许可协议窗口

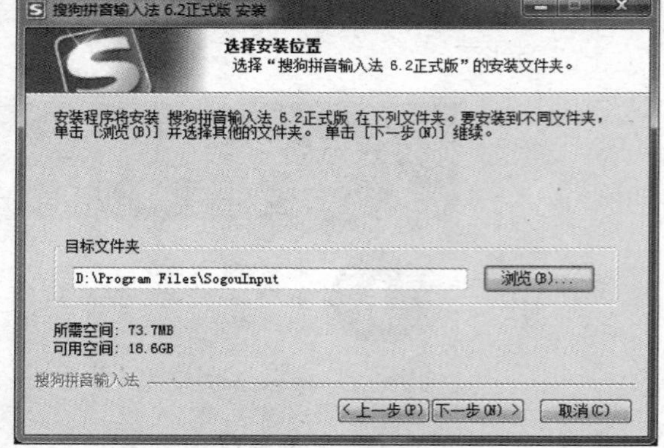

图6-62 完成安装

STEP 5 在【选择“开始菜单”文件夹】窗口中，默认原选项，单击 下一步(N) > 按钮，如图 6-63 所示。

STEP 6 在【选择安装“附加软件”】窗口中，取消【安装搜狗高速浏览器】复选框，单击 安装(I) 按钮，如图 6-64 所示。

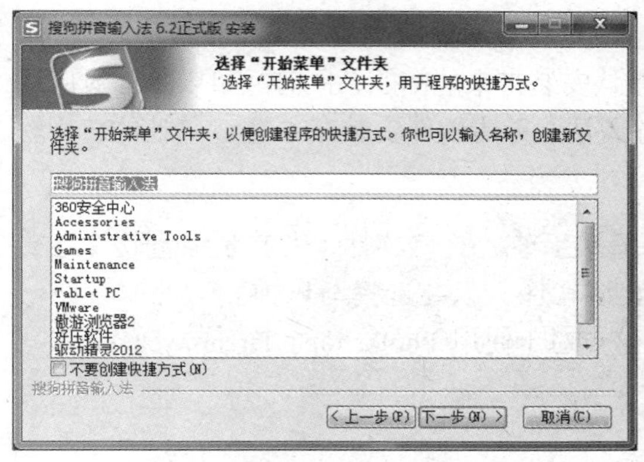

图6-63 选择“开始菜单”

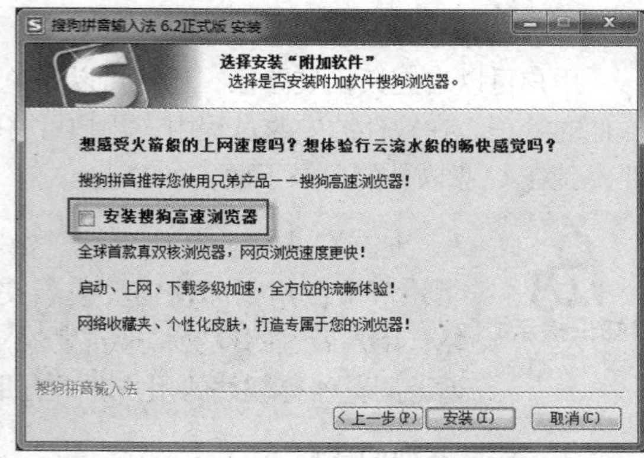

图6-64 选择安装“附加软件”

STEP 7 搜狗输入法安装向导将自动安装软件，如图 6-65 所示。

STEP 8 安装结束后，单击 完成(F) 按钮退出安装向导，如图 6-66 所示。这样就可以使用搜狗输入法进行文字输入了。

图6-65 自动安装进程

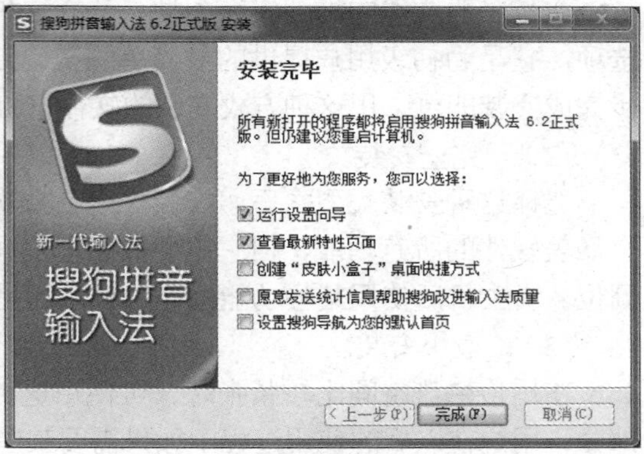

图6-66 完成安装

（四） 掌握软件安装技巧

在软件的安装过程中都会为用户提供许多提示信息，以帮助用户快速、顺利地安装软件。许多用户在安装过程中往往会忽略这些提示信息，而给计算机和软件的正常使用带来问题。

1. 安装路径的选择

安装路径的选择可分为保持默认安装路径和新建安装路径两种。

（1） 默认安装路径。

一般的应用软件在安装过程中都会将软件的安装路径默认为“C:\Program Files***”，如果直接单击 下一步 按钮继续安装软件。这样的安装方式可能会出现以下的问题。

- 随着大量软件的安装，C 盘的空间将会越来越小，同时由于大量软件在 C 盘安装和卸载，将导致 Windows 的启动和运行速度越来越慢。
- 重装系统之后，用户之前安装的软件都将被删除，很多软件都需要重新安装，非常不便。
- 重装系统之后，依照用户习惯进行的设置都将被删除，这使许多对各个常用软件都进行了自定义设置的用户前功尽弃。

（2） 新建安装路径。

用户可以自定义安装路径，这样可以避免默认安装带来的问题，同时又可以加强对应用软件的管理。在软件的安装过程中，用户可将输入法、杀毒软件安装在 C 盘。其他的应用软件安装在 C 盘以外的目录下面，如 D 盘。

知识提示

把软件安装到其他盘后，如果重装系统，许多软件，尤其是绿色软件还能够正常使用。即使需要重新安装该软件，只要选择与以前相同的安装路径，用户做过的设置将重新生效，这点对于使用 Photoshop、Dreamweaver 和遨游浏览器等软件的用户非常有用。

2. 安装类型的选择

一般来说，当用户安装一个大型软件的时候，会有典型安装、完全安装、最小安装和自定义安装这几种安装类型供用户选择。

（1） 典型安装。

这是一般软件的推荐安装类型，选择这种安装类型后，程序将自动为用户安装最常用的选项。它是为初级用户提供的最简单的安装方式，用户只需保持安装向导中的默认设置，逐步完成安装即可。用这种方式安装的软件，可以实现各种最基本、最常见的功能。

（2） 完全安装。

选择这种安装类型之后，安装程序会把软件的所有组件都安装到用户的计算机上，能完全涵盖软件的所有功能，但它需要的磁盘空间最多。如果选择了完全安装，那么就能够一步到位，省去日后使用某些功能组件的时候需另行安装的麻烦。

（3） 最小安装。

在用户磁盘空间比较紧张时，可使用这种安装类型。最小安装只安装运行此软件必须的部分，用户在以后的使用过程中如果需要某些特定的功能，则需要重新安装或升级软件。

（4） 自定义安装。

选择这种安装类型之后，安装程序将会向用户提供一个安装列表，用户可以根据自已的需要来选择需要安装的项目。这样既可以避免安装不需要的组件，节省磁盘空间，又能够实现用户需要的功能。

3. 附带软件的选择

大多数应用软件在安装过程中都会附带一些其他软件的安装。这里面包括了很多恶意程序和流氓软件，一旦装上后很难彻底卸载，所以用户在安装过程中一定要注意附带软件的选择，如果不确定软件的性质，建议都不要安装这些插件。

4. 软件安装的注意事项

软件的安装需要注意以下事项。

（1） 是否已经安装过该软件。

用户在安装应用软件的时候，要注意以前是否安装过该软件。如果安装过，建议将该软件以前的版本卸载干净后再安装，以防安装出错。如果想同时安装同一个软件的不同版本，在安装时要注意安装路径的选择，不要在安装过程中覆盖了已安装的版本。

（2） 是否会发生软件冲突。

所谓软件冲突是指两个或多个软件在同时运行时程序可能出现的冲突，导致其中一个软件或两个软件都不能正常工作，特别是一些杀毒软件，如果重复安装，很容易导致软件冲突，使计算机系统崩溃。

用户在安装软件前要检查计算机内是否已经安装了同类型的软件；认真阅读软件许可协议说明书，它会明确指出会与哪些软件发生软件冲突；注意在软件安装过程中出现的提示信息或警告信息。如发现软件冲突，建议安装其他的版本或删除与其发生冲突的软件。

（3） 是否是绿色版软件。

由于软件技术的飞速发展和人们对软件的要求越来越高，绿色软件应运而生。绿色软件不需要安装，双击启动图标就可运行，可以避免安装某些恶意捆绑的软件。绿色软件具有体积小、功能强、安全性比较高、对操作系统无污染以及占用内存小等优点。

（五） 卸载软件

通过上面两个安装的例子介绍，用户应该能掌握安装软件的方法了，下面将以卸载遨游浏览器为例来介绍一下卸载软件的方法。

【操作步骤】

STEP 1 在【开始】菜单中单击【控制面板】选项，如图 6-67 所示。

STEP 2 弹出控制面板窗口，单击【程序】栏的【卸载程序】选项，如图 6-68 所示。

图6-67 打开控制面板

图6-68 控制面板窗口

STEP 3 弹出【卸载或更改程序】窗口，首先选中要卸载的软件，然后再单击 卸载/更改 按钮，如图 6-69 所示。

STEP 4 弹出遨游浏览器卸载窗口，单击 卸载 按钮，如图 6-70 所示。

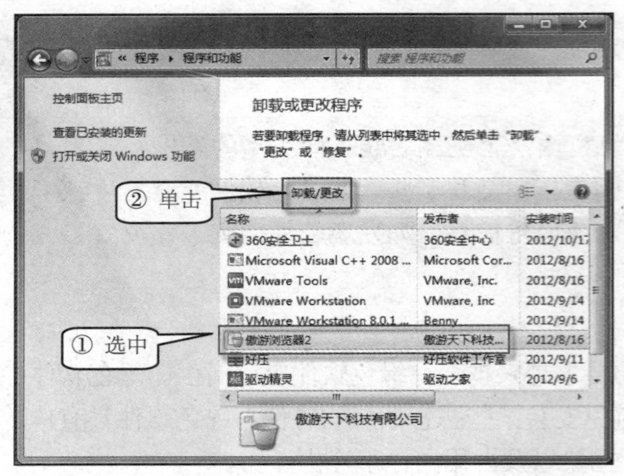

图6-69　卸载窗口

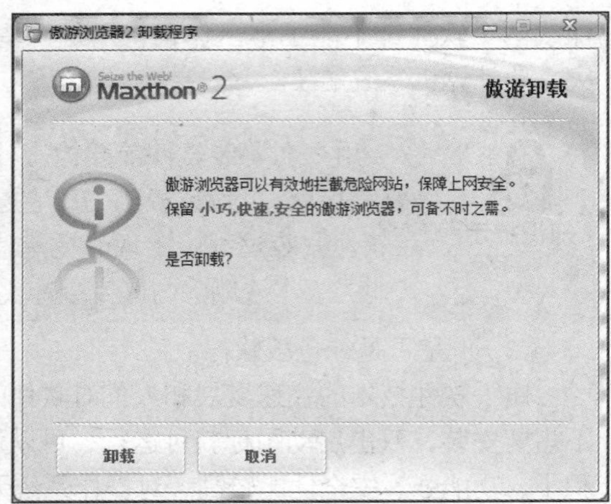

图6-70　遨游浏览器卸载窗口

STEP 5　出现正在卸载窗口，如图 6-71 所示。

STEP 6　遨游浏览器卸载完成后，单击 完成 按钮退出卸载向导，出现如图 6-72 所示。

图6-71　卸载过程

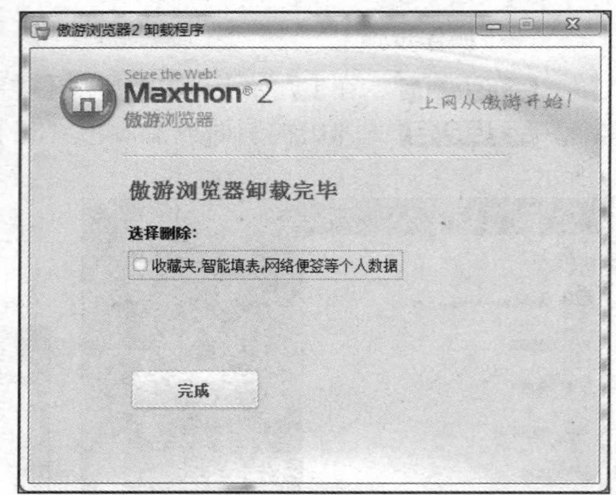

图6-72　卸载完成

卸载软件方法还有以下两种方法。

① 通过开始菜单选择要卸载的软件，单击卸载选项进行相应卸载。

② 使用辅助软件进行卸载，譬如 360 软件管家可以进行软件卸载。

任务四　在计算机上运行应用软件

软件在计算机上安装完成后，就可以运行该软件了。通常软件安装后会在桌面创建快捷图标，双击该图标即可运行程序，还可以从【开始】菜单中运行程序。

（一）通过【开始】菜单运行程序

【开始】菜单为系统安装的程序提供了访问通道。

【操作步骤】

STEP 1 在【开始】菜单中单击【所有程序】命令，在【所有程序】列表中单击要运行程序所在的文件夹（例如 Microsoft Word），然后单击对应的程序快捷图标即可运行程序，如图 6-73 所示。

STEP 2 如果计算机中的应用程序太多，不便于直接找到特定的程序时，可以在【开始】菜单的【搜索】框中输入程序名称，在菜单顶部将显示搜索到的程序，单击需要的程序即可将其打开，如图 6-74 所示。

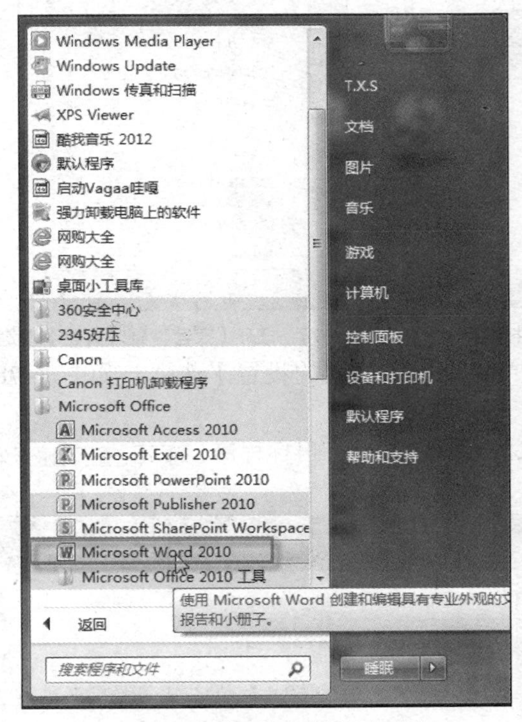

图6-73 在【开始】菜单运行程序

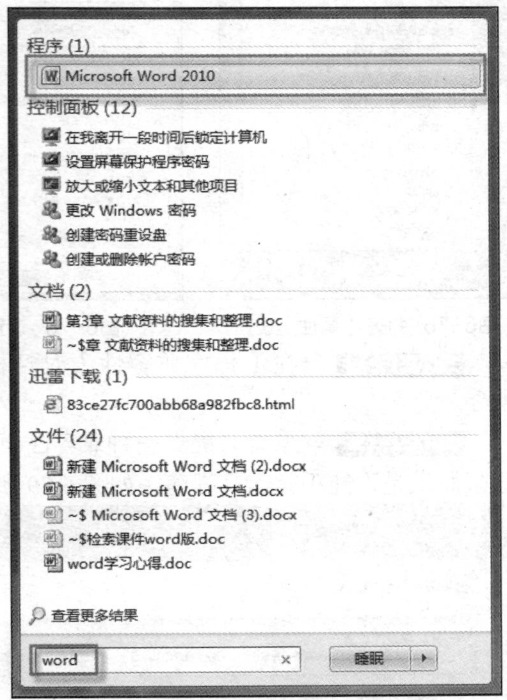

图6-74 在【开始】菜单搜索程序

（二） 允许不兼容程序正常运行

当在 Windows 7 上运行一些老版本软件时，可能会出现程序兼容问题。

【操作步骤】

STEP 1 在应用程序快捷方式上单击鼠标右键，在弹出的菜单中选取【属性】选项，如图 6-75 所示。

STEP 2 在弹出的对话框中选中【兼容性】选项卡，选中【以兼容模式运行这个程序】复选框，在下方列表框中，选择适当的操作系统版本后单击 确定 按钮，如图 6-76 所示。

STEP 3 在应用程序快捷方式上单击鼠标右键，在弹出的菜单中选取【兼容性疑难解答】选项，如图 6-77 所示。

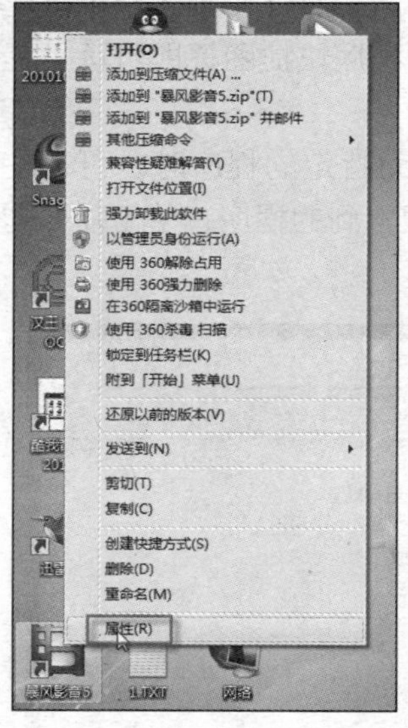
图6-75 打开【属性】设置

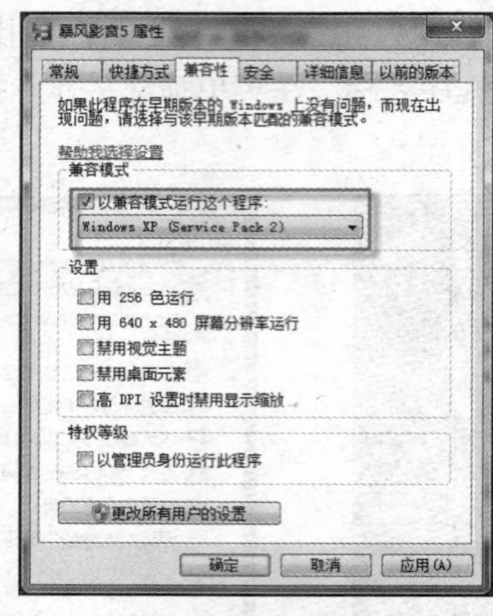
图6-76 设置软件兼容

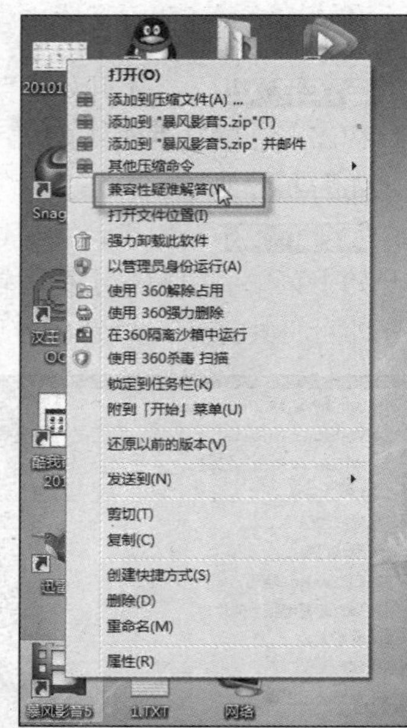
图6-77 打开【兼容性疑难解答】设置

STEP 4 在【程序兼容性】对话框中单击【尝试建议的设置】选项，如图 6-78 所示。

STEP 5 系统会提供一种兼容性模式来让用户尝试运行目标程序，单击启动程序...按钮来测试是否能正常运行程序，如图 6-79 所示。

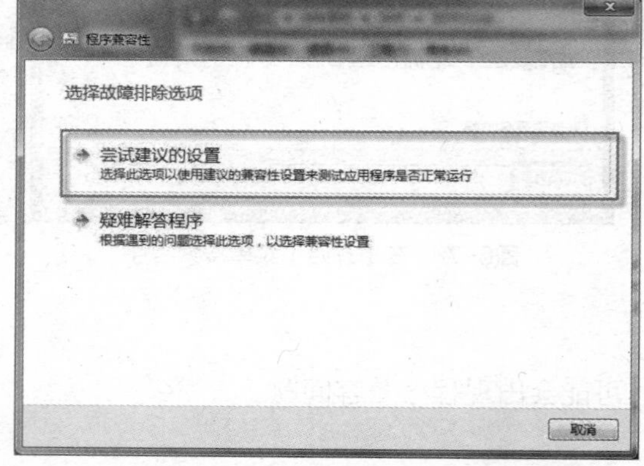
图6-78 【程序兼容性】对话框

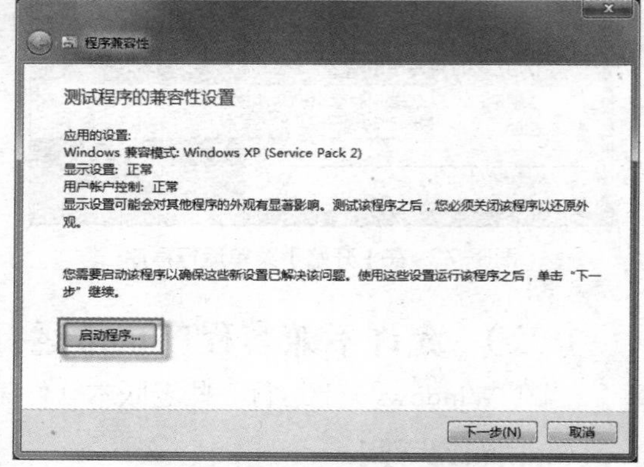
图6-79 【程序兼容性】对话框

STEP 6 在图 6-80 所示【用户账户控制】对话框中单击是(Y)按钮。

STEP 7 测试完成后，在图 6-79 中单击下一步(N)按钮。

STEP 8 如果应用程序通过测试并能正常运行，单击【是，为此程序保存这些设置】选项，如图 6-81 所示。

STEP 9 保存后，单击关闭按钮退出设置，如图 6-82 所示。

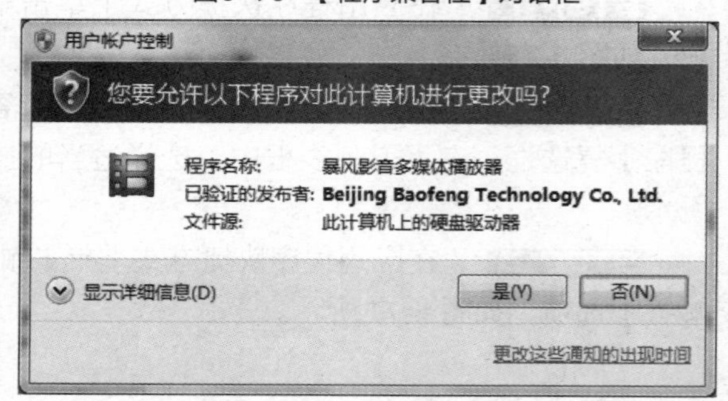
图6-80 【用户账户控制】对话框

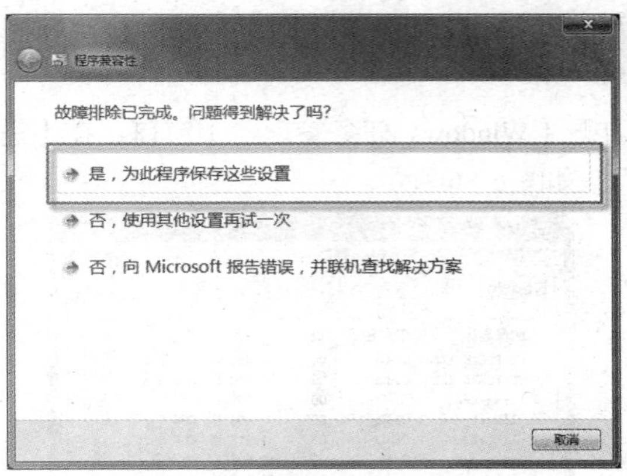

图6-81 【程序兼容性】对话框

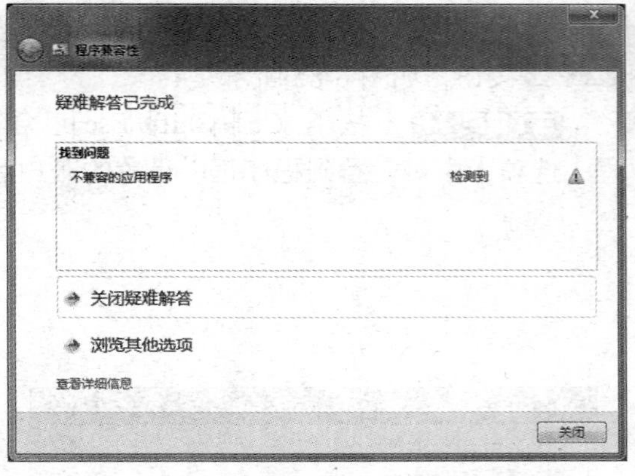

图6-82 疑难解答已完成

知识提示

如果测试应用程序后没能正常运行，则需要在图 6-81 中单击【否，使用其他设置再试一次】选项，然后根据提示进行再次测试。

（三） 以不同权限运行软件

当用户操作超过标准系统用户权限时，就会弹出【用户账户控制】对话框，要求提升权限来运行程序。如果用户在运行当前程序时操作失败，可以主动以高级管理员权限运行程序。用户也可以使用其他身份运行程序。

【操作步骤】

STEP 1 在应用程序快捷方式上单击鼠标右键，在弹出的菜单中选取【以管理员身份运行】选项，如图 6-83 所示，即可以管理员身份运行软件。

STEP 2 按住 Shift 键并在程序快捷图标上单击鼠标右键，在弹出的菜单中选取【以其他用户身份运行】选项，如图 6-84 所示。

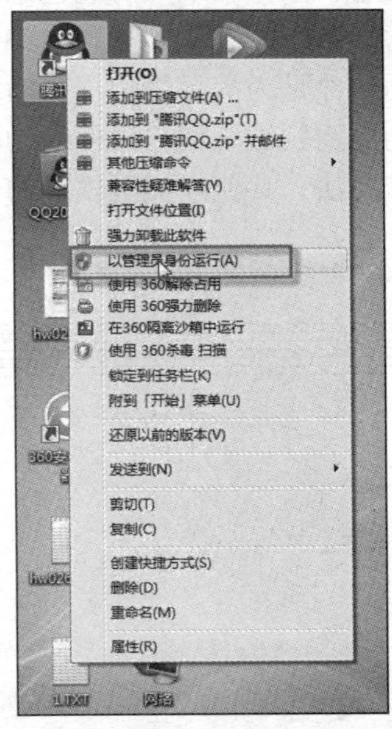

图6-83 以管理员身份运行程序

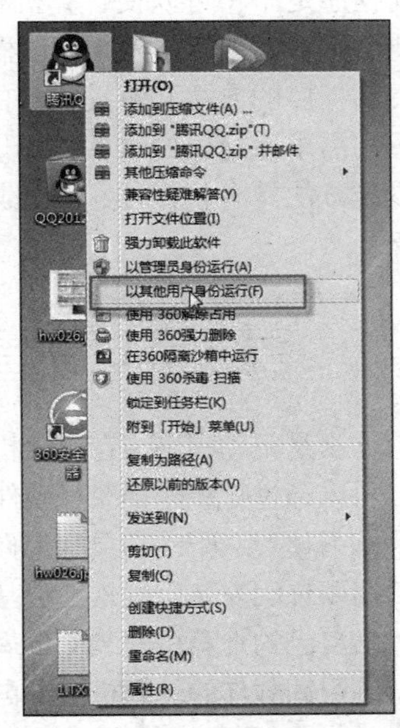

图6-84 以其他用户身份运行程序

STEP 3 在弹出的【Windows 安全】对话框中，输入账户和密码，然后单击 确定 按钮，如图 6-85 所示。

STEP 4 按下 Ctrl+Shift+Esc 组合键打开【Windows 任务管理器】窗口，在【进程】选项卡中可以看到程序正以设置的账户运行，如图 6-86 所示。

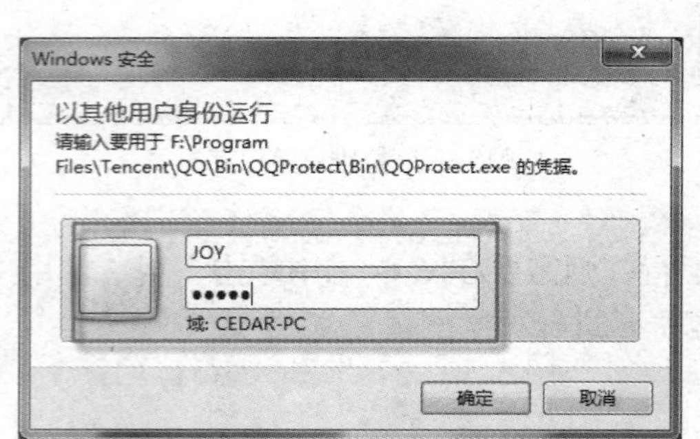

图6-85 【Windows 安全】对话框

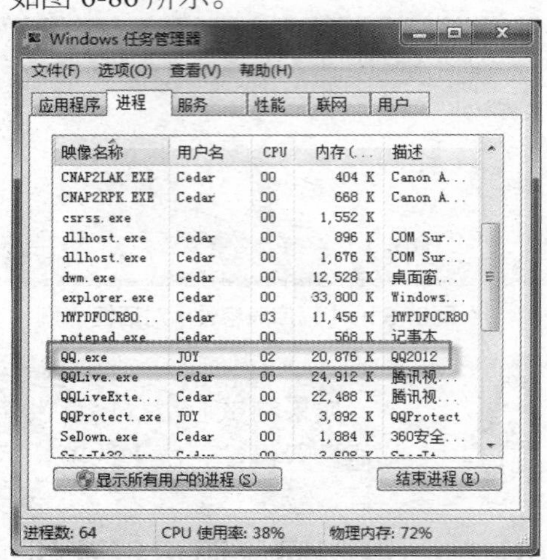

图6-86 【Windows 任务管理器】窗

通过以其他账户身份运行程序，用户可以使用不同设置来运行同一个程序，如使用两个身份运行的同一款游戏时，游戏存档进度并不相同，使用两个身份运行的 QQ 程序时具有不同的聊天记录。

小结

驱动程序是一种可以使计算机和设备通信的特殊程序，操作系统只有通过这个接口才能控制硬件设备的工作，因此驱动程序是“硬件和系统之间的桥梁”。本项目详细介绍了安装硬件驱动程序的方法和驱动程序的管理技巧。而应用软件是为满足用户不同领域、不同问题的应用需求而提供的软件，用以拓宽计算机系统的应用领域，增强硬件的功能。应用软件的安装方法具有相似性，掌握其中一种软件的安装方法，其他同类型软件的安装也就迎刃而解了。

习题

1. 什么是驱动程序，在计算机中有何用途。
2. 可以通过哪些途径获得硬件的驱动程序？
3. 练习使用“驱动精灵”为你的计算机升级驱动程序。
4. 简要说明安装应用软件的基本步骤。
5. 给自己的计算机安装 Office 2010。
6. 练习卸载你的计算机上不再使用的应用软件。

PART 7

项目七 常用外设的选购和安装

计算机作为一种具有多功能的电子设备，其外设产品也相当丰富，不管是在图形图像的输入、输出方面，还是在多媒体应用方面，都为不同的用户提供多种选择。用户在选择余地增加的同时，也就需要了解不同设备的种类和性能，以便选择适合自己的产品。

学习目标

- 了解常用外设的种类和性能参数。
- 掌握常用外设的选购方法。
- 掌握常用外设驱动程序的安装方法。

任务一 选购计算机外设

由于外设产品的种类多种多样，而每种产品的性能参数又各不相同，所以用户在选购时可能会感觉无从下手。下面详细介绍常用外设的种类和性能参数，并提供选购外设的一般步骤和方法。

（一） 选购打印机

打印机是将计算机中的文字或图像打印到相关介质上的一种输出设备。它在办公、财务等方面应用广泛，而且在打印质量提高的同时，价格越来越低，因此越来越受到个人用户的青睐。

1. 打印机的分类

从打印原理来看，市面上常见的打印机可分为喷墨打印机、激光打印机和针式打印机。

（1） 喷墨打印机。

喷墨打印机按工作原理又可分为固体喷墨和液体喷墨两种类型，而常见的是液体喷墨打印机。喷墨打印机通过喷嘴将墨水喷到打印纸上，实现文字或图形的输出。图 7-1 和图 7-2 所示为常见的喷墨打印机。

图7-1 惠普 Officejet Pro K5400dn 彩色喷墨打印机

图7-2 爱普生 Stylus Photo R270 彩色喷墨打印机

在彩色打印方面，喷墨打印机可以使用 3 种颜色以上的墨水，所以其颜色范围已超过传统 CMYK 颜色的局限，可以应用到专业彩色图形图像输出的工作环境。图 7-3 所示为常用彩色喷墨打印机的供墨系统。

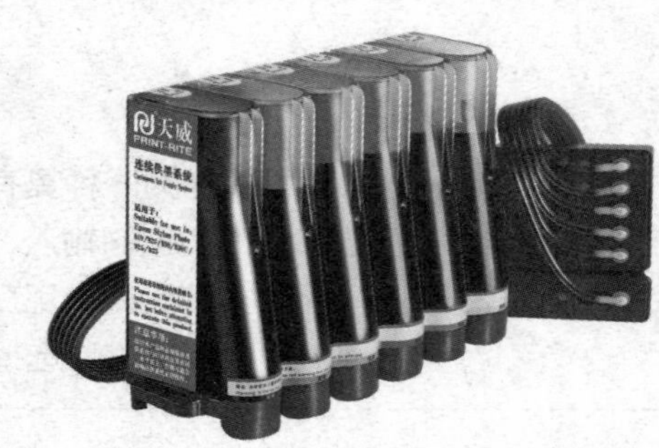

图7-3 彩色喷墨打印机的供墨系统

喷墨打印机具有购机成本较低、体型较小、打印颜色丰富等特点，但打印使用的墨水等耗材比较昂贵，特别是对于一些专业打印机所用的耗材。另外，喷墨打印机打印速度较慢，还要经常保持打印机的使用状态，以防止墨水凝固堵塞喷嘴，并要定期对其进行维护和保养。

（2） 激光打印机。

激光打印机的主要部件为装有碳粉的感光鼓和定影主件两部分。打印时感光鼓接收激光束，产生电子以吸引碳粉，然后印在打印纸上，再传输到定影主件加热成型。

激光打印机也可分为黑白激光打印机和彩色激光打印机两种类型，如图 7-4 和图 7-5 所示。在彩色打印方面，虽然在色彩方面没有喷墨打印机丰富，但打印成本较低，而且随着技术水平的提高，彩色激光打印机的打印效果越来越接近真彩。

图7-4 HP LaserJet P1007(CC365A)黑白激光打印

图7-5 三星 CLP-315 彩色激光打印机

激光打印机不管是在黑白打印还是在彩色打印方面，都具有打印成本低、打印速度快、打印精度高、对纸张无特殊要求、低噪声等特点。

（3） 针式打印机。

针式打印机也称为点阵式打印机，是一种机械打印机，其工作方式是利用打印头内的点阵撞针撞击色带和纸张以产生打印效果。图 7-6 所示为常见针式打印机的外观。

图7-6 联想 DP600+针式打印机

针式打印机具有结构简单、价格适中、形式多样、适用面广等特点，主要应用于打印工程图、电路图等工程领域，以及票据、报表等需要多份同时打印的场合。

2. 打印机的主要参数

对于不同类型的打印机，标注的性能参数也有所不同，其共有的性能参数主要有打印速度、分辨率和内存。

（1） 打印速度。

对于喷墨打印机和激光打印机，打印速度是指打印机每分钟打印输出的纸张页数，单位用“页/分”（Pages Per Minute，PPM）表示。对于针式打印机，打印速度通常指单位时间内能够打印的“字体数”或者“行数”，用“字/秒”或“行/分”表示。

（2） 分辨率。

分辨率又称输出分辨率，是指在打印输出时横向和纵向两个方向上每英寸最多能够打印的点数，通常以“点/英寸”（dot per inch，dpi）表示。分辨率是衡量打印机打印质量的重要指标，它决定打印机打印图像时所能表现的精细程度和输出质量。

（3） 内存。

打印机中的内存用于存储要打印的数据，其大小是决定打印速度的重要指标，特别是在处理数据量大的文档时，更能体现内存的作用。

打印机的内存一般在 2～32MB，最大可扩展内存可达 512MB。

3. 打印机的选购要点

（1） 确定打印机类型。

根据应用场合选择不同类型的打印机，如果需要打印票据等，应选用针式打印机；如果需要快速打印数量较多的内容（如办公室内），则应选用激光打印机；如果是在家庭使用，打印数量有限，一般购买比较便宜的喷墨打印机即可。

根据是否需要打印彩色图像选择黑白打印机或彩色打印机，一般彩色打印机在机器价格和耗材价格上都比黑白打印机贵，所以在选购时应仔细考虑。

（2） 确定打印机性能。

对于同种类型的打印机产品，性能不同在价格上会有较大差别，在选购时不应盲目追求高性能，而应该根据打印需要选择性能适宜的产品。例如，在分辨率方面，对于文本打印而言，600 dpi 就已经达到相当出色的打印质量；而对于照片打印而言，更高的分辨率可以打印更加丰富的色彩层次和更平滑的中间色调过渡，通常需要 1 200 dpi 以上的分辨率。

（3） 确定打印机的品牌。

知名品牌的打印机质量有保证，售后服务一般较好，通常保修时间为 1 年，而且耗材也比较容易购买。目前市场上知名的打印机品牌主要有联想（Lenovo）、惠普（HP）、三星（Samsung）、爱普生（EPSON）、松下（Panasonic）、佳能（Canon）、方正（Founder）等。

（二） 选购扫描仪

扫描仪能够方便地对现有的图书或图像资料进行扫描，将其转换成图像数据，以方便使用计算机进行存储和传输。

1. 扫描仪的分类

根据扫描原理的不同，扫描仪有很多种类型，一般常用的有平板式扫描仪、便携式扫描仪和滚筒式扫描仪 3 种。

（1） 平板式扫描仪。

平板式扫描仪在扫描时由配套软件控制扫描过程，具有扫描速度快、精度高等优点，广泛应用于平面设计、广告制作、办公应用、文学出版等众多领域，如图 7-7 所示。

佳能 CanoScan 5600F

惠普 Scanjet G3010

图7-7 平板扫描仪

（2） 便携式扫描仪。

便携式扫描仪具有体积小、质量轻、携带方便等优点，如图 7-8 所示。

方正 Z28d

富士通 ScanSnap S300M

图7-8 便携式扫描仪

（3） 滚筒式扫描仪。

滚筒式扫描仪一般应用在大幅面的扫描领域中，其分辨率高，能快速处理大面积的图像，输出的图像普遍具有色彩还原逼真、放大效果优秀、阴影区域细节丰富等优点，如图 7-9 所示。

图7-9 松下 KV-S2045CCN

2. 扫描仪的主要参数

不同类型的扫描仪，通常都具有以下几个主要的性能参数。

（1） 分辨率。扫描仪的分辨率又分为光学分辨率和最大分辨率，在实际购买时应以光学分辨率为准，最大分辨率只在光学分辨率相同时作为一种参考。

光学分辨率是指扫描仪物理器件所具有的真实分辨率，用横向分辨率与纵向分辨率两个数字相乘表示，如 600×1200dpi。

（2） 色彩位数。它是指扫描仪对图像进行采样的数据位数，也就是扫描仪所能辨析的色彩范围。扫描仪的色彩位数越高，扫描所得的图像色彩与实物的真实色彩越接近。目前市场上扫描仪的色彩位数主要有 18 位、24 位、30 位、42 位和 48 位等。

（3） 扫描范围。它是指扫描仪最大的扫描尺寸范围，它由扫描仪内部机构设计和扫描仪的外部物理尺寸决定，通常可分为 A4、A4 加长、A3、A1、A0 等。一般的平板扫描仪为 A4 纸大小。

3. 扫描仪的选购要点

（1） 确定扫描仪的种类。

对于一般的个人用户，选择 A4 纸大小的平板式扫描仪或便携式扫描仪就足以满足需要；而对于需要扫描大幅面图像的商业应用，则应选用滚筒式扫描仪。

（2） 确定扫描仪的性能。

如果是家庭使用，仅扫描一些文档或照片等，那么选购分辨率为 600×1 200dpi，色彩位数为 32 位的扫描仪即可满足需要。

如果是广告和图形图像处理等专业用途，则应当选购分辨率为 1 200×2 400dpi，色彩位数为 48 位或以上的扫描仪。

（3） 确定扫描仪的品牌。

知名品牌的扫描仪产品，一般质量较高，售后服务也有保障。当前知名的扫描仪品牌主要有清华紫光（Thunis）、方正科技（Founder）、中晶、爱普生（EPSON）、佳能（Canon）、尼康（Nikon）、惠普（HP）、明基（BenQ）等。

（三） 选购摄像头

摄像头是一种数字视频的输入设备，如图 7-10 和图 7-11 所示。在现今的数字化时代，它的应用已相当普遍，常见的应用场合主要有视频聊天、网络会议、远程监控等。

图7-10 罗技快看畅想版

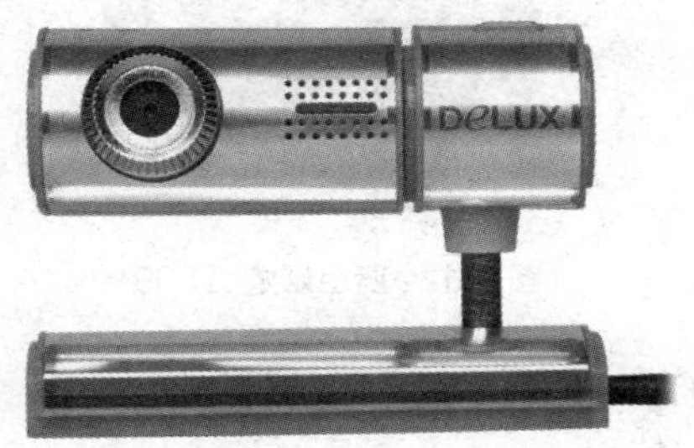

图7-11 多彩 DLV-C33 摄神

1. 摄像头的主要参数

（1） 最高分辨率。

摄像头的最高分辨率是指摄像头解析图像的最大能力，即摄像头的最高像素数。它是摄像头的主要性能指标之一。像素越高，摄像头捕捉到的图像信息就越多，图像分辨率就越高，相应的屏幕图像就越清晰。

目前市场上常见摄像头有 800 万像素、1 000 万像素等。

（2） 色彩位数。

色彩位数又称彩色深度，数码摄像头的色彩位数反映了摄像头能正确记录色调的多少，其值越高，就越可能更真实地还原亮部及暗部的细节特征。

色彩位数以二进制的位（bit）为单位，如常见的摄像头的色彩位数为 24 位，说明其性能表示 2 的 24 次方种颜色。

（3） 传输接口。

传输接口决定了是否能够得到清晰流畅的图像，特别是对于像素数较高的摄像头。现在市面上主流的摄像头都是采用 USB 接口，支持热插拔，USB 2.0 规范的接口传输率可达 480Mbit/s。

（4） 图像调节能力。

质量好的摄像头通常具有调焦能力、自动补偿曝光能力，能够保证在不同距离、不同光照环境下得到清晰的图像。

2. 选购摄像头的要点

现在的摄像头很多都是不需要安装驱动的无驱摄像头，所以选购时应注意以下两点。

（1） 查看摄像头的分辨率。

一般情况下，在可以接受的价格范围内，摄像头的分辨率越大越好。但要注意有些摄像头的实际分辨率只有 200 万像素，而通过软件增值后的最高分辨率可达到 800 万像素，在选购时应对这两个参数进行正确区分。

（2） 注重实际效果。

一般摄像头的调焦能力、曝光能力等不容易通过参数看出来，所以在选购时应在现场实地测试一下，如可以将摄像头分别放在强光处和暗处，以测试其曝光能力。

关于外形，主要考虑其大小和安放位置，如对于笔记本电脑用户，可选用能夹在显示屏上的摄像头，如图 7-12 和图 7-13 所示。

图7-12 蓝色妖姬 T999

图7-13 ANC 酷客超强版

（四） 选购投影仪

继背投、等离子和液晶电视之后，在商业与教育行业应用得最为广泛的投影仪也逐渐受到普通用户的关注。常见投影仪的外观如图 7-14 和图 7-15 所示。

图7-14 纽曼 NM-PT01

图7-15 索尼 VPL-CX130

与高端电视产品相比，投影仪具有画面大、亮度好、无辐射，可兼容多种视频信号，播放尺寸不受限制，重量轻等特点。它能连接有线电视或普通电视，直接接收多达 100 套电视节目，还可以接收 DVD、VCD、LD 等设备的视频信号和计算机的数字信号。当投影仪与音响组合成多媒体家庭影院时，其视听效果可以与真正的影院媲美，其应用如图 7-16 所示。

图7-16 投影仪的应用

目前市场上的投影仪都是使用和显示器一样的视频接口，不需要安装驱动程序，使用很方便，直接连接到计算机的视频接口即可。

1. 投影仪的使用方式

在选择购买投影仪之前，首先应熟悉投影仪的使用方式。投影仪在使用时分为台面正向投射、天花板吊顶正向投射、台面背面投射、吊顶背面投射、背投一体箱式等类型。

正向投射是指投影仪与观看者处于同一侧；背面投射是指投影仪与观看者分别在屏幕两端，这时需要使用背投屏幕，如果空间较小，可选择背面反射镜折射的方法。如果需要固定安装使用，可选择吊顶方式，但必须注意防尘和散热。

2. 投影仪的主要参数

投影仪的性能参数较多，在选购投影仪之前正确认识这些参数的含义，才能分清投影仪的档次，有针对性地选择适合的投影仪。

（1） 画面尺寸。

画面尺寸是指投影仪投出画面的大小，主要有最小图像尺寸和最大图像尺寸，一般用对角线的尺寸表示，单位是英寸（1 英寸=2.54cm）。最小画面尺寸和最大画面尺寸是由镜头的焦距决定的，在这两个尺寸之间投射的画面可以清晰聚焦，如果超出这个范围，则会出现画面不清晰和投影效果差等情况。

（2） 输出分辨率。

输出分辨率指投影仪投出图像的分辨率，可分为物理分辨率和压缩分辨率。物理分辨率决定图像的清晰程度，而压缩分辨率决定投影仪的适用范围。

物理分辨率越高，则可接收分辨率的范围也越大，投影仪的适应范围也就越广。目前，市场上应用最多的为 SVGA（分辨率为 800 像素×600 像素）和 XGA（分辨率为 1 024 像素×768 像素）两种，其中 XGA 的产品价格比 SVGA 的价格高一倍左右。

（3） 水平扫描频率。

电子束在屏幕上从左至右的运动称为水平扫描，每秒钟扫描的次数就叫做水平扫描频率。水平扫描频率是区分投影仪档次的重要指标。

视频投影仪的水平扫描频率是固定的，为 15.625kHz（PAL 制）或 15.725kHz（NTSC 制），频率范围为 15～60kHz 的投影仪通常叫做数据投影仪，上限频率超过 60kHz 的通常叫做图形投影仪。

（4） 垂直扫描频率。

电子束在进行水平扫描的同时，会从上向下作扫描运动，这一过程称为垂直扫描，每扫描一次形成一幅图像。每秒钟扫描的次数就叫垂直扫描频率，也叫做刷新频率，单位用 Hz 表示。垂直扫描频率越高，图像越稳定，并且一般不能低于 50Hz，否则图像会有闪烁感。

（5） 亮度。

亮度是投影仪的一个重要性能参数，使用单位 lm（流明）表示。投影仪的亮度表现受环境影响很大，并且画面尺寸越大，亮度也越暗。目前，市场上 LCD 投影仪的亮度都在 500lm 以上，主流产品的亮度在 1 000lm 左右。

（6） 对比度。

对比度反映投影仪所投影出的画面最亮与最暗区域之比，其对视觉效果的影响仅次于亮度参数。一般来说，对比度越大，图像越清晰醒目，色彩也越鲜明艳丽。

（7） 灯泡类型和寿命。

投影仪的灯泡是耗材，一般能正常使用3年以上。灯泡的种类主要有金属卤素灯泡、UHE灯泡和UHP高能灯。

- 金属卤素灯泡价格便宜但半衰期短，一般使用 2 000h 左右亮度会降低到原来的一半左右。
- UHE灯泡价格适中且发热量低，在使用 2 000h 后亮度几乎不衰减，是目前中档投影仪中广泛采用的理想光源。
- UHP高能灯发热较少且使用寿命长，一般可以正常使用 4 000h 以上，并且亮度衰减很小，但价格昂贵，一般应用于高档投影仪上。

3. 投影仪的选购要点

（1） 根据使用方式确定机型。

在选购前应根据使用环境，确定购买机器的类型，避免造成购买后使用不便。

由于摆放位置的限制，投射的影像可能变成梯形，因此，购买的投影仪最好具备梯形矫正功能，该功能一般通过数码影像变形技术，将投射的影像变回正方形。

（2） 亮度与对比度要适中。

高亮度可以使投影仪投射图像清晰亮丽，不过亮度越高，价格越贵，而且高亮度的投影仪在家庭房间等小环境中使用时会很刺眼，容易造成眼睛疲劳，长期观看会影响用户健康。因此，根据客厅具体面积的不同，选购的家用投影仪亮度一般控制在 500～1 000lm，亮度太高或太低都不太适合在光线较暗的环境中使用。

目前，对比度和亮度是相关联的一个因素，如果亮度在 500～1 000lm，对比度选择为 400:1 左右即可。

（3） 选择分辨率合适的投影仪。

分辨率越高，投影仪的图像越清晰，价格也越高。虽然SVGA的效果已经能满足家庭的需要，但是从长远的角度看，如果经济条件允许，最好购买物理分辨率为XGA标准的投影仪，它的显示效果更清晰、亮丽。

（4） 注意投射距离。

对于家庭用户来说，居住的面积十分有限，安装的投影仪到屏幕之间的距离并不大，因此对于空间狭窄的家居环境而言，投射距离成为选购投影仪的重要条件之一，用户应对比不同的投影仪在相同的投射对角尺寸下的投射距离，而不能只注意规格表上的最短投射距离。

（5） 耗材及售后服务。

对于投影仪而言，灯泡作为唯一的耗材，其寿命直接关系到投影仪的使用成本，所以在购买时一定要咨询灯泡寿命和更换成本。不同类型的灯泡价格相差较大，在选购时应根据预算选择合适的投影仪。

不同品牌投影仪使用的灯泡一般不能互换使用，因此，购买投影仪时应选择购买知名品牌的投影仪，这样可以避免后顾之忧。

任务二　安装外设驱动程序

对于计算机的外部设备，大都需要安装相应的驱动程序才能正常使用，而不同的外设其驱动程序的安装方法也有所不同。下面介绍几种常见外设驱动程序的安装方法。

（一） 安装打印机驱动程序

打印机已经成为办公中不可缺少的外部设备，当第一次将打印机连接到计算机时，系统会自动识别硬件设备，并提示安装相应的驱动程序。下面介绍 Canon LBP3018 打印机驱动的安装方法。

【操作步骤】

STEP 1 采用系统引导方式安装驱动程序。

（1） 将打印机连接到计算机上，然后重启计算机，系统会弹出【找到新的硬件向导】对话框，如图 7-17 所示。

（2） 将打印机附送的 CD 光盘插入光驱，选择第 1 项，然后单击 下一步(N) > 按钮，弹出图 7-18 所示的对话框。

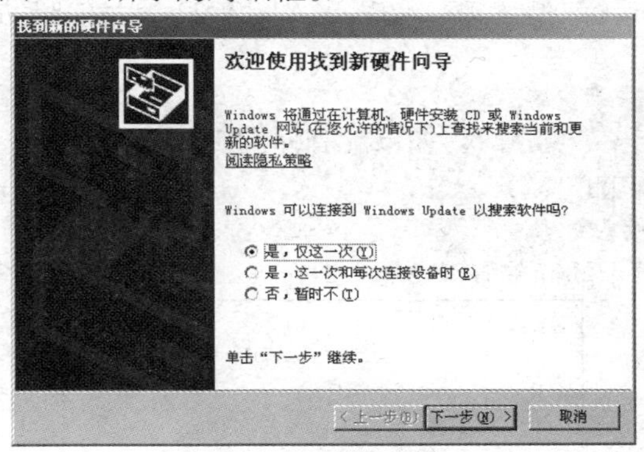

图7-17 【找到新的硬件向导】对话框

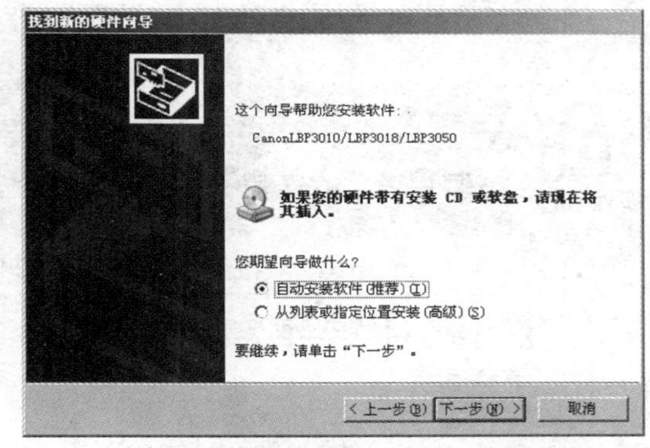

图7-18 选择 CD 位置

如果用户对计算机比较熟悉，可以选择第 2 项【从列表或指定位置安装（高级）】，直接找到驱动程序的位置进行安装，这样可以省去计算机搜索的时间。

（3） 保持默认设置，单击 下一步(N) > 按钮，系统开始自动搜索驱动程序，如图 7-19 所示。

（4） 当系统搜索到相应的程序后，会列出搜索到的相关信息，如图 7-20 所示。

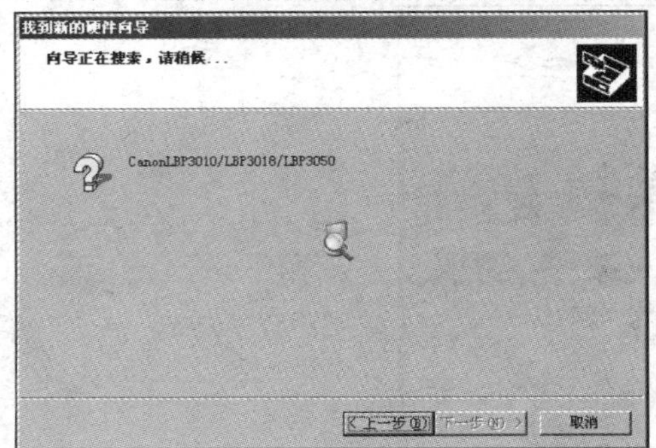

图7-19 搜索驱动程序

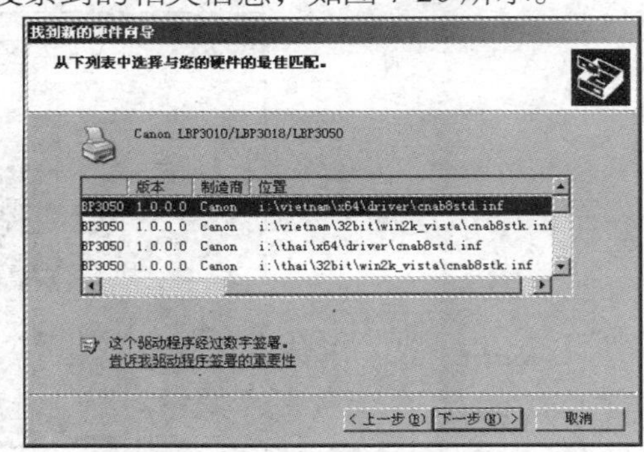

图7-20 选择所需安装的驱动程序

（5） 由于打印机的型号不同，其驱动程序也不同，请读者参见打印机的说明书进行选择，这里选择最后一项，然后单击下一步(N) >按钮，开始复制文件，如图 7-21 所示。

（6） 文件复制完成后，弹出图 7-22 所示的完成对话框。

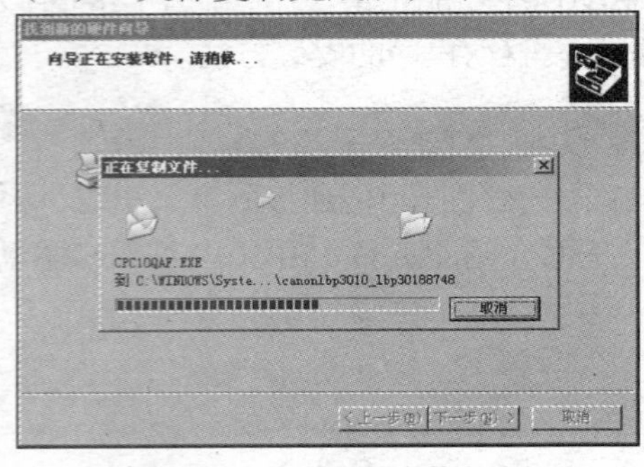

图7-21 复制驱动安装文件

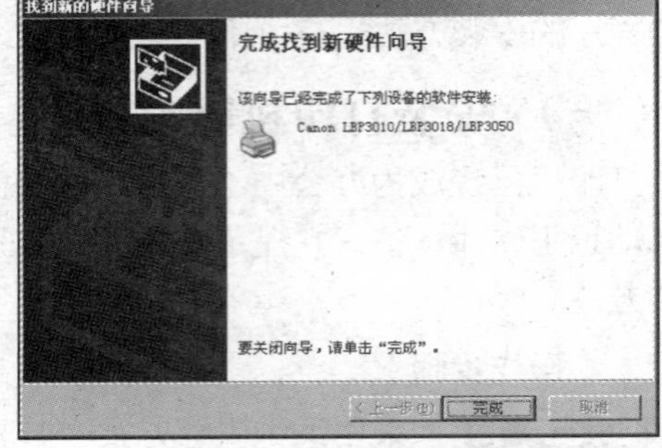

图7-22 完成驱动程序的安装

（7） 重启计算机，打印机的驱动程序安装完成。

STEP 2 使用光盘直接安装驱动程序。

（1） 连接好打印机后，将打印机附送的 CD 光盘插入光驱。

（2） 打开光盘目录，双击“Autorun.exe”运行安装程序，随后进入图 7-23 所示的驱动程序安装界面。

一般情况下，插入光盘就会弹出安装界面，如果没有弹出，可以寻找安装目录下的安装图标，双击进行安装即可。

（3） 单击简易安装按钮，进入图 7-24 所示的简易安装界面。

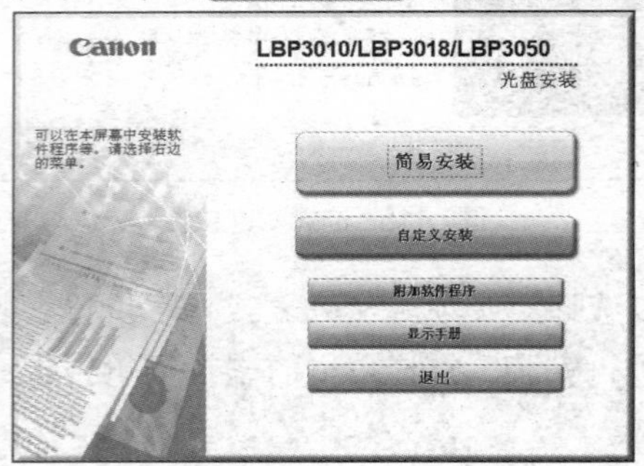

图7-23 驱动程序安装界面

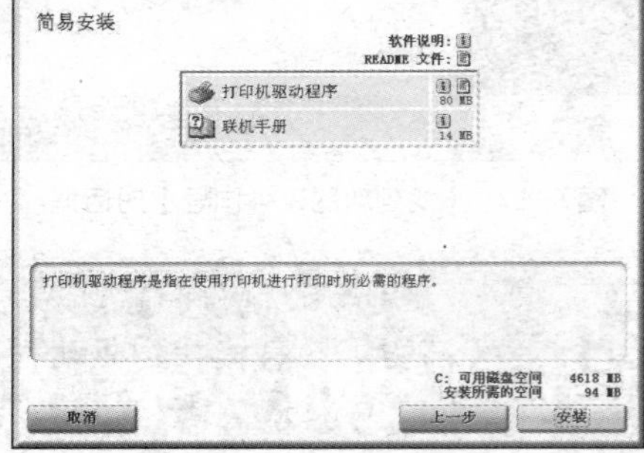

图7-24 简易安装界面

（4） 单击安装按钮，进入许可协议界面，如图 7-25 所示。

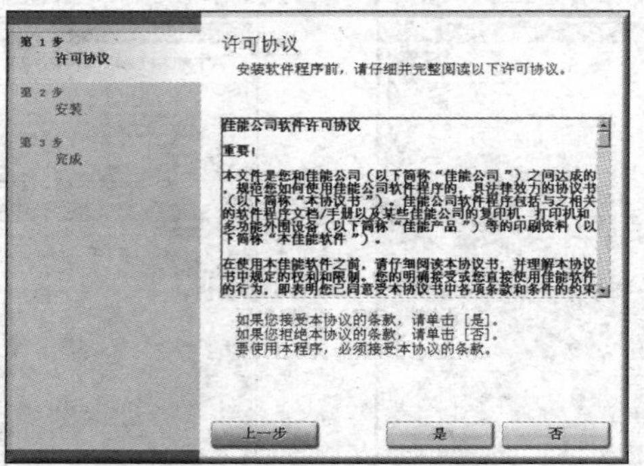

图7-25 许可协议界面

（5） 单击 是 按钮，进入打印机驱动程序安装向导，如图 7-26 所示。

（6） 选择【手动设置要安装的端口】单选按钮，然后单击 下一步(N)> 按钮，选择连接打印机的端口，这里选择的端口是 USB001，如图 7-27 所示。

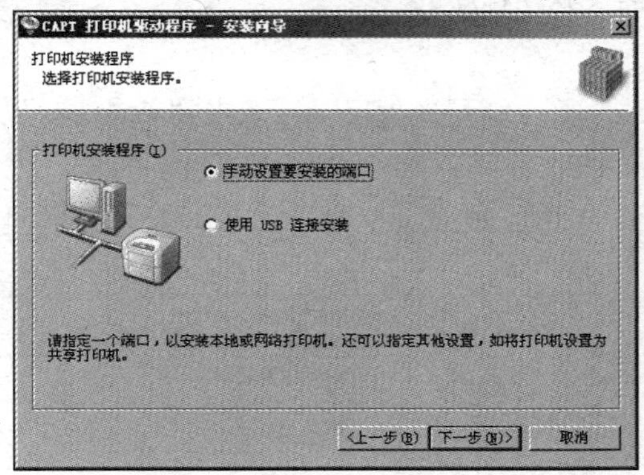

图7-26 安装向导界面

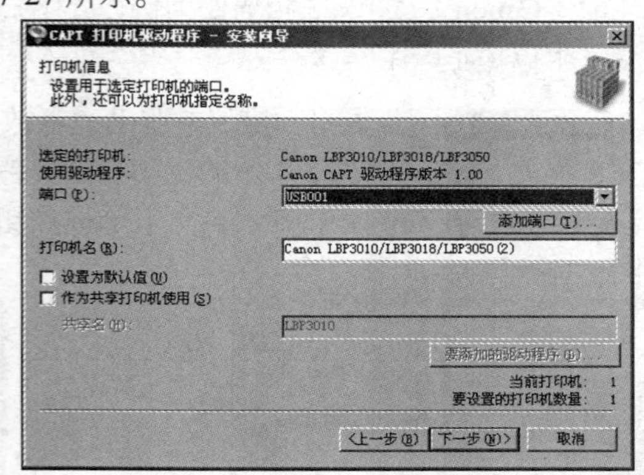

图7-27 选择打印机端口

（7） 单击 下一步(N)> 按钮，系统开始安装驱动程序，如图 7-28 所示。

（8） 驱动程序安装完成后将安装联机手册，如图 7-29 所示。

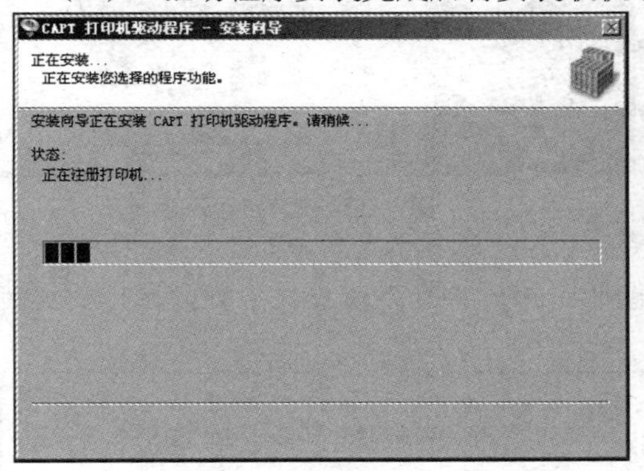

图7-28 安装进度提示

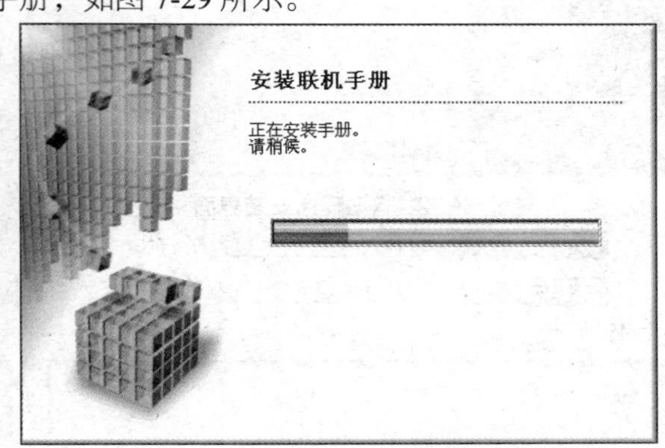

图7-29 安装联机手册

（9） 安装完成后将显示确认信息，如图 7-30 所示。单击 下一步 按钮，进入图 7-31 所示的安装完成界面，根据提示重启计算机即可。

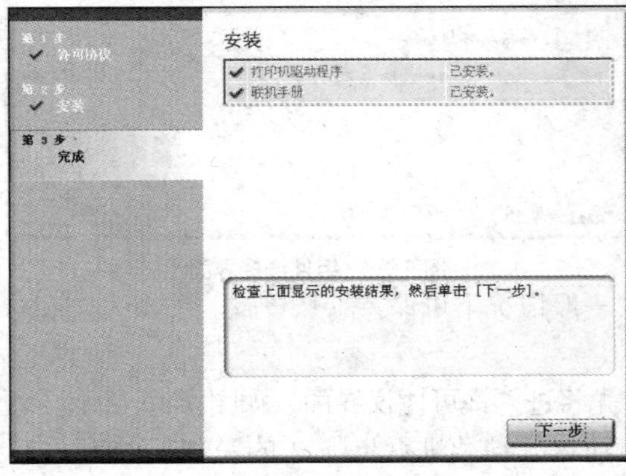

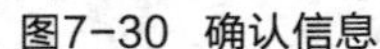

图7-30 确认信息

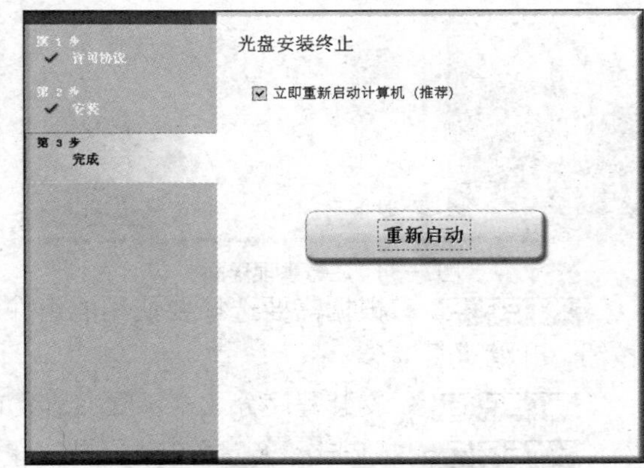

图7-31 安装完成界面

至此，打印机的驱动程序安装完成。

（二） 安装扫描仪驱动程序

扫描仪作为现代办公中比较常用的一种设备，其驱动程序的安装方法也较为简单。下面以佳能（Canon）LiDE 25 扫描仪为例，介绍扫描仪驱动程序的安装方法。

【操作步骤】

STEP 1 首先将扫描仪的驱动光盘放入光驱，打开光盘目录，双击“setup.exe”运行安装程序，弹出图 7-32 所示的驱动程序安装界面。

STEP 2 选择【简体中文】单选按钮，单击 OK 按钮，进入安装向导界面，如图 7-33 所示。

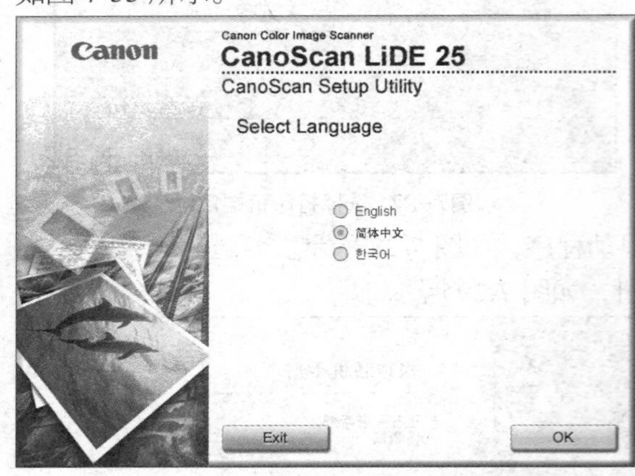

图7-32 驱动程序安装界面

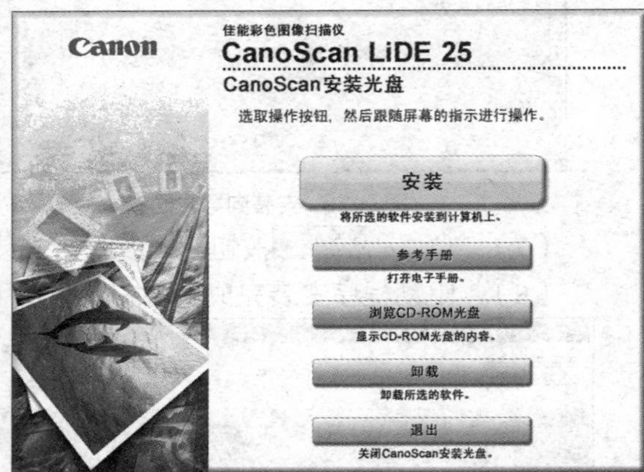

图7-33 安装向导界面

STEP 3 单击 安装 按钮，进入安装软件的注意事项界面，如图 7-34 所示。

STEP 4 单击 下一步 > 按钮，进入组件选择界面，如图 7-35 所示，在此选择要安装的组件。

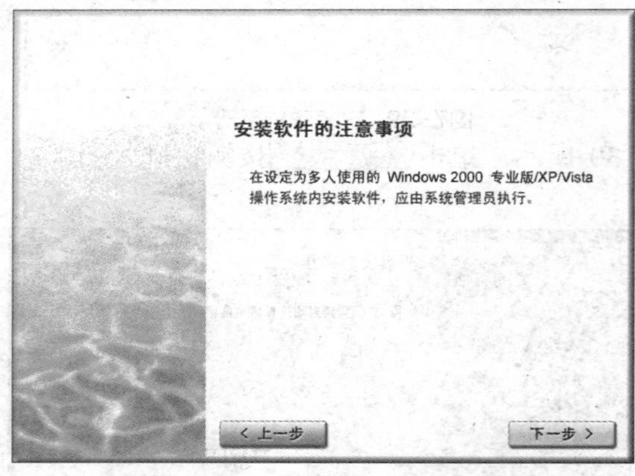

图7-34 注意事项界面

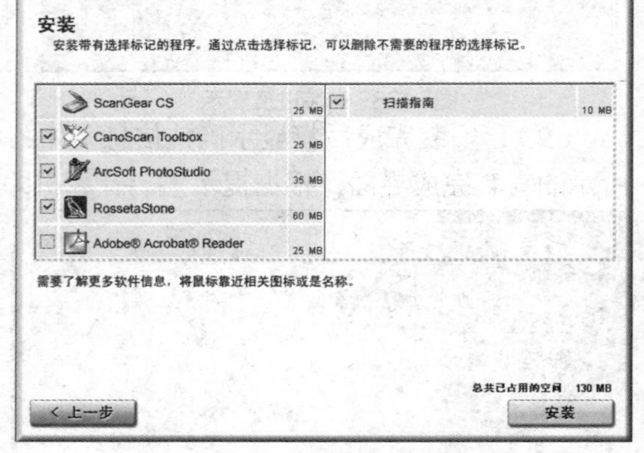

图7-35 组件选择界面

STEP 5 根据需要选择要使用的组件，一般情况下可保持默认设置。单击 安装 按钮，开始进行安装。

STEP 6 安装程序分 3 个步骤完成，首先将进入许可协议界面，如图 7-36 所示。

STEP 7 单击 是 按钮，同意许可协议并继续进行步骤 2 的安装，如图 7-37 所示。

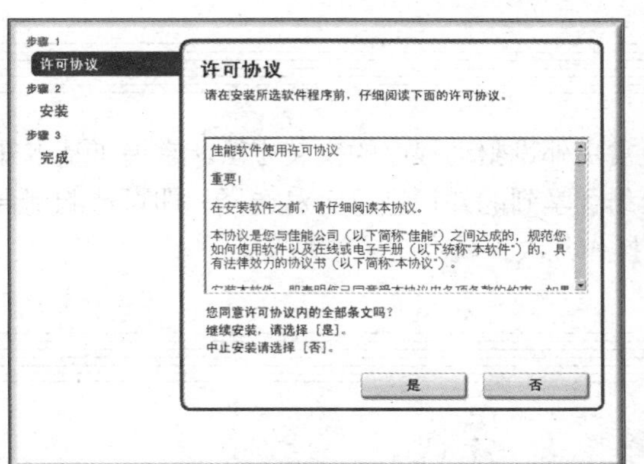

图7-36 许可协议界面

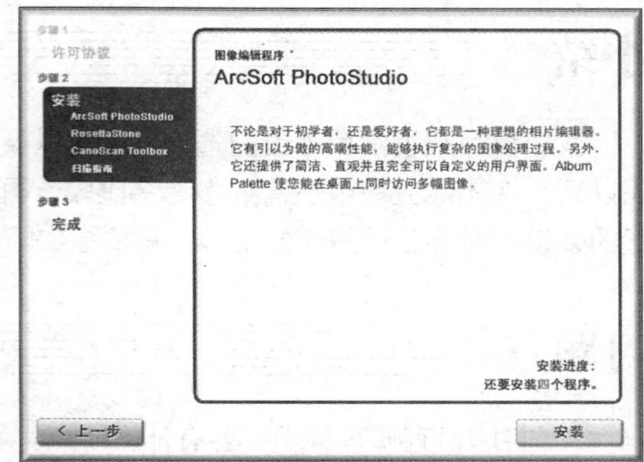

图7-37 安装界面

STEP 8 在步骤 2 中将完成所有被选择组件的安装。单击［安装］按钮，进行第 1 个组件的安装。

STEP 9 安装程序将运行相应的组件程序，根据提示完成第 1 个组件的安装，如图 7-38 所示。

STEP 10 单击［下一步 >］按钮，继续完成第 2 个组件的安装，如图 7-39 所示。

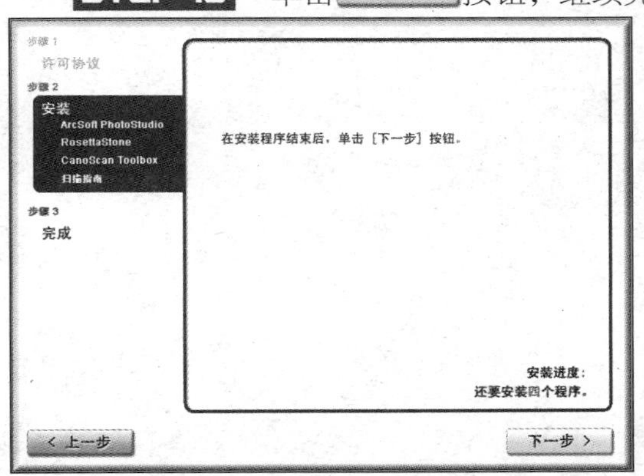

图7-38 完成组件 1 的安装

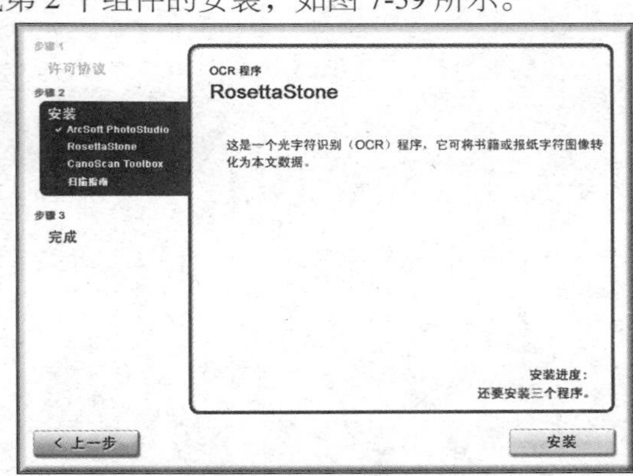

图7-39 完成组件 2 的安装

STEP 11 使用同样的方法，依次完成所有组件的安装，如图 7-40 所示。

STEP 12 单击［确定］按钮，显示图 7-41 所示的安装成功界面。单击［重新启动］按钮，重启计算机。

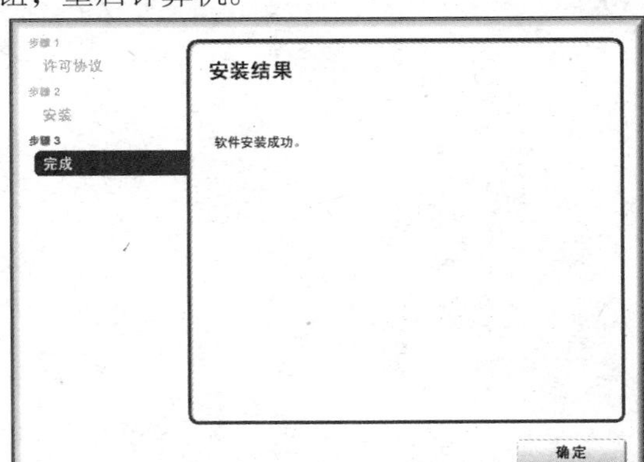

图7-40 完成所有组件安装

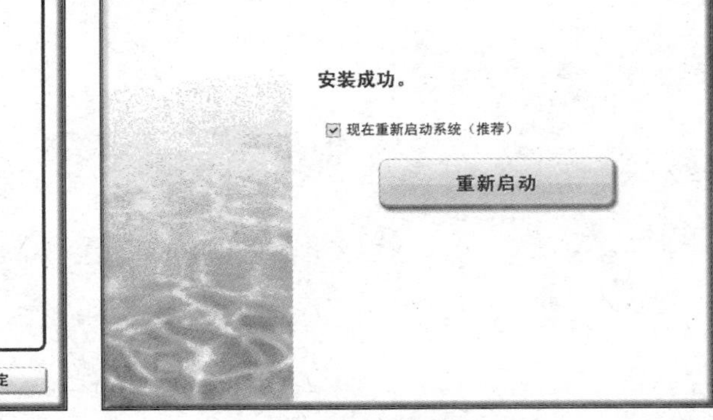

图7-41 安装成功界面

至此，扫描仪的驱动程序安装完成。

小结

本项目介绍了常用外设的选购要点，以及常用外设驱动程序的安装方法。掌握了基本知识以后，在实际应用中还需要多看多比较，再结合学到的知识进行比对选择，即可选购到合适的外设。对于驱动程序的安装，只要多实际操作几次，就会比较熟悉了。

习题

1. 打印机有哪些种类？各有什么特点？
2. 打印机有哪些性能参数？
3. 简述打印机的选购方法。
4. 扫描仪有哪些种类？各有什么特点？
5. 完成打印机驱动程序的安装操作。

PART 8 项目八 计算机日常维护与系统优化

计算机是一种精密的电子产品，为了保持其长期稳定的工作状态，除了正确的操作之外，必要的日常维护必不可少。计算机经过长时间使用后，软件系统变得“臃肿”，这时就需要对系统进行优化操作以提升其使用性能。

学习目标

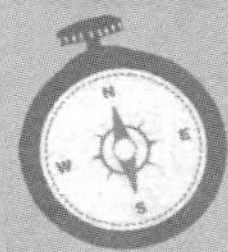

- 掌握计算机的日常维护要领及常用硬件的维护技巧。
- 掌握对磁盘的清理和维护技巧。
- 掌握优化计算机系统的基本方法。

任务一 掌握计算机基本日常维护

为了计算机能够长期稳定地工作，用户应该给计算机提供一个良好的运行环境，并掌握正确的使用方法，这是减少计算机故障必须具备的条件。

（一） 了解基本计算机维护常识

计算机是一种精密的电子器件，为了确保其长期稳定运行，必须使其处于正确的工作环境，同时还要尽量避免不规范的操作，以维持其正常使用寿命。

1. 计算机的环境要求

一般情况下，计算机的工作环境有如下要求。

（1） 计算机运行环境的温度要求。

计算机通常在室温 15℃～35℃的环境下都能正常工作。若低于 10℃，则含有轴承的部件（风扇和硬盘之类）和光驱的工作可能会受到影响；高于 35℃，如果计算机主机的散热不好，就会影响计算机内部各部件的正常工作。

在有条件的情况下，最好将计算机放置在有空调的房间内，而且不宜靠墙放置，特别不能在显示器上放置物品或遮住主机的电源部分，这样会严重影响散热。

（2） 计算机运行环境的湿度要求。

在放置计算机的房间内，其相对湿度最高不能超过 80%，否则会因器件温度降低而结露（当然这个露是看不见的），使计算机内的元器件受潮，甚至会发生短路而损坏计算机；相对湿度也不要低于 20%，否则容易因为过分干燥而产生静电作用，损坏计算机。

（3） 计算机运行的洁净度要求。

放置计算机的房间不能有过多的灰尘。如果灰尘附落在电路板或光驱的激光头上，不仅会造成其稳定性和性能下降，还也会缩短计算机的使用寿命。因此房间内最好定期除尘。

（4） 计算机对外部电源的交流供电要求。

计算机对外部电源的交流供电有两个基本要求：一是电压要稳定，波动幅度一般应该小于 5%；二是在计算机工作时供电不能间断。在电压不稳定的小区，为了获得稳定的电压，最好使用交流稳压电源。为了防止突然断电对计算机的影响，可以装备 UPS。

UPS（Uninterruptible Power System，不间断电源）是一种含有储能装置的恒压恒频的不间断电源，用于给单台计算机、计算机网络系统或其他电力电子设备提供不间断的电力供应。当市电输入正常时，UPS 将市电稳压后供应给负载使用；当市电中断时，UPS 能继续供应 220V 交流电维持正常工作并保护负载软硬件不受损坏。

（5） 计算机对放置环境的要求。

计算机主机应该放在不易震动、翻倒的工作台上，以免主机震动对硬盘造成损害。另外，计算机的电源也应该放在不易绊倒的地方，而且最好使用单独的电源插座，以免计算机意外断电。计算机周围不应该有电炉、电视等强电或强磁设备，以免其开关时产生的电压和磁场变化对计算机产生损害。

2. 计算机使用中的注意事项

为了让计算机更好地工作，在使用时应当注意以下几点。

（1） 养成良好的使用习惯。

良好的计算机使用习惯主要包括以下方面。

- 误操作是导致计算机故障的主要原因之一，要减少或避免误操作，就必须养成良好的操作习惯。
- 尽量不要在驱动器灯亮时强行关机。频繁开关机对各种配件的冲击很大，尤其是对硬盘的损伤最严重。两次开关机之间的时间间隔应不小于 30s。
- 机器正在读写数据时突然关机，很可能会损坏驱动器（硬盘、光驱等）。另外，关机时必须先关闭所有的程序，再按正常的顺序退出，否则有可能损坏程序。

夏季电压波动及打雷闪电时，对计算机的影响是相当大的。因为随时可能发生的瞬时电涌和尖峰电压将直接冲击计算机的电源及主机，甚至损坏计算机的其他配件，所以建议在闪电时不要使用计算机。

- 在插入或卸下硬件设备时（USB 设备除外），必须在断掉主机与电源的连接后，并确认身体不带静电时才可进行操作。不要带电连接外围设备或插拔机内板卡。
- 不应用手直接触摸电路板上的铜线及集成电路的引脚，以免人体所带的静电损坏这些器件。触摸前先释放人体的高压静电，可以触摸一下自来水管等接地设备即可。

- 计算机在加电之后，不应随意地移动和震动，以免由于震动造成硬盘表面划伤或其他意外情况，造成不应有的损失。
- 使用来路不明的 U 盘或光盘前，一定要先查毒，安装或使用后还要再查一遍，因为有一些杀毒软件不能查杀压缩文件里的病毒。
- 系统非正常退出或意外断电后，硬盘的某些簇链接会丢失，给系统造成潜在的危险，应尽快进行硬盘扫描，及时修复错误。

（2） 保护硬盘及硬盘上的数据。

随着计算机技术的不断发展，硬盘的容量变得越来越大，硬盘上存储的数据越来越多，一旦硬盘出现故障不能使用，将给用户造成很大的损失。保护硬盘可从以下几方面进行。

- 准备一张干净的系统引导盘，一旦硬盘不能启动，可以用来启动计算机。
- 为防止硬盘损坏、误操作等意外发生，应经常性地进行重要数据资料的备份，如将重要数据刻录成光盘保存，以便发生严重意外后不至于有重大的损失。
- 不要乱用格式化、分区等危险命令，防止硬盘被意外格式化。
- 对于存放重要数据的计算机，还应及时备份分区表和主引导区信息。

3. 计算机常用维护工具

随着计算机技术的高速发展，计算机内的电子器件集成度越来越高，发热量越来越大，灰尘逐渐成为计算机中的隐形杀手。当灰尘进入主板上的各种插槽后，很容易造成接触不良，降低计算机工作的稳定性。用户可以自己动手清理机箱中的灰尘和异物。

在清理计算机前，要准备以下维护工具。

（1） 螺丝刀。

螺丝刀用来拆装计算机的主机和外围设备，工具包内应含有大、中、小号十字形和一字形螺丝刀，最好选择带磁性的工具，其外观如图 8-1 所示。

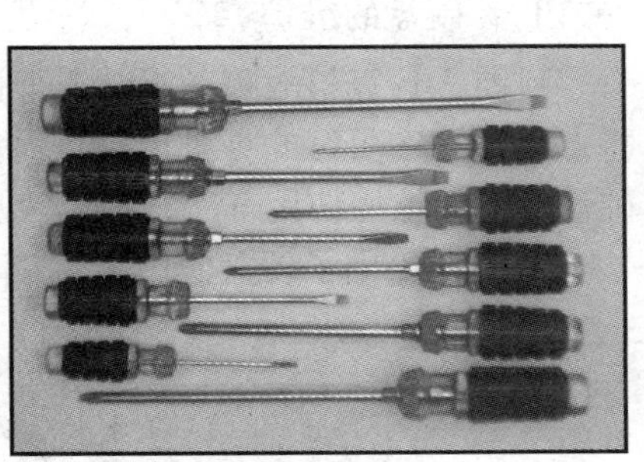

图8-1 螺丝刀

（2） 镊子。

镊子用来夹持微小物体，用于清洗主板，其外观如图 8-2 所示。

（3） 清洁刷。

清洁刷用来清理主机箱内或显示器上的灰尘，其外观如图 8-3 所示。

（4） 吹气球。

吹气球用来吹走主机箱内的各种灰尘，其外观如图 8-4 所示。

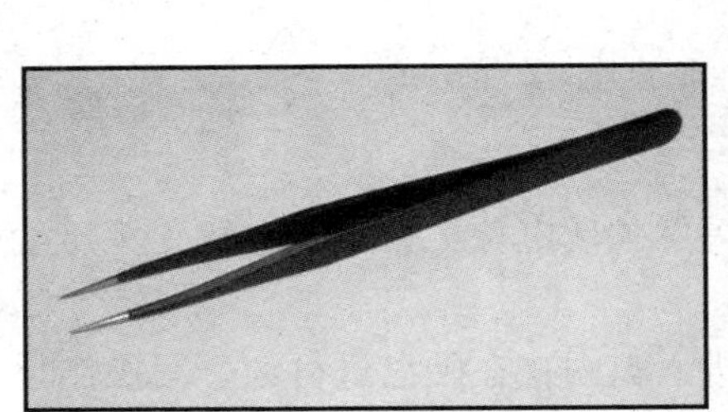

图8-2 镊子

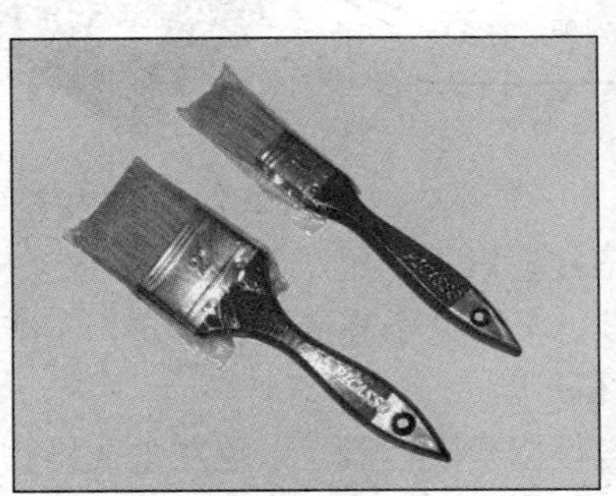

图8-3 清洁刷

图8-4 吹气球

（5） 无水酒精和棉花。

无水酒精和棉花用来清洁显示器屏幕的灰尘，还可以清洗主板等配件，如图 8-5 和图 8-6 所示。

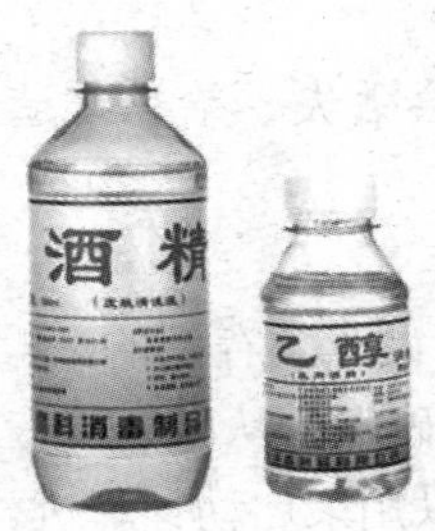

图8-5 酒精

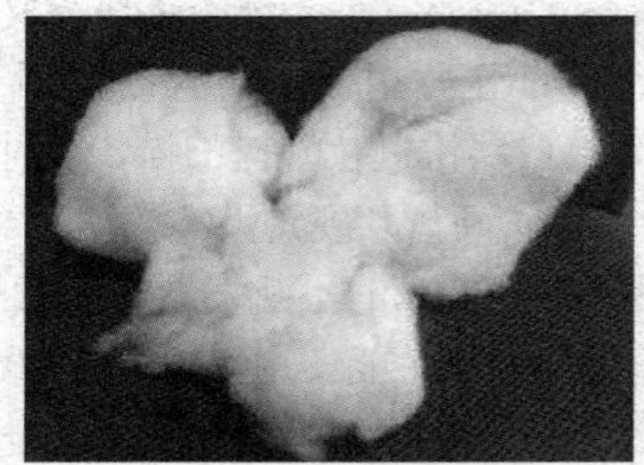

图8-6 棉花

（6） 清洗光盘套装。

清洗光盘套装用来清洁光驱的激光头或磁头。

（二） 了解计算机硬件的日常维护要领

多数计算机故障都是由于用户缺乏必要的日常维护或维护方法不当而造成的。加强日常维护既能防患于未然，又能将故障所造成的损失减少到最低程度，并最大限度地维持计算机的使用寿命。计算机硬维护是指在硬件方面对计算机进行维护。

1. 硬盘的维护

目前，计算机故障 30%以上来自硬盘的损坏，其中有相当一部分原因是用户未根据硬盘特点采取切实可行的维护措施所致。因此，硬盘在使用中必须加以正确维护，否则容易导致硬盘故障而缩短使用寿命，甚至殃及存储的数据，给用户带来不可挽回的损失。

图 8-7 给出了硬盘使用和保养时的注意事项。

图8-7 硬盘的保养

硬盘使用中具体应注意以下问题。

（1） 硬盘进行读、写时处于高速旋转状态，不能突然关闭电源，否则将导致磁头与盘片猛烈摩擦，从而损坏硬盘。

（2） 用户不能自行拆开硬盘盖，以免灰尘或异物进入盘内，在硬盘进行读、写操作时划伤盘片或磁头。

（3） 硬盘在进行读、写操作时，较大的震动会导致磁头与数据区撞击使盘片数据区损坏，因此在主轴电机尚未停转之前严禁搬运硬盘。

（4） 硬盘的主轴电机和驱动电路工作时都要发热，在使用中要严格控制环境温度。在炎热的夏季，环境温度一般在 40℃，要特别注意检测硬盘。

（5） 在温湿的季节，要注意使环境干燥或经常给系统加电，靠自身的发热将机内水汽蒸发掉。

（6） 尽可能不要使硬盘靠近强磁场，如音箱、喇叭、电机、电台等，以免硬盘中所记录的数据因磁化而受到破坏。

（7） 病毒对硬盘中存储的信息威胁很大，应定期使用较新版本的杀毒软件对硬盘进行病毒检测，发现病毒应立即采取办法清除。

（8） 尽量避免对硬盘进行格式化，因为格式化会丢失全部数据并缩短硬盘的使用寿命。

2. 显示器的维护

显示器作为计算机的“脸面”，是用户与计算机沟通的桥梁。据统计，显示器故障有50%是由于环境条件差引起的，操作不当或管理不善导致的故障约占 30%，真正由于质量差或自然损坏的故障只占 20%，可见环境条件和人为因素是造成显示器故障的主要原因。

图 8-8 给出了 LCD 显示器使用和保养时的注意事项。

清洁显示器时要小心
禁止水分进入显示器
不要拆卸显示器
不要长时间工作

图8-8 LCD 显示器的保养

LCD 显示器使用中具体应注意以下问题。

（1） 禁止液体进入显示器。因为水分会损害 LCD 的元器件，会导致液晶电极腐蚀，造成永久性的损害。

（2） 不要显示器长时间处于开机状态连续 72 小时以上。建议在不用的时候把它关掉或者将它的显示亮度调低，注意屏幕保护程序的运行等。

（3） 在使用清洁剂时，注意不要把清洁剂直接喷到屏幕上，这有可能流到屏幕里造成短路。正确的做法是用软布沾上清洁剂轻轻地擦拭屏幕。

（4） LCD 显示器的抗撞击能力很弱，许多灵敏的电器元件在遭受撞击时会损坏，所以在使用 LCD 显示器时一定要防止磕碰。

（5） 不要随便拆卸 LCD 显示器。在显示器工作时，内部会产生高电压，LCD 背景照明组件中的 CFL 交流器在关机很长时间后依然可能带有高达 1000V 的电压，擅自拆卸可能会给人身带来伤害。

3. 光驱的维护

要保持光驱的良好运行性能、避免故障、维持光驱的使用寿命，对光驱进行日常的保养和维护尤其重要。

图 8-9 给出了光驱使用和保养时的注意事项。

少用光驱看 VCD
降低光驱读取速度
注意光驱的环境温度
用单独数据线连接
使用数据缓冲技术
避免光盘久置光驱
疾如风 静如林
22x
DVD刻录机
SAMSUNG

图8-9 光驱的保养

光驱使用中具体应注意以下问题。

（1） 将光盘置于光驱内，即使不读盘，也会驱动光驱旋转，这样不但会加大光驱的机械磨损，还可能导致数据损坏。在不使用光盘时，应将其从光驱中取出。

（2） 少用光驱看 VCD（或 DVD）。在播放 VCD 的过程中，光驱必须数小时连续不停地读取数据。如果 VCD 碟片质量得不到保证，光驱在播放过程中还要频繁启动纠错功能，反反复复地读取数据，对光驱寿命及性能造成损害。用户应将 VCD 内容复制到硬盘上进行欣赏。

（3） 使用干净、质量好的光盘对延长光驱寿命是很重要的，所以不要随意放置光盘，不把粘有灰尘油污的光盘放在光驱中，不使用盗版光盘等。

4. 其他部件的维护

对计算机其他组件也要进行定期的维护，平时要进行经常性的检查，及时发现和处理硬件问题，以防止故障扩大。

（1） 其他常用部件的维护要点。

以下常用部件的使用注意事项如下。

- 主板：要注意防静电和形变。静电可能会损坏 BIOS 芯片和数据、损坏各种晶体管的接口门电路；板卡变形后会导致线路板断裂、元件脱焊等严重故障。
- CPU：CPU 是计算机的“心脏”，要注意防高温和高压。高温容易使内部线路发生电子迁移，缩短 CPU 的寿命；高压很容易烧毁 CPU，所以超频时尽量不要提高内核电压。
- 内存：要注意防静电，超频时也要小心，过度超频极易引起黑屏，甚至使内存发热损坏。
- 电源：要注意防止反复开机、关机。
- 键盘：要防止受潮、沾尘、拉拽及受潮腐蚀等。沾染灰尘会使键盘触点接触不良，操作不灵，拖拽易使键盘线断裂，使键盘出现故障。
- 鼠标：要防灰尘、强光及拉拽。滚轴上沾上灰尘会使鼠标机械部件运作不灵；强光会干扰光电管接收信号；拉拽会使鼠标线断裂，使鼠标失灵。

（2） 其他常用部件的维护步骤。

进行全面维护时应准备上面提到的维护工具，然后按下面的步骤进行。

- 切断电源，将主机与外围设备之间的连线拔掉，用吹气球细心地吹掉板卡上的灰尘，尤其要清除面板进风口附近和电源排风口附近以及板卡插接部件的灰尘，同时应用台扇吹风，以便将吹气球吹起的灰尘和机箱内壁上的灰尘带走。

- 计算机的排风主要靠电源风扇，因此电源盒里积累的灰尘最多，将电源盒拆开，用吹气球仔细清扫干净。
- 如果要拆卸主板上的配件，再次安装时要注意位置是否准确、插槽是否插牢、连线是否正确等。
- 用酒精和棉花配合将显示器屏幕擦拭干净。
- 将鼠标的后盖拆开，将滚动轴上的杂物清理干净，最好用沾有酒精的药棉进行清洗晒干。
- 用吹气球将键盘键位之间的灰尘清理干净。

任务二　掌握磁盘的清理和维护技巧

磁盘是存储数据的场所，是计算机中的能源仓库，因此，用户在使用计算机时需要定期对磁盘定期维护以提高磁盘使用性能并保障数据安全。

（一）清理磁盘

计算机在使用过程中会产生一些临时文件，这些文件不但会占据一定的磁盘空间，还会降低系统的运行速度，因此需要定期清理磁盘。

【操作步骤】

STEP 1　打开【计算机】窗口，在需要清理的磁盘上单击鼠标右键，在弹出的菜单中选取【属性】选项，如图 8-10 所示。

STEP 2　在【磁盘属性】对话框的【常规】选项卡中单击磁盘清理(D)按钮，如图 8-11 所示。

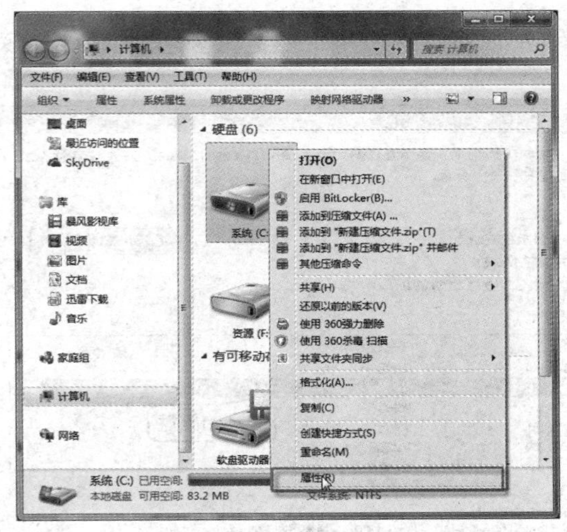

图8-10　启动属性设置

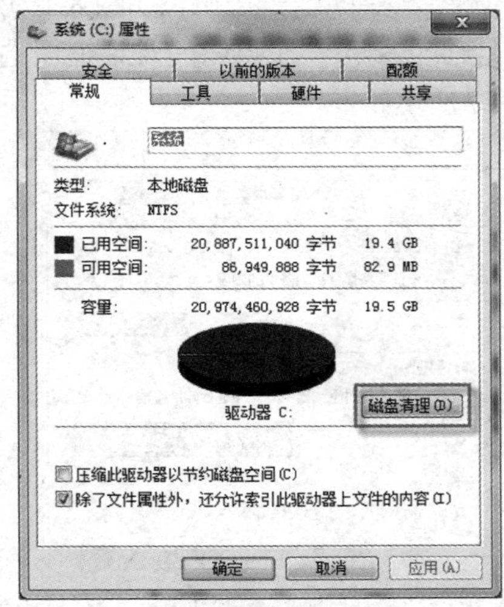

图8-11　属性菜单

STEP 3　系统开始计算可以在当前磁盘上释放多少空间，如图 8-12 所示。

STEP 4　计算完毕后打开【磁盘清理】对话框，在【要删除的文件】列表框中选中要清理的文件类型，然后单击确定按钮，如图 8-13 所示。

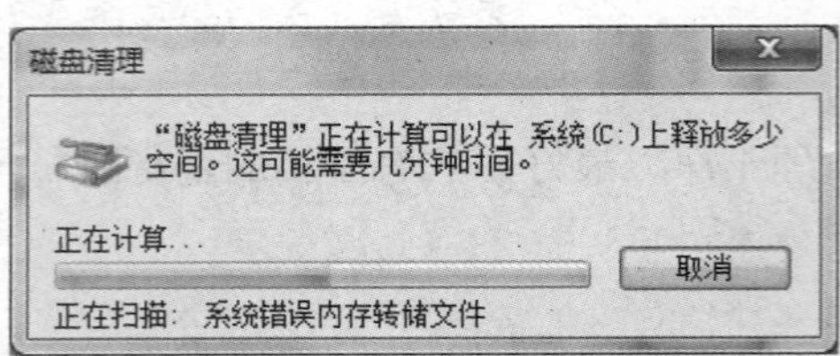

图8-12　清理磁盘

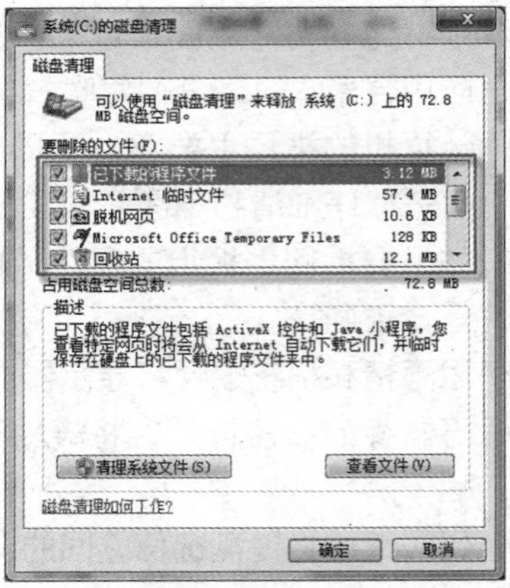

图8-13　选取清理的内容

STEP 5　系统弹出询问对话框，单击 删除文件 按钮，如图 8-14 所示。

STEP 6　系统开始删除文件，如图 8-15 所示。

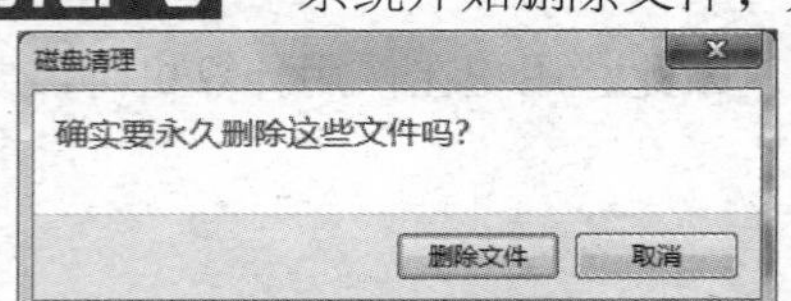

图8-14　确认清理

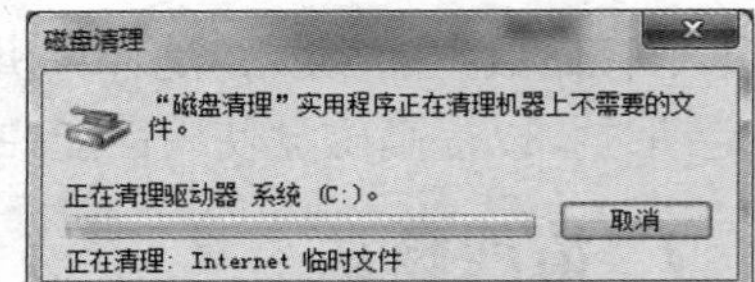

图8-15　清理文件

（二）　整理磁盘碎片

使用计算机时，用户需要经常安装或卸载程序，同时还要大量转移文件，这将导致计算机中存在大量碎片文件（这就是磁盘上的不连续文件），这些文件需要定期整理。

【操作步骤】

STEP 1　使用上述方法打开磁盘属性文件，切换到【工具】选项卡，单击 立即进行碎片整理(D)... 按钮，如图 8-16 所示。

STEP 2　在弹出的对话框中选择要整理的磁盘，然后单击 分析磁盘(A) 按钮，如图 8-17 所示。

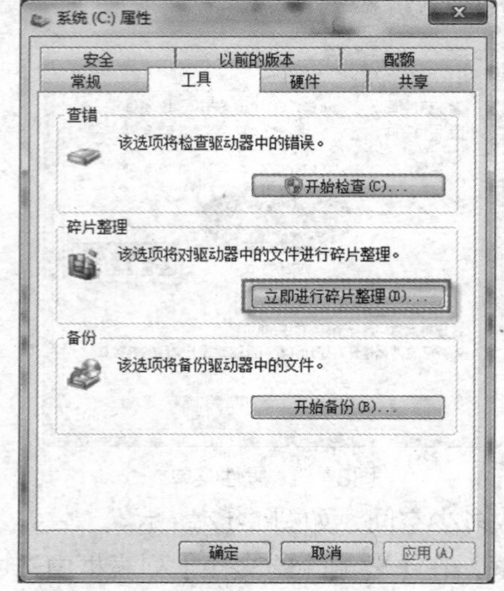

图8-16　属性窗口

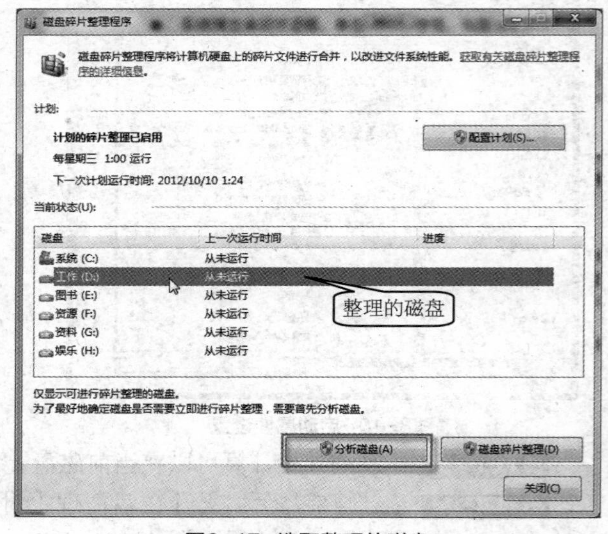

图8-17　选取整理的磁盘

STEP 3 系统开始分析磁盘文件数量、使用频率以及碎片状况，如图 8-18 所示。分析完成后将显示磁盘上碎片所占比例，如图 8-19 所示。

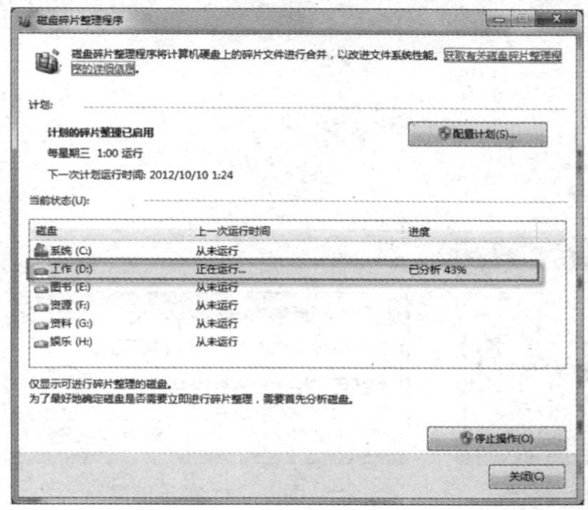

图8-18 分析磁盘

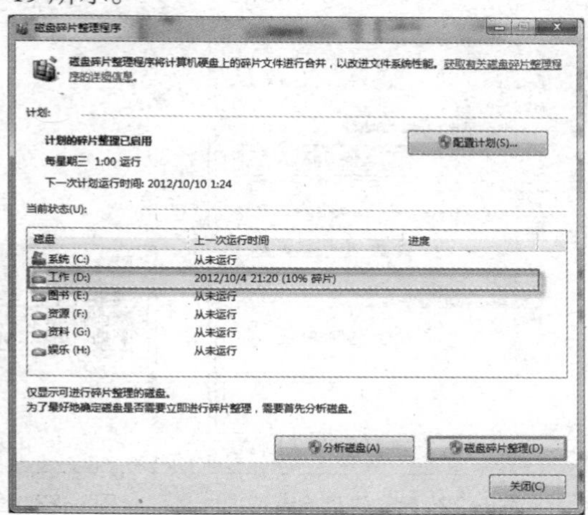

图8-19 显示分析结果

STEP 4 单击 磁盘碎片整理(D) 按钮后系统开始整理碎片，如图 8-20 所示，用户需要等待一段时间。整理完毕后，单击 关闭(C) 按钮。

磁盘分析后，如果碎片率比较低，可以不必整理磁盘。磁盘碎片整理比较耗费时间，最好安排在工作之外的时间进行，比如晚间，还可以在图 8-20 中单击 配置计划(S)... 按钮打开图 8-21 所示对话框设置定期整理计划。

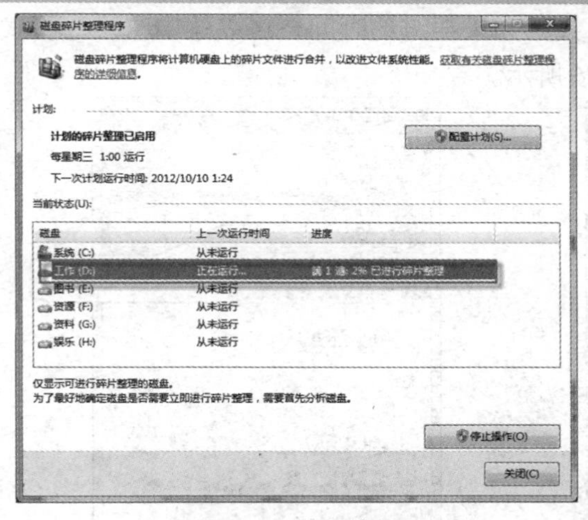

图8-20 分析结果

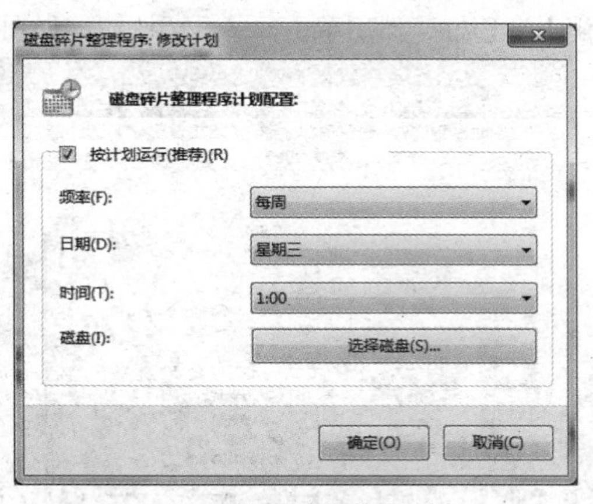

图8-21 设置定期整理计划

（三） 检查磁盘错误

磁盘分区在运行中可能会产生错误，从而危害数据安全，使用检查磁盘错误操作可以检查磁盘错误并进行修复操作。

【操作步骤】

STEP 1 使用上述方法打开磁盘属性文件，切换到【工具】选项卡，单击 开始检查(C)... 按钮，如图 8-22 所示。

STEP 2 在图 8-23 中选中两个复选框，然后单击 开始(S) 按钮。

STEP 3 如果磁盘当前正在使用，则弹出图 8-24 所示对话框。单击【计划磁盘检查】按钮。当下一次启动 Windows 7 时，计算机将自动检测磁盘错误。

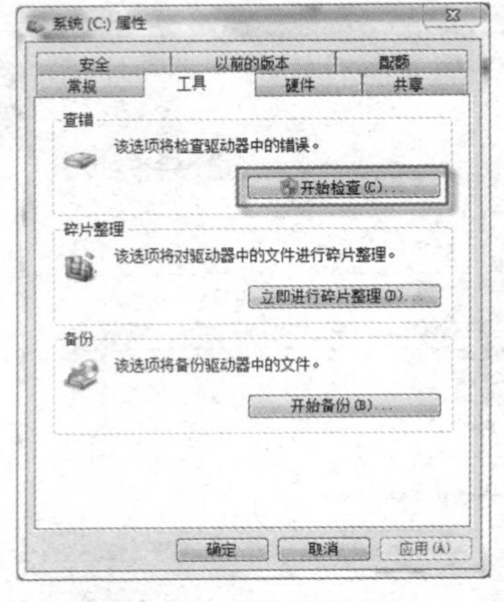

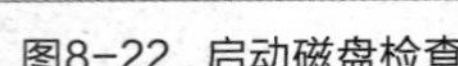
图8-22 启动磁盘检查

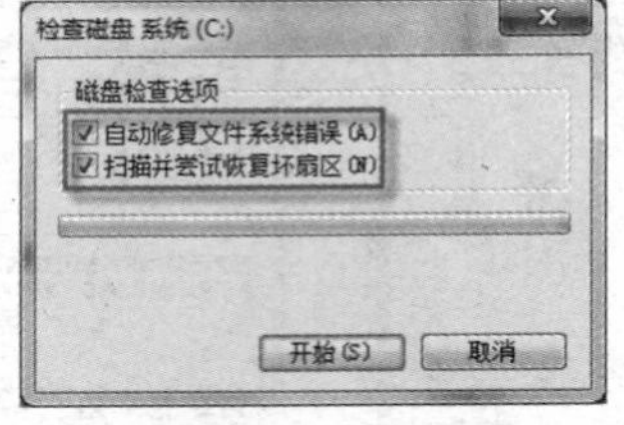

图8-23 设置检查参数

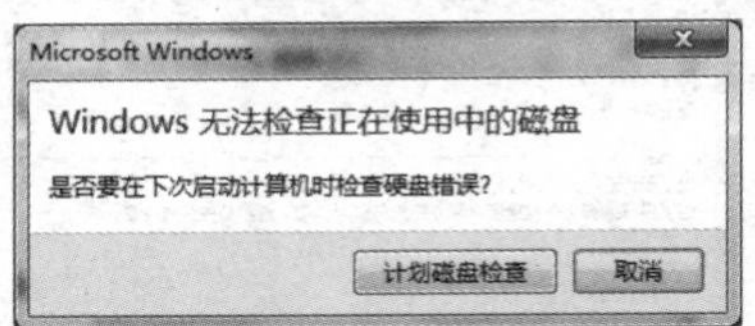

图8-24 提示信息

（四）格式化磁盘

格式化磁盘将彻底删除磁盘上的数据或者将磁盘设置为新的分区格式。

【操作步骤】

STEP 1 在需要格式化的磁盘上单击鼠标右键，在弹出的菜单中选取【格式化】命令，如图 8-25 所示。

STEP 2 在弹出的窗口中选取分区格式，如果要节约时间，可以选中【快速格式化】复选框，然后单击【开始(S)】按钮，如图 8-26 所示。

图8-25 启动格式化操作

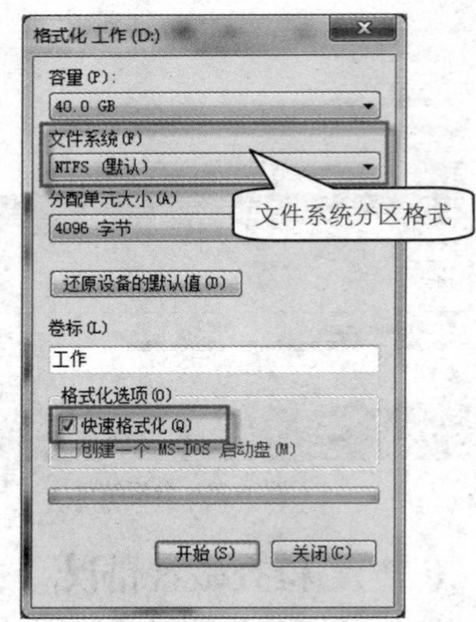

图8-26 设置格式化参数

知识提示

目前常用的文件系统分区格式主要有 FAT32 和 NTFS 两种。FAT32 支持的单个分区最大容量为 32GB，主要支持早期的 Windows 系统；NTFS 的安全性和稳定性很好，使用中不易产生文件碎片，比 FAT32 能更有效地管理磁盘空间，最大限度地避免了磁盘空间的浪费，是当前最常用的分区格式。

STEP 3 由于磁盘格式化会导致数据丢失，在正式操作前，系统通常会弹出图 8-27 所示询问对话，如果确认格式化操作，则单击确定按钮。

STEP 4 格式化完成弹出图 8-28 所示对话框，单击确定按钮。

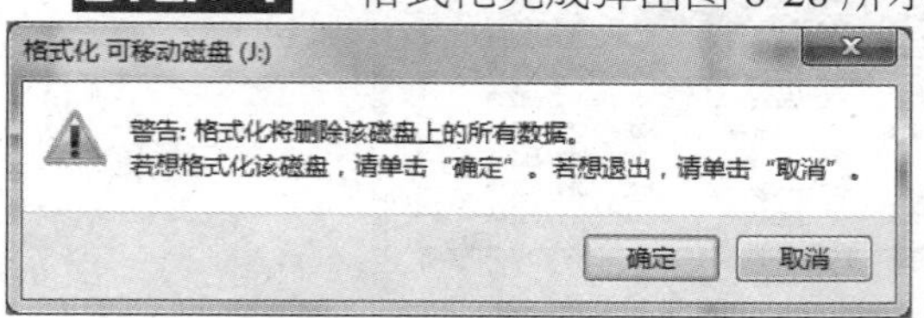

图8-27 提示信息

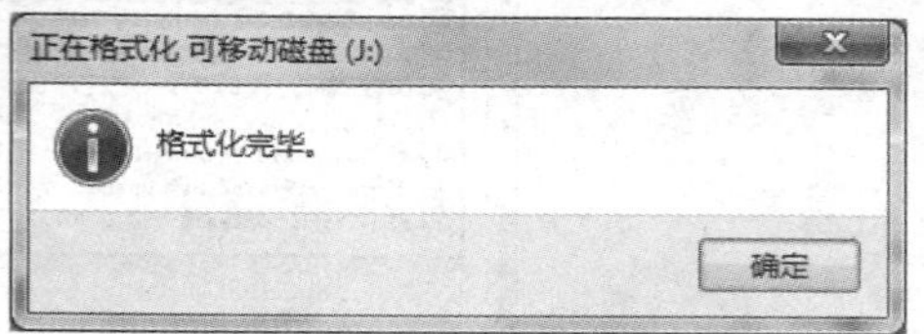

图8-28 格式化完毕

不能对 Windows 7 的系统盘进行格式化。由于格式化会删除分区上原来所有数据，因此在格式化操作前，对于有用的文件应将其转移到别的分区后再格式化。

任务三　优化计算机系统

通过对电脑的优化操作可以提升电脑的运行速度，提高电脑的工作效率。

（一） 优化开机启动项目

在电脑中安装应用程序或系统组件后，部分程序会在系统启动时自动运行，这将影响系统的开机速度，用户可以关闭不需要的启动项来提升运行速度。

【操作步骤】

STEP 1 打开【控制面板】窗口，切换到【大图标】视图，单击【管理工具】选项，如图 8-29 所示。

STEP 2 在打开的【管理工具】窗口中双击【系统配置】选项，如图 8-30 所示。

图8-29 启动管理工具

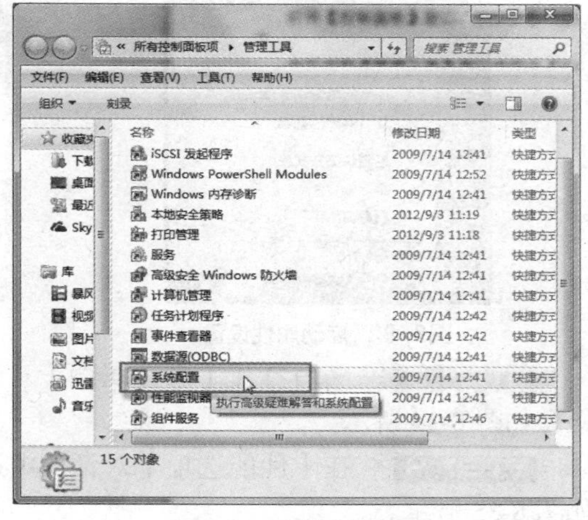

图8-30 启动系统配置

STEP 3 在打开的【系统配置】对话框中切换到【启动】选项卡，在列表框中取消选中不需要启动电脑时运行的项目，如图 8-31 所示，然后单击确定按钮。

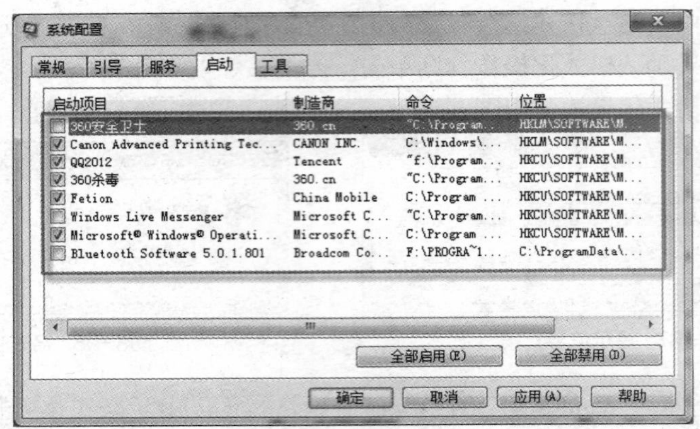

图8-31 选取开机启动项目

(二) 设置虚拟内存

虚拟内存是系统在硬盘上开辟的一块存储空间，用于在 CPU 与内存之间快速交换数据。当用户运行大型程序时，可以通过设置虚拟内存来提高程序的运行效率。

【操作步骤】

STEP 1 在桌面上的【计算机】图标上单击鼠标右键，在弹出的菜单中选取【属性】选项，如图 8-32 所示。

STEP 2 在打开的【系统】窗口中单击【高级系统设置】选项，如图 8-33 所示。

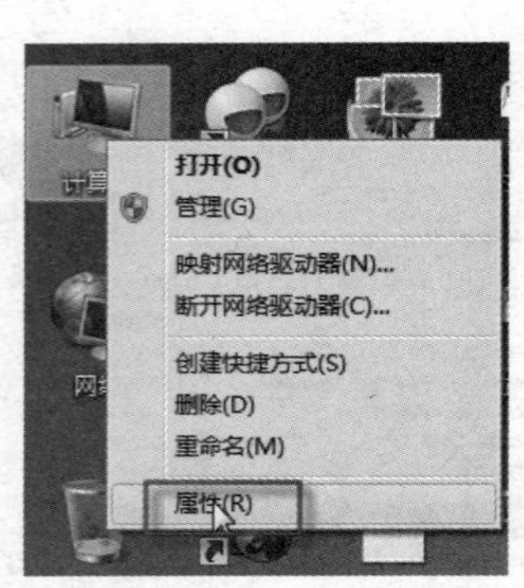

图8-32 启动属性设置

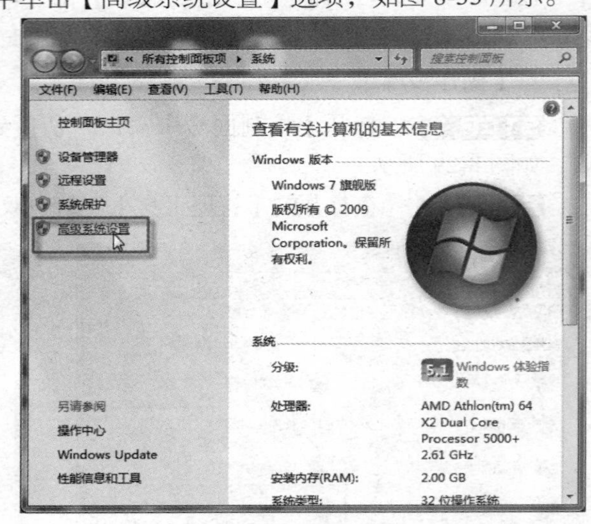

图8-33 【系统】窗口

STEP 3 随后打开【系统属性】对话框，切换到【高级】选项卡，单击设置(S)...按钮，如图 8-34 所示。

STEP 4 在【性能选项】对话框中选中【高级】选项卡，然后单击更改(C)...按钮，如图 8-35 所示。

STEP 5 在【虚拟内存】对话框中取消选中【自动管理所有驱动器的分页文件大小】复选项，在【驱动器】列表中选择设置虚拟内存的磁盘分区。选中【自定义大小】选项，按照图 8-36 所示设置虚拟内存数值，最后单击设置(S)按钮，设置结果如图 8-37 所示。

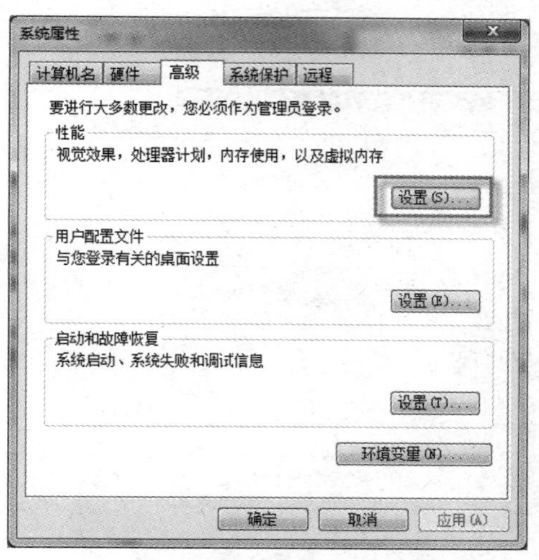

图8-34 【系统属性】窗口

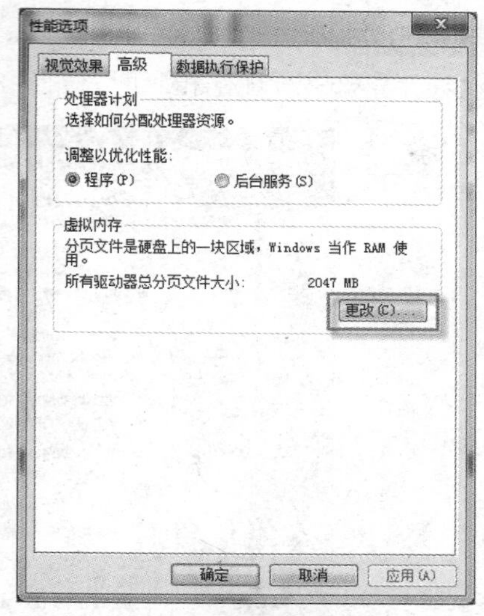

图8-35 更改虚拟内存

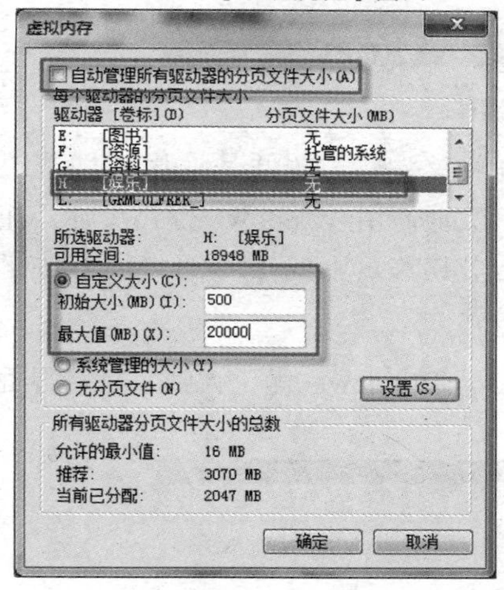

图8-36 修改虚拟内存大小

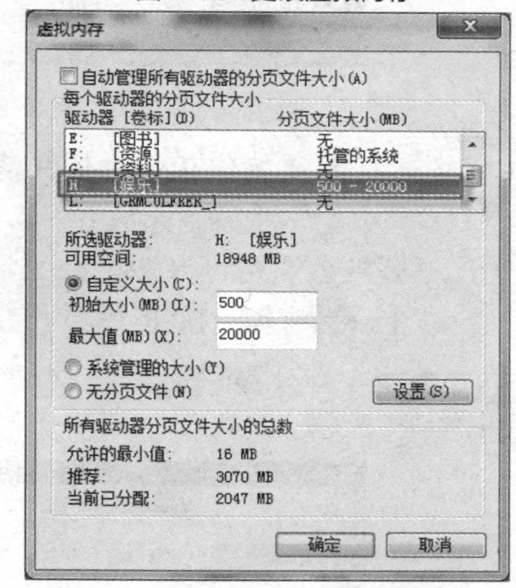

图8-37 修改结果

STEP 6 使用同样的方法为其他磁盘设置虚拟内存，然后单击 确定 按钮。

STEP 7 根据系统提示重启系统使设置生效。

（三） 使用 Windows 优化大师优化系统

Windows 优化大师是一款功能强大的系统辅助软件，提供了全面、有效、简便、安全的系统检测、系统优化、系统清理、系统维护四大功能模块及数个附加的工具软件，能够有效地帮助用户了解自己的计算机软硬件信息，简化操作系统设置步骤，提升计算机运行效率，清理系统运行时产生的垃圾，修复系统故障及安全漏洞，维护系统的正常运转。

本操作将以 Windows 优化大师 V7.99 版本为例对其如下功能进行讲解。

1. 系统检测

计算机用户若要了解系统的软硬件情况和系统的性能，如 CPU 速度、内存速度、显卡速度等，Windows 优化大师系统信息检测功能可提供详细报告，让用户完全了解自己的计算机。下面将介绍使用 Windows 优化大师检测系统信息的方法与技巧。

【操作步骤】

STEP 1 启动 Windows 优化大师 V 7.99 版本，单击开始选项，选择首页，可以快速地对计算机进行优化和清理，如图 8-38 所示。

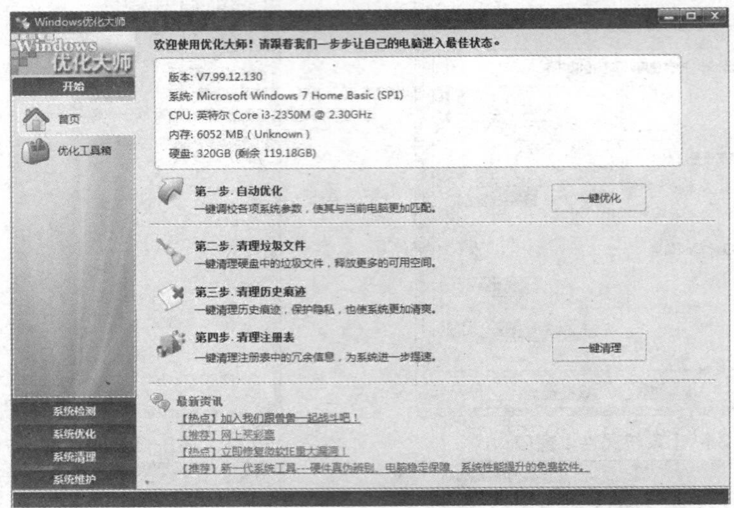

图8-38 快速优化和清理

> **知识提示** 系统的优化、维护和清理常常让初学者头痛，即便是使用各种系统工具，也常常感到无从下手。为了简便、有效地使用 Windows 优化大师，让计算机系统始终保持良好的状态，可以单击其首页上的【一键优化】按钮和【一键清理】按钮，快速完成。

STEP 2 单击开始选项，选择优化工具箱，打开 Windows 优化大师工具箱界面，如图 8-39 所示。

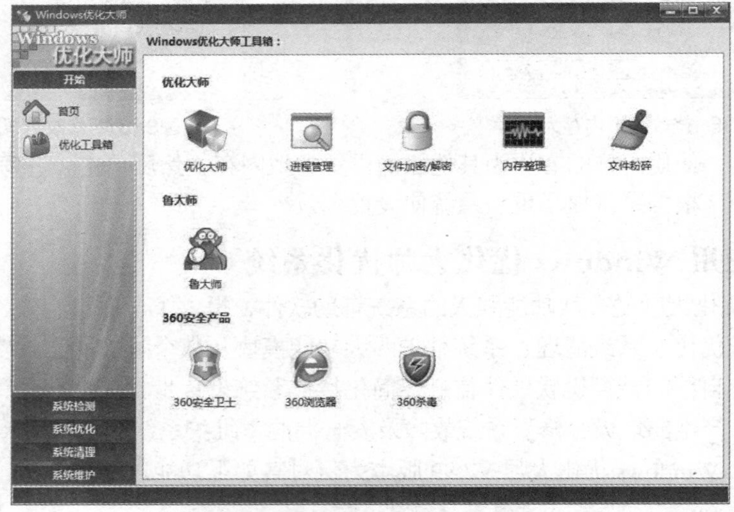

图8-39 处理器与主板信息

STEP 3 单击系统检测选项，将展开系统信息卷展栏，有 3 个选项按钮，如图 8-40 所示，其用法如表 8-1 所示。

图8-40　处理器与主板信息

表 8-1　系统检测项目的用途

按钮	功能
系统信息总览	显示该计算机系统和设备的总体情况
软件信息列表	显示计算机上的软件资源信息
更多硬件信息	显示计算机上的主要硬件信息

2. 系统优化

Windows 系统的磁盘缓存对系统的运行起着至关重要的作用，对其合理的设置也相当重要。由于设置输入/输出缓存要涉及内存容量及日常运行任务的多少，因而一直以来操作都比较烦琐。下面将介绍如何通过 Windows 优化大师简单地完成对磁盘缓存/内存及文件等系统的优化。

【操作步骤】

STEP 1　选择系统优化模块。

启动 Windows 优化大师，进入主界面。单击【系统优化】选项，展开卷展栏，如图 8-41 所示，主要优化项目的用法如表 8-2 所示。

表 8-2　系统优化项目的用途

按钮	功能
磁盘缓存优化	优化磁盘缓存，提高系统运行速度
桌面菜单优化	优化桌面菜单，使之有序整洁
文件系统优化	优化文件系统，便于文件管理和文件操作
网络系统优化	优化网络系统，提升网络速度
开机速度优化	优化开机速度，缩短开机时间

续 表

按钮	功能
系统安全优化	优化系统安全，防止系统遭受侵害
系统个性设置	进行系统个性化配置，满足用户需求
后台服务优化	优化系统后台服务的项目
自定义设置项	自定义其他优化项目

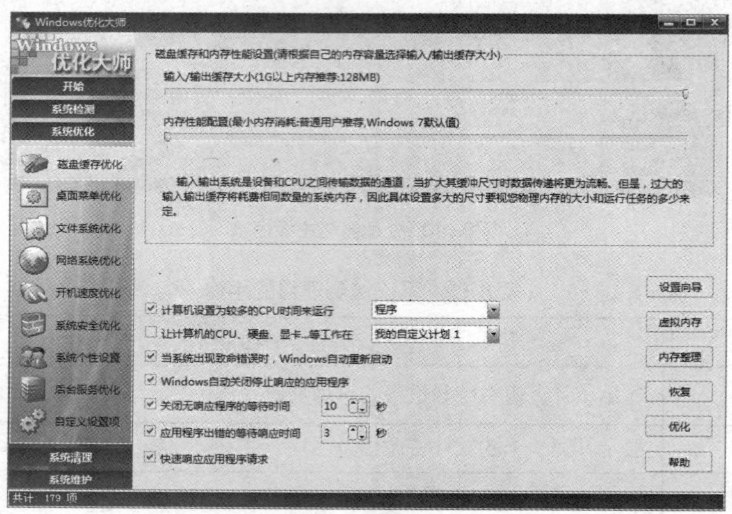

图8-41 【磁盘缓存优化】选项卡

STEP 2 设置【设置磁盘缓存优化】参数。

（1） 左右移动【磁盘缓存和内存性能设置】选项下的滑块，可以完成对磁盘缓存和内存性能的设置，选中或取消选中窗口下方的复选框可完成对磁盘缓存的进一步优化，如图 8-42 所示。

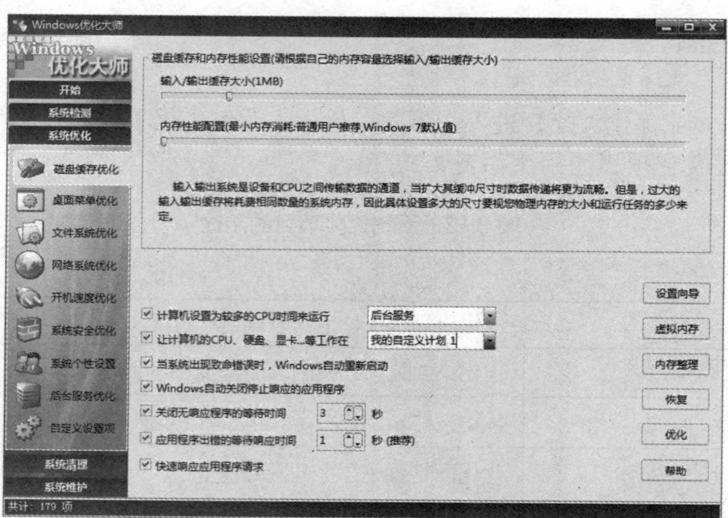

图8-42 磁盘缓存设置

在磁盘缓存优化的设置中，将【计算机设置为较多的 CPU 时间来运行】选项设置为“应用程序”，可以提高程序运行的效率。

（2） 单击设置向导按钮，打开【磁盘缓存设置向导】对话框，如图 8-43 所示。

（3） 单击下一步按钮，开始磁盘缓存设置，进入选择计算机类型界面，如图 8-44 所示。根据用户的实际情况选择计算机类型，这里选中【Windows 标准用户】单选按钮。

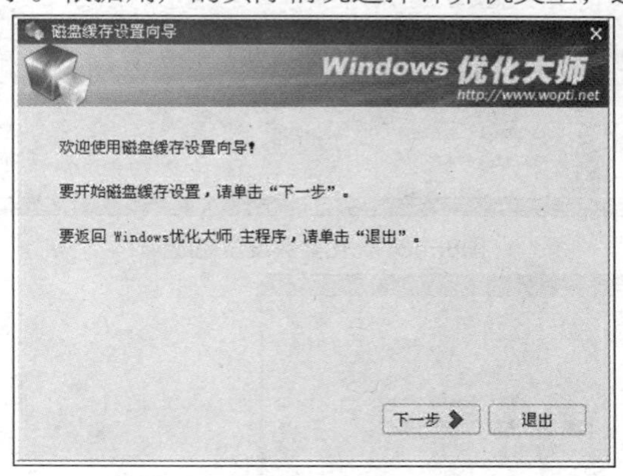

图8-43 【磁盘缓存设置向导】对话框

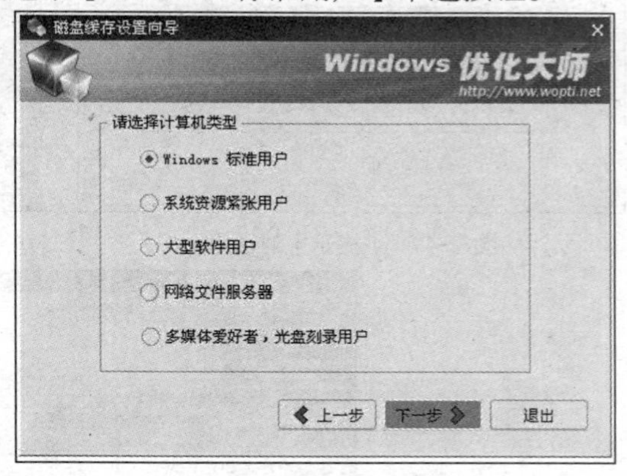

图8-44 选择计算机类型

（4） 单击下一步按钮，进入优化建议界面，如图 8-45 所示。

（5） 单击下一步按钮，完成磁盘优化设置向导，如图 8-46 所示。用户可以根据需要选中【是的，立刻执行优化】复选框，部分设置需要重新启动计算机后才能生效。

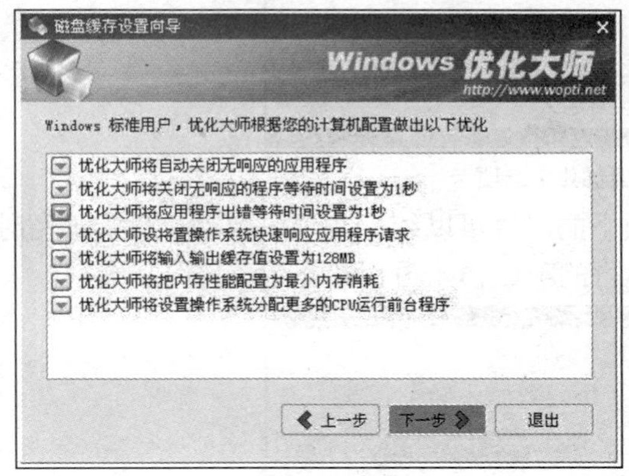

图8-45 优化建议

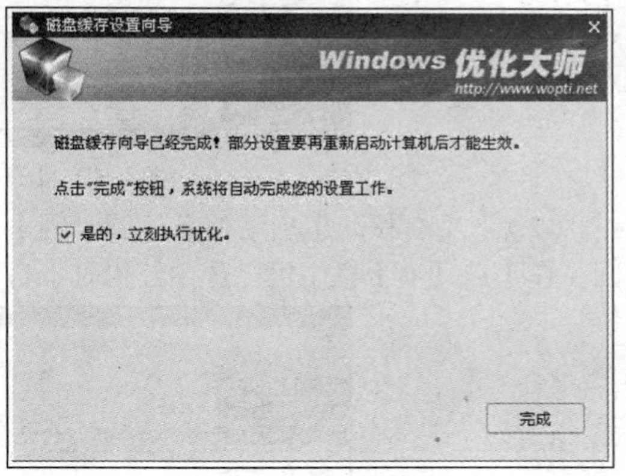

图8-46 完成设置向导

（6） 单击完成按钮，将弹出【提示】对话框，如图 8-47 所示。

（7） 单击确定按钮，返回到【磁盘缓存优化】选项卡，此时相关优化参数已经设置完成，如图 8-48 所示。

（8） 单击优化按钮即可进行磁盘缓存的优化。

STEP 3 设置【开机速度优化】参数。

（1） Windows 优化大师主界面上单击【系统优化】模块下的开机速度优化选项，打开【开机速度优化】选项卡，如图 8-49 所示。

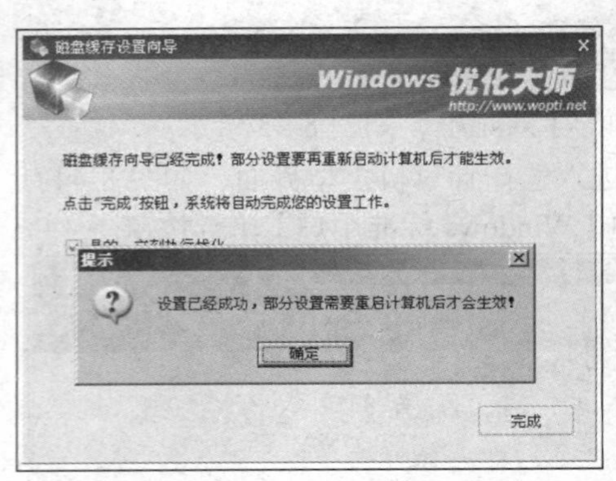

图8-47 【提示】对话框

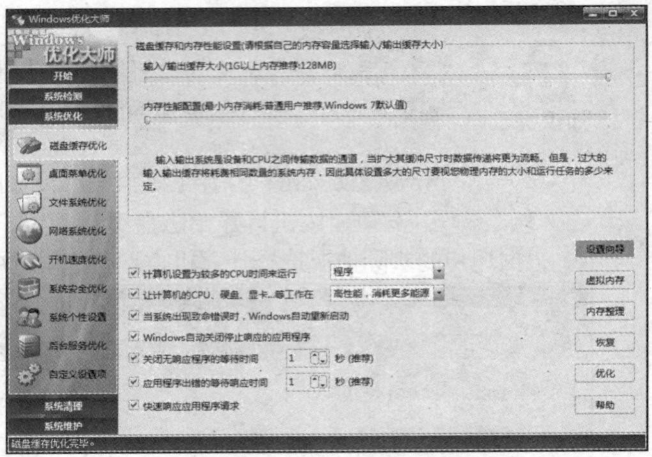

图8-48 优化参数设置完成

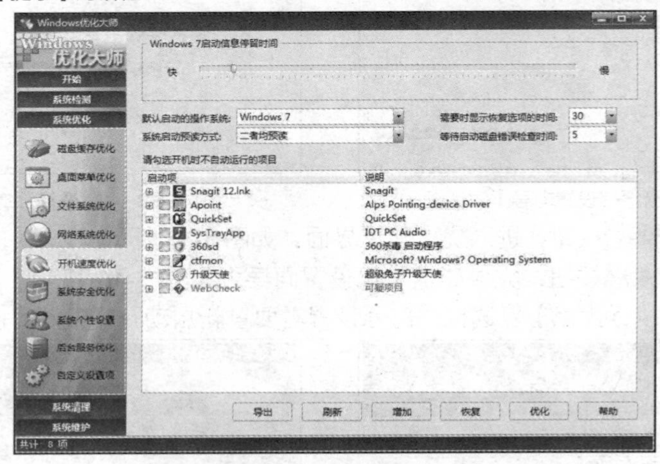

图8-49 【开机速度优化】选项卡

（2） 左右移动【启动信息停留时间】选项下的滑块可以缩短或延长启动信息的停留时间，在【启动项】栏中可以选中开机时不自动运行的项目，如图 8-50 所示。

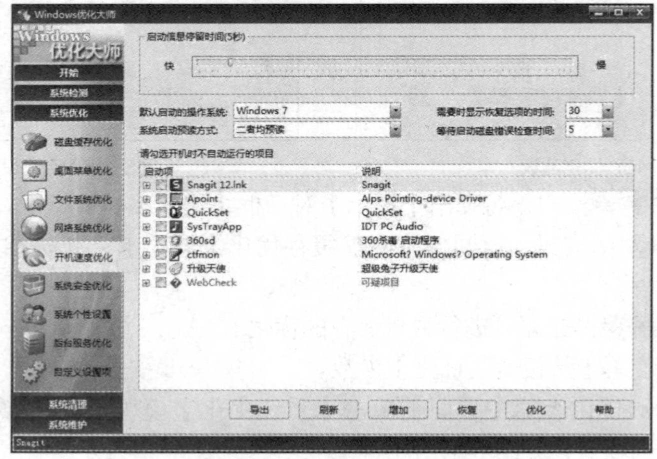

图8-50 开机速度优化设置

（3） 设置完成后，单击 优化 按钮，即可对开机速度进行优化。

3. 系统清理

注册表中的冗余信息不仅影响其本身的存取效率，还会导致系统整体性能的降低。因此，Windows 用户有必要定期清理注册表。另外，为以防不测，注册表的备份也是很必要的。下面将具体介绍使用 Windows 优化大师完成注册表的优化和备份的技巧与方法。

【操作步骤】

STEP 1 启动 Windows 优化大师，进入其主界面。单击【系统清理】选项，展开卷展栏，如图 8-51 所示，主要清理项目用法如表 8-3 所示。

表 8-3 主要系统清理项目的用法

按钮	功能
注册信息清理	清理注册表，为注册表瘦身
磁盘文件管理	管理磁盘文件，便于文件的存取
冗余DLL 清理	清理系统中多余的 DLL 文件，提升系统运行速度
ActiveX 清理	清理系统中的 ActiveX 控件，提升系统运行速度
软件智能卸载	对系统软件进行智能化卸载操作
历史痕迹清理	清理系统中的操作痕迹和历史记录信息
安装补丁清理	清理系统中软件补丁

STEP 2 清理注册表信息。

（1） 单击 Windows 优化大师主界面上的【系统清理】模块下的 注册信息清理 按钮，打开【注册信息清理】选项卡，如图 8-51 所示。

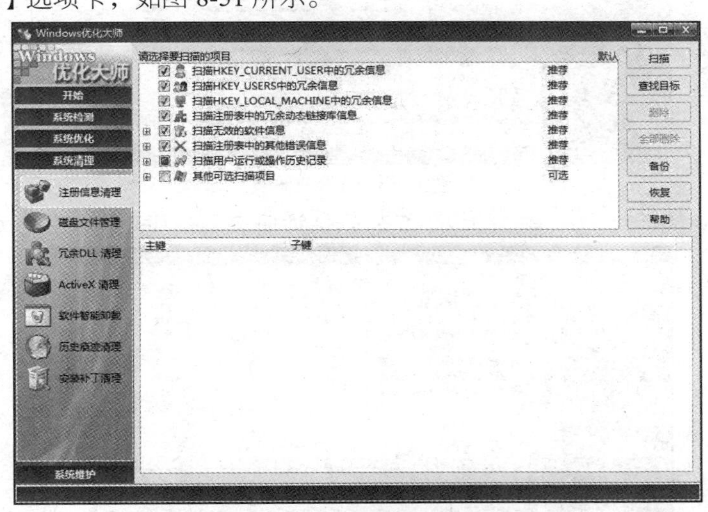

图8-51 【注册信息清理】选项卡

（2） 在窗口上方的列表框中选择要删除的注册表信息，完成后单击 扫描 按钮，在注册表中扫描符合选中项目的注册表信息。

（3） 扫描完成后，在窗口的下方显示出扫描到的冗余注册表信息，如图 8-52 所示。单击 删除 按钮或 全部删除 按钮将部分或全部删除扫描到的信息。

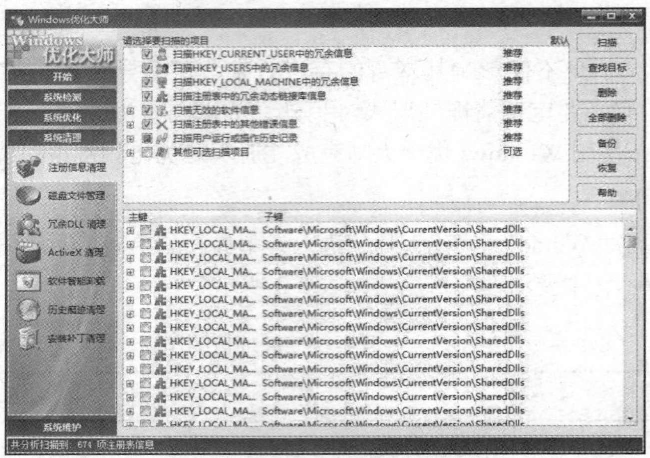

图8-52 扫描到的冗余注册表信息

STEP 3 备份注册表信息。

（1） 在【注册信息清理】选项卡中单击 备份 按钮，Windows 优化大师将自动为用户备份注册表信息，如图 8-53 所示。

图8-53 备份注册表

（2） 备份完成后，会在窗口的左下角显示“注册表备份成功”字样，如图 8-54 所示。

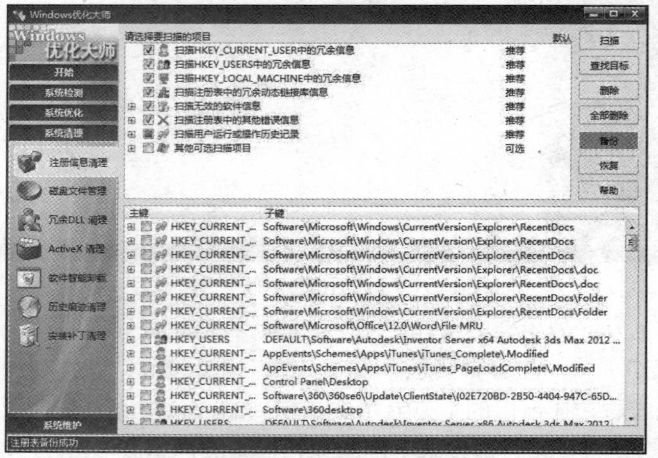

图8-54 注册表备份成功

4. 系统维护

系统使用时间长了，就会产生磁盘碎片，过多的碎片不仅会导致系统性能降低，而且可能造成存储文件的丢失，严重时甚至缩短硬盘寿命，所以用户有必要定期对磁盘碎片进行分析和整理。Windows 优化大师作为一款系统维护工具，为 Windows 用户提供了磁盘碎片的分析和整理功能，帮助用户轻松了解自己硬盘上的文件碎片并进行整理。下面将介绍利用 Windows 优化大师整理磁盘碎片的方法。

【操作步骤】

STEP 1 启动 Windows 优化大师。

启动 Windows 优化大师，进入主界面。单击【系统维护】选项，展开卷展栏，如图 8-55 所示，系统维护的主要内容如表 8-4 所示。

表 8-4 系统维护的主要内容

按钮	功能
系统磁盘医生	对系统磁盘进行故障检测盒诊断
磁盘碎片整理	对磁盘碎片进行整理
其它设置选项	对其他设置选项进行配置
系统维护日志	查看系统维护日志
360 杀毒	对系统进行杀毒操作

STEP 2 磁盘碎片整理。

（1） 单击 Windows 优化大师主界面上【系统维护】模块下 磁盘碎片整理 选项，打开【磁盘碎片整理】选项卡，如图 8-55 所示。

（2） 选中要整理的盘，然后单击右边的 分析 按钮，Windows 优化大师将自己分析所选中的盘，分析完成后单击【查看报告】对话框，对话框中给出 Windows 优化大师的建议、磁盘状态等相关信息，如图 8-56 所示。

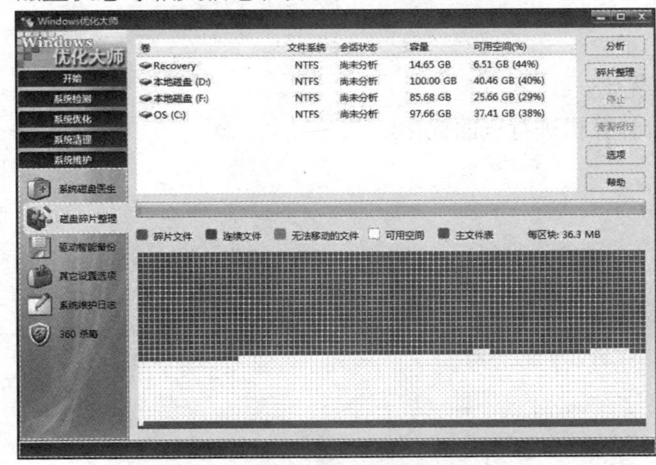

图8-55 【磁盘碎片整理】选项卡

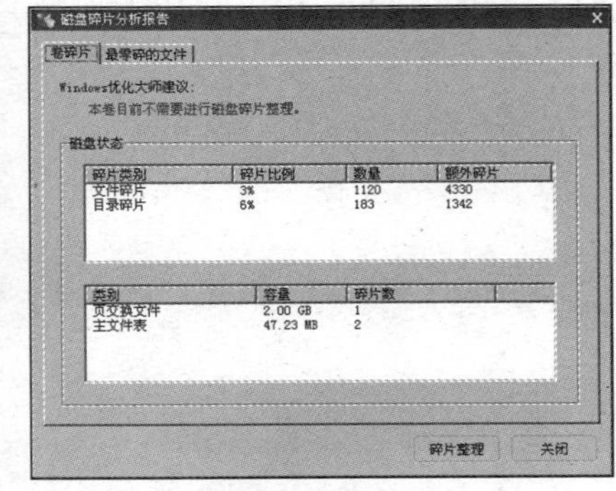

图8-56 【磁盘碎片分析报告】对话框

（3） 单击 碎片整理 按钮，进入磁盘碎片整理状态，如图 8-57 所示。

（4） 整理完成后会弹出【磁盘碎片整理报告】对话框，如图 8-58 所示。

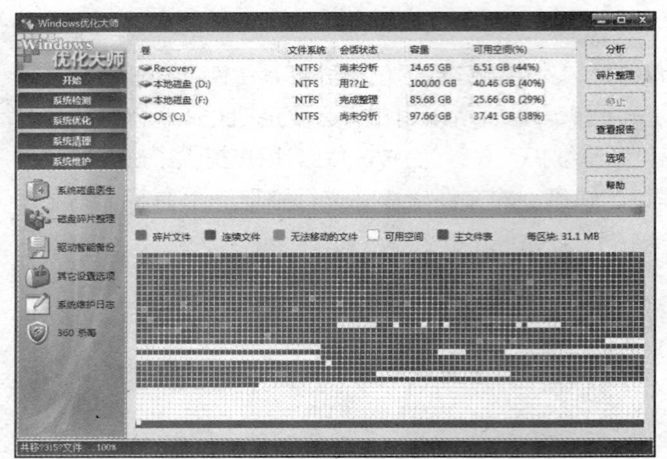

图8-57　碎片整理状态

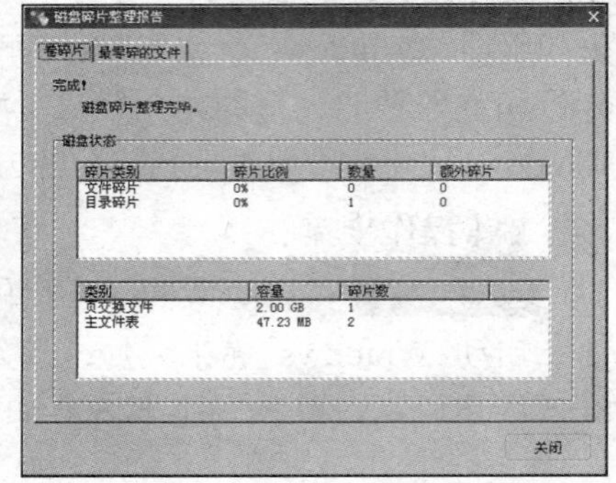

图8-58　【磁盘碎片整理报告】对话框

（5）　单击 关闭 按钮，返回【磁盘碎片整理】选项卡。

小结

计算机虽然是一种精密电子产品，同时也是一种故障率较高的商品。计算机在使用过程中面临着越来越多的系统维护和管理问题，如果不能及时有效地处理好这些问题，将会给正常工作、生活带来影响。因此必须定期对计算机进行日常维护和系统优化，才能确保其具有较为稳定的系统性能。本项目全面介绍了对计算机进行维护和优化的方法和技巧。

习题

1. 简要说明计算机对工作环境的基本要求。
2. 简要说明显示器的日常维护要领。
3. 练习对你的电脑进行碎片整理。
4. 格式化硬盘前需要主要哪些问题？
5. 在一台计算机上完成开机速度优化。
6. 使用 Windows 优化大师对一台计算机进行全面优化。

PART 9

项目九 系统和文件备份与数据恢复

计算机在使用过程中，会不可预知地遇到很多问题，如系统文件被破坏，文件被病毒感染等。遇到这些问题，用户应该采取什么措施来保护这些文件呢？当文件被格式化以后，怎样才能恢复它？操作过程中不小心误删了文件，怎样才能还原它？本项目将详细介绍这些问题的解决方法。

学习目标

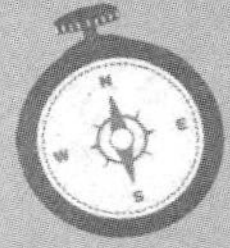

- 掌握用 Ghost 备份和还原系统的方法。
- 掌握备份和还原文件的方法。
- 掌握使用软件恢复数据的方法。

任务一 利用 Ghost 备份与还原系统

Ghost 是一个出色的硬盘备份工具，它可以将一个磁盘中的全部内容复制到另外一个磁盘中，也可以将磁盘内容复制为一个磁盘的镜像文件，还可以为新安装的操作系统创建一个原始磁盘的镜像。

对于一个防御及其他性能都调试得很好的系统可以使用 Ghost 将其备份，当系统瘫痪时再使用 Ghost 还原，以将系统快速恢复到计算机的最佳状态。

（一） 使用 Ghost 对系统进行备份

一般在安装完操作系统、驱动程序和一些常用软件（安装在 C 盘上）后，就用 Ghost 给 C 盘做一个镜像，并把这个镜像存放在其他逻辑盘上（如 D 盘）。

【操作步骤】

STEP 1 进入 BIOS 设置主界面，设置系统启动顺序为从光盘启动，保存并重启计算机。将 Ghost 启动光盘放入光驱中。

STEP 2 进入 Ghost 启动界面，将显示 Ghost 系统信息，如图 9-1 所示。

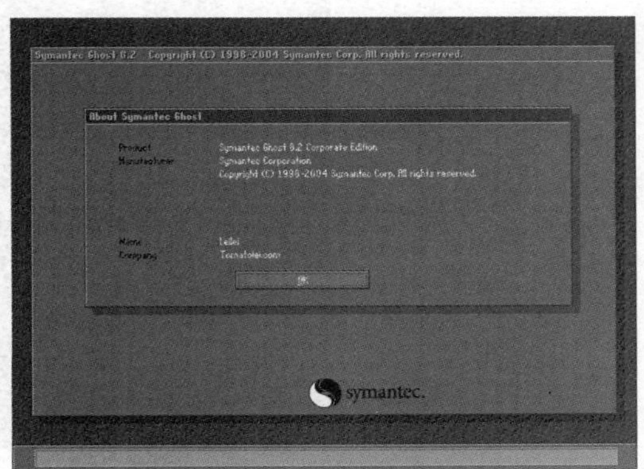

图9-1 Ghost 系统信息

STEP 3 单击 OK 按钮，选择【Local】/【Partition】/【To Image】命令，如图 9-2 所示，弹出图 9-3 所示的对话框，选择用以存放镜像文件的硬盘。如果有多个硬盘，该对话框将会列出所有硬盘以供选择。

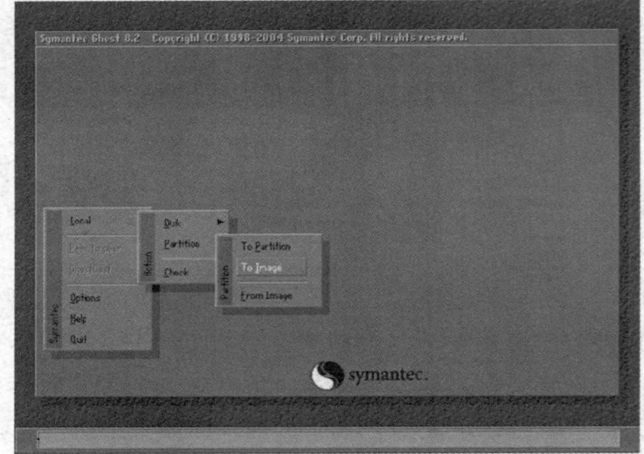

图9-2 选择制作镜像文件

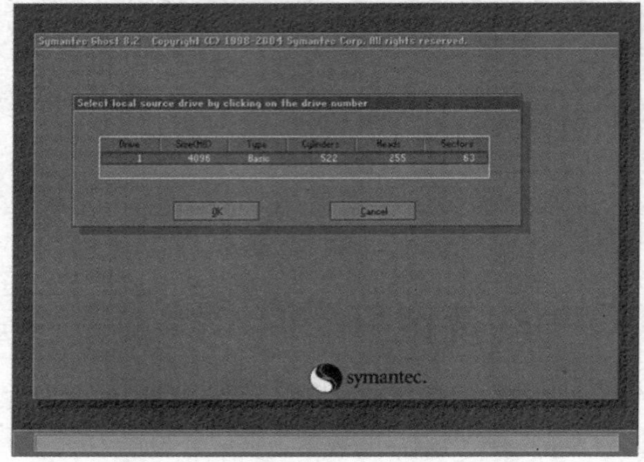

图9-3 选择存放镜像文件的硬盘

STEP 4 单击 OK 按钮，弹出图 9-4 所示的对话框，选择需要做镜像文件的分区，这里选择 1 分区（即 C 盘）。

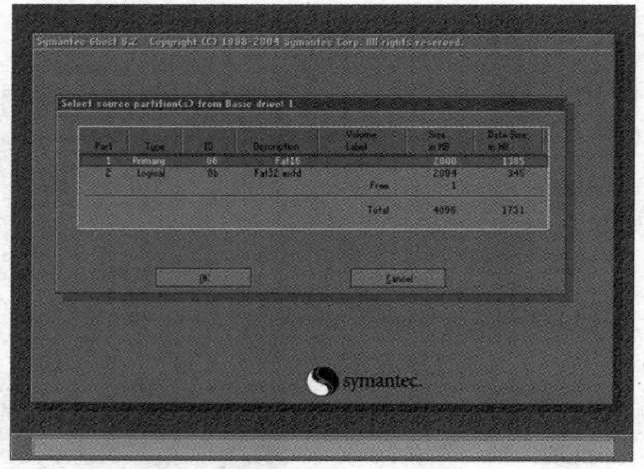

图9-4 选择需做镜像文件的分区

STEP 5　单击 OK 按钮，弹出图9-5所示的对话框，在【Look in】下拉列表中选择镜像文件的保存路径，这里选择在2分区（即D盘）的根目录下存放镜像文件。

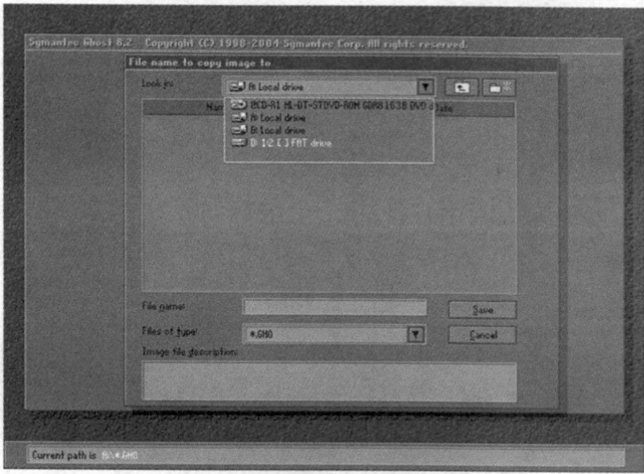

图9-5　选择镜像文件的保存路径

STEP 6　在【File name】文本框中输入镜像文件名"winxp"，如图9-6所示。

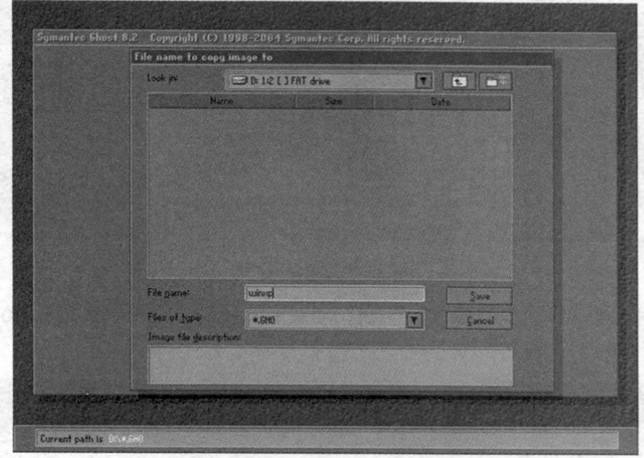

图9-6　设置镜像文件名

STEP 7　单击 Save 按钮生成镜像文件，弹出图9-7所示的对话框，提示用户选择压缩方式。

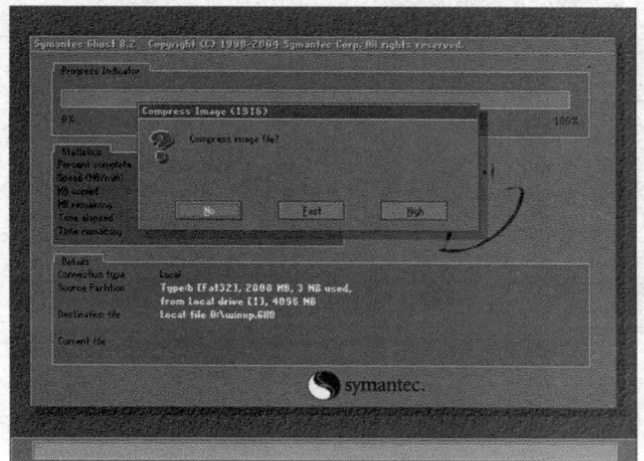

图9-7　选择压缩方式

- 【NO】：表示不压缩。
- 【Fast】：表示采用快速压缩，制作和恢复镜像使用的时间较短，但是生成的镜像文件将占用较多的磁盘空间。
- 【High】：表示采用高度压缩，制作和恢复镜像使用的时间较长，但是生成的镜像文件将占用较小的磁盘空间。

为了加快压缩速度，此处一般采用快速压缩。

STEP 8 单击 Fast 按钮，弹出一个确认对话框，如图 9-8 所示。

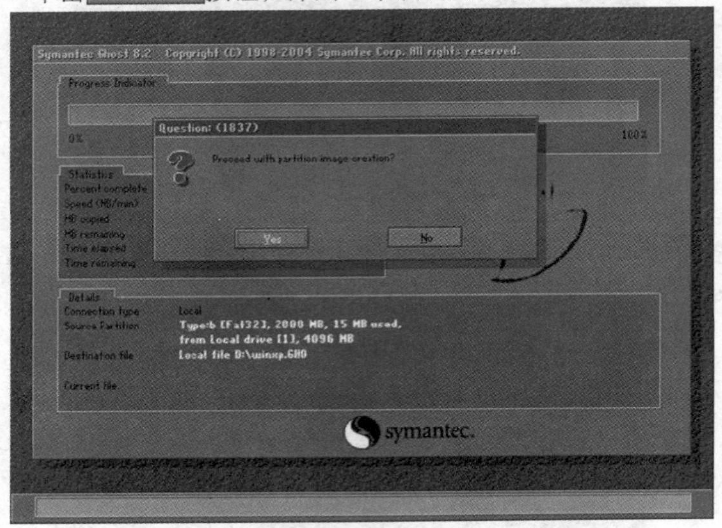

图9-8 确认设置

STEP 9 如果确认前面的设置正确，则单击 Yes 按钮，Ghost 程序将开始制作镜像文件，如图 9-9 所示。

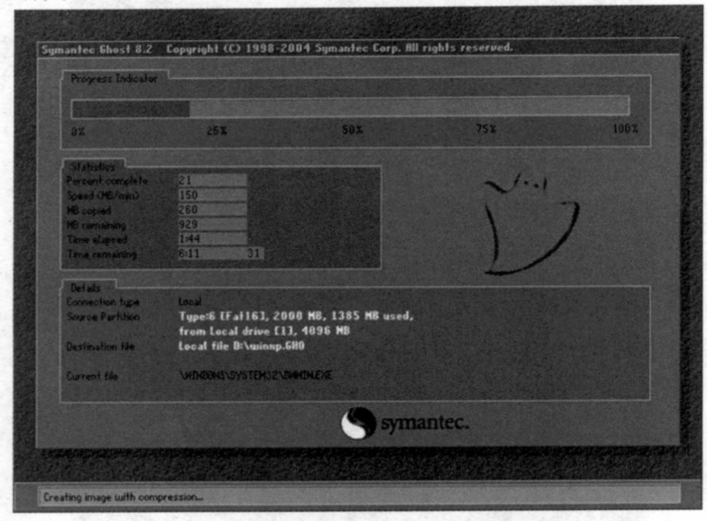

图9-9 制作镜像文件

STEP 10 当镜像文件制作完成后，弹出图 9-10 所示的对话框。

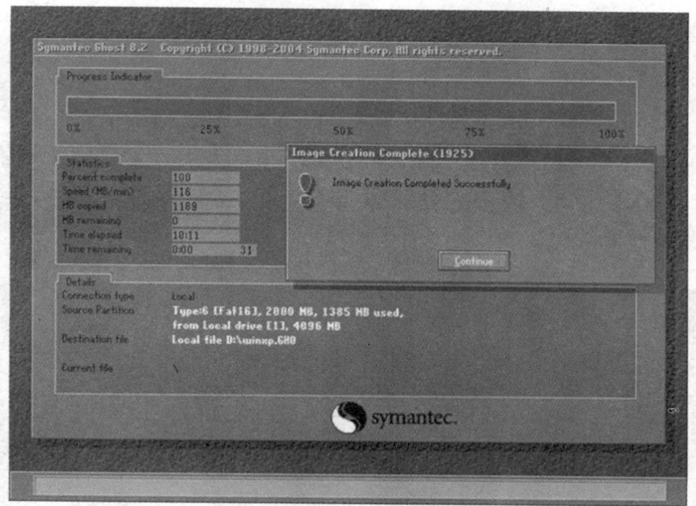

图9-10 镜像文件制作完成

STEP 11 单击 Continue 按钮，弹出图 9-11 所示的对话框。单击 Yes 按钮，然后从光驱中取出光盘并重启计算机，将会在 D 盘上看到生成的镜像文件“winxp.GHO”。

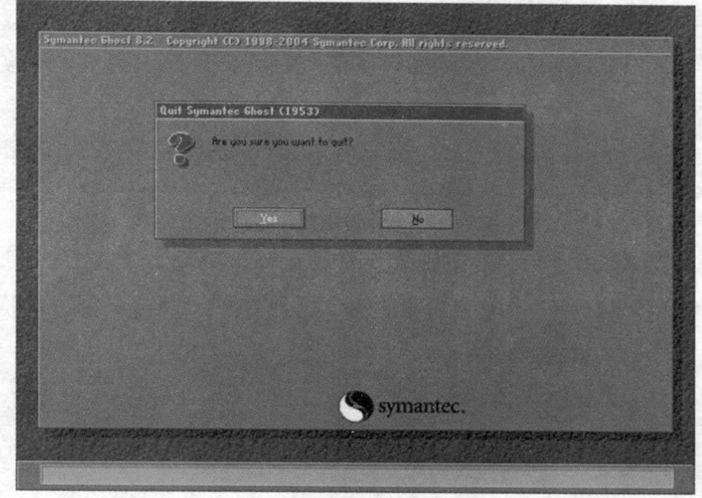

图9-11 确认退出

至此，镜像文件的制作全部完成。

在制作镜像文件时要注意所指定的存放盘中是否有足够的空间，只有拥有足够的空间才能成功完成镜像文件的制作。本操作制作出来的镜像文件可以用于本机的镜像恢复以及与本机硬件配置完全相同的计算机的镜像恢复，但不能用于硬件配置不同的其他计算机，因为其驱动程序与本机不同。本方法不但可以用来制作系统盘的镜像，还可以制作其他盘的镜像。

（二） 使用 Ghost 对系统进行还原

当系统因为某些原因崩溃后，可以使用 Ghost 制作的镜像文件快速还原系统到制作镜像时的那个状态。

【操作步骤】

STEP 1 进入 Ghost 启动界面，单击 OK 按钮，选择【Local】/【Partition】/【From Image】命令，如图 9-12 所示。

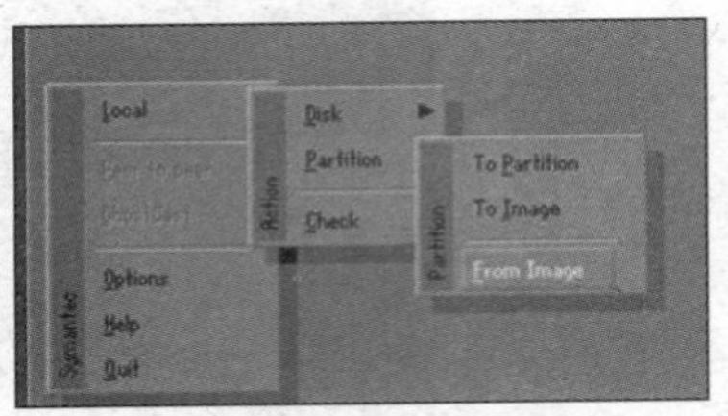

图9-12 选择从镜像文件中恢复系统

STEP 2 弹出图 9-13 所示的对话框，选择要使用的镜像文件的路径。

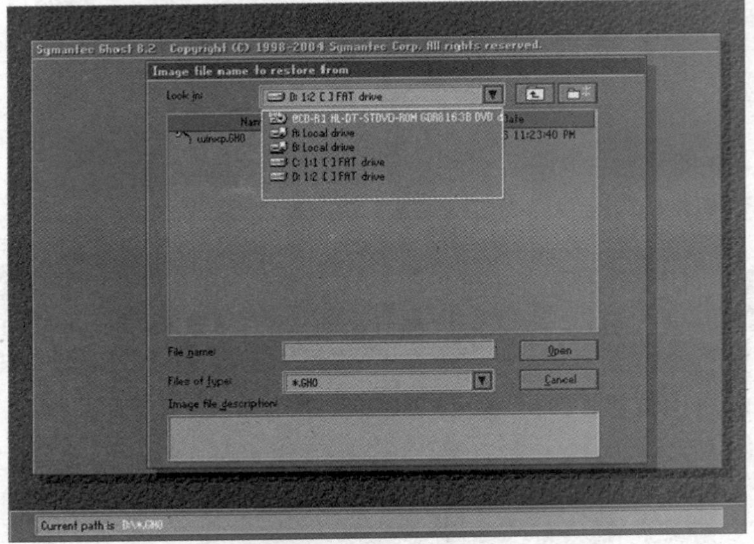

图9-13 选择镜像文件的路径

STEP 3 这里选择上面制作的镜像文件"winxp.GHO"，如图 9-14 所示。

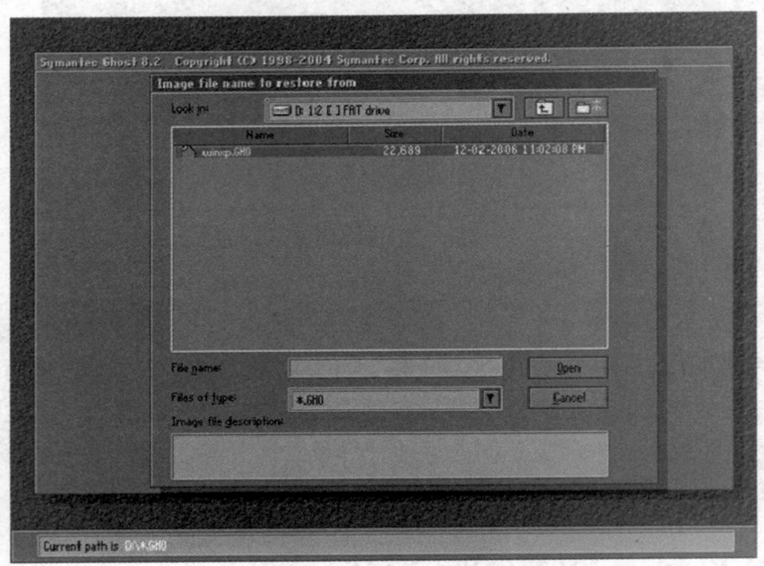

图9-14 选择镜像文件

STEP 4 单击 Open 按钮，弹出图 9-15 所示的对话框，从中选择源分区，这里直接单击 OK 按钮。

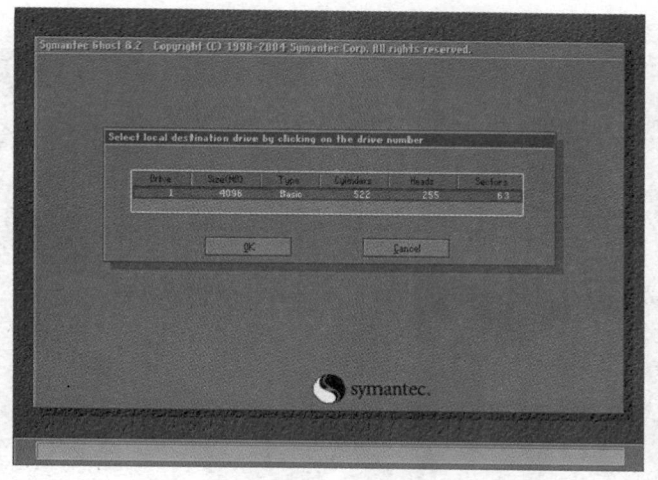

图9-15　选择源分区

STEP 5　选择要还原的分区，这里选择 1 分区（即 C 盘），如图 9-16 所示。

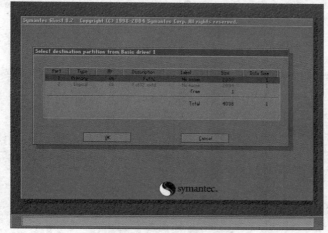

图9-16　选择要还原的分区

STEP 6　单击 OK 按钮，在弹出的对话框中确认是否要进行所设置的操作。这里单击 Yes 按钮，覆盖 C 盘上所有的数据，如图 9-17 所示。

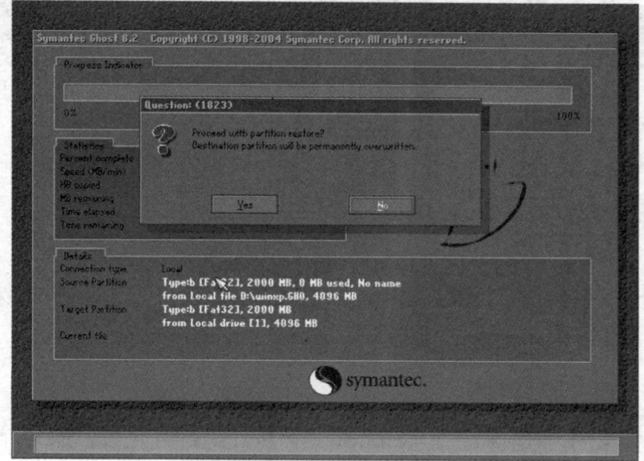

图9-17　确认设置

STEP 7 系统开始用镜像文件进行系统还原，如图 9-18 所示。

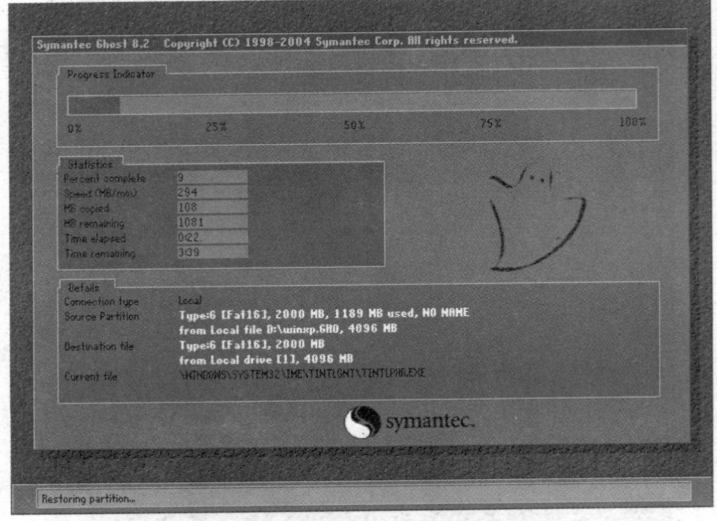

图9-18 系统正在还原

STEP 8 还原完毕后，弹出图 9-19 所示的对话框，提示系统还原已经完成，单击 Reset Computer 按钮，然后从光驱中取出光盘并重启计算机。

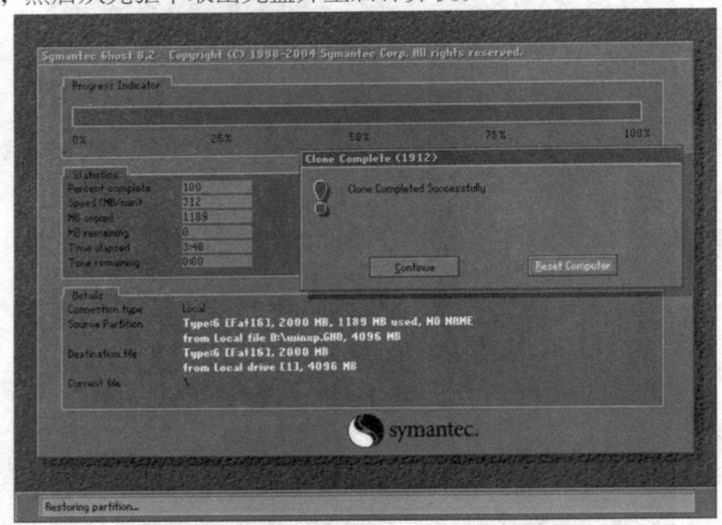

图9-19 系统还原完成

至此，Ghost 系统还原的操作就全部完成。

任务二 备份与还原文件

用户一般都是将数据保存在硬盘上面，因此可能会出现一些故障导致数据的丢失，通过数据的备份与还原可以有效地避免这种情况。

（一） 备份与还原字体

Windows 的字体文件都是保存在 Windows 下 Fonts 文件下面，避免字体丢失，可以通过保存该文件夹的字体到其他分区中，重装系统后可以进行恢复。

【操作步骤】

STEP 1 在【开始】菜单中选择【控制面板】选项，如图 9-20 所示。

STEP 2 弹出【控制面板】窗口，选择【外观和个性化】选项，如图 9-21 所示。

图9-20 进入控制面板

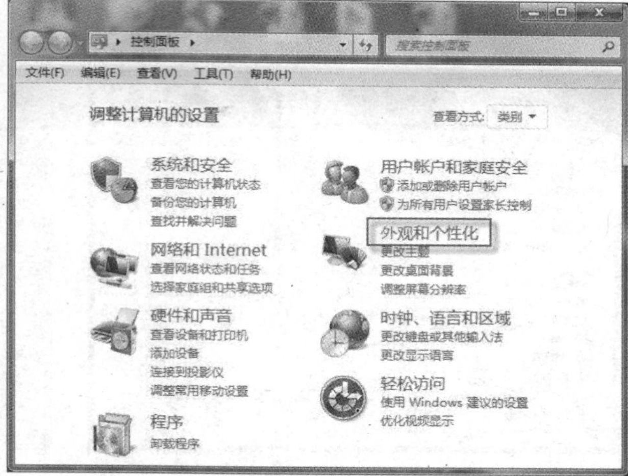

图9-21 【控制面板】窗口

知识提示

如果【控制面板】窗口和这个窗口不一样，可能是查看方式不同，可以通过单击右上角的查看方式下拉框，选择【类别】选项即可。

STEP 3 在外观和个性化窗口，单击【字体】选项，如图 9-22 所示。

STEP 4 弹出字体窗口，选中所有字体，然后单击鼠标右键，在弹出的快捷菜单中选择【复制】命令，如图 9-23 所示。

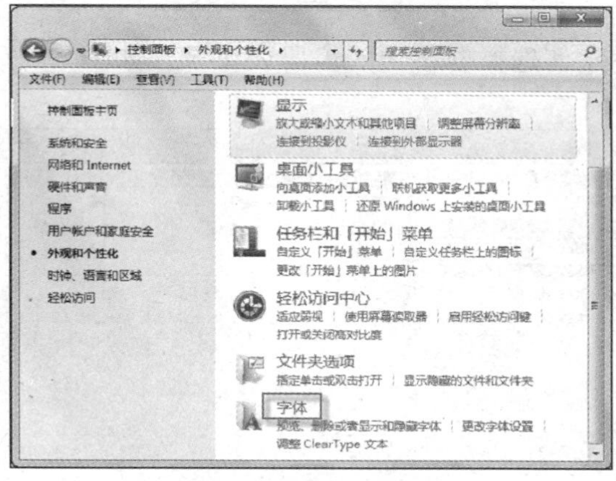

图9-22 外观和个性化窗口

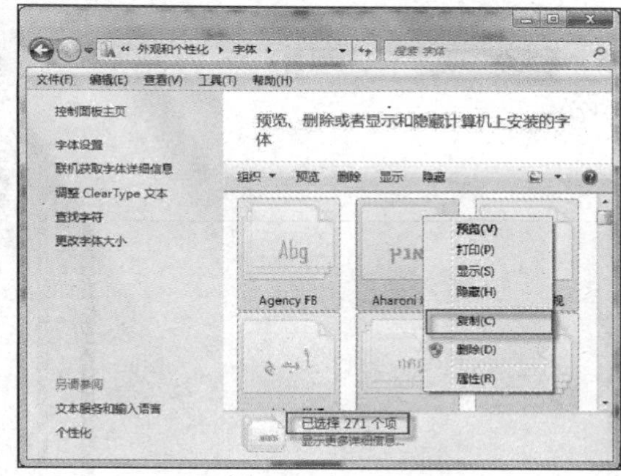

图9-23 复制所有字体文件

知识提示

此处可以按 Ctrl+A 组合键选中全部文件，按 Ctrl+C 组合键复制文件。

STEP 5 将这些字体文件复制到备份的一个目录下面，比如，在 E 盘新建一个【字体】目录，将字体放在里面，如图 9-24 所示。

STEP 6 当出现故障而引起字体丢失时，可以通过下面方法进行还原。和上面操作一样，打开控制面板，选择【外观和个性化】选项，然后在右侧栏选择【字体】选项，弹出字体窗口，将备份的字体全部拷贝到当前目录即可。如果出现字体已安装提示，单击 否(N) 按钮即可，如图 9-25 所示。

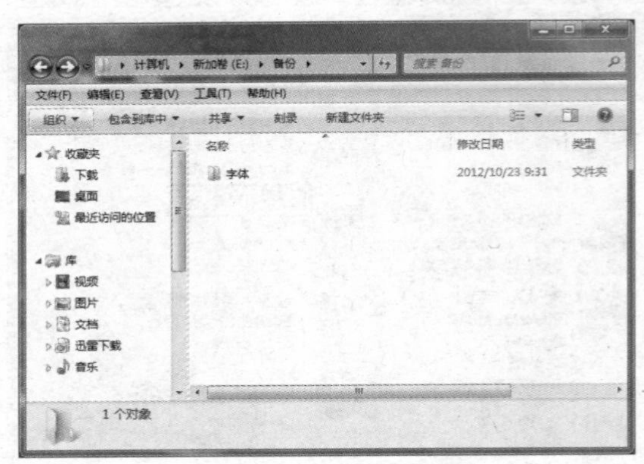

图9-24 备份字体目录

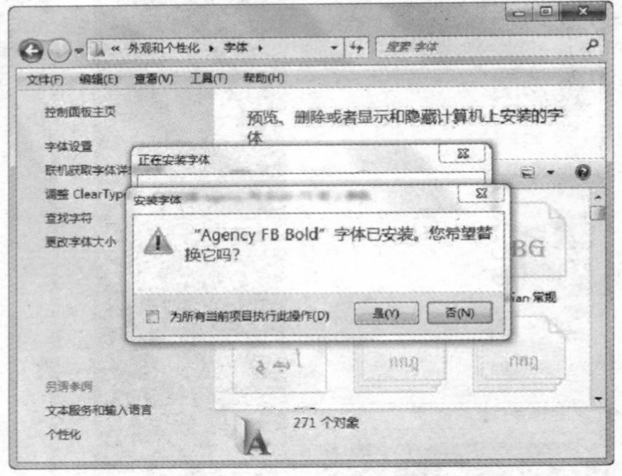

图9-25 还原字体

（二） 备份与还原注册表

注册表存放着各种参数，控制着 Windows 的启动、硬件驱动和软件设置等，注册表出现错误可能会导致某些软件异常，更严重可以导致系统崩溃，因此备份好注册表可以有效地避免这种情况。备份注册表可以通过软件进行备份，也可以使用 Windows 自带备份功能进行。

【操作步骤】

STEP 1 在【开始】菜单底部的【搜索程序和文件】文本框输入"regedit"回车，如图 9-26 所示。

STEP 2 弹出注册表编辑器窗口，在左侧选择要备份的注册表目录，如图 9-27 所示。

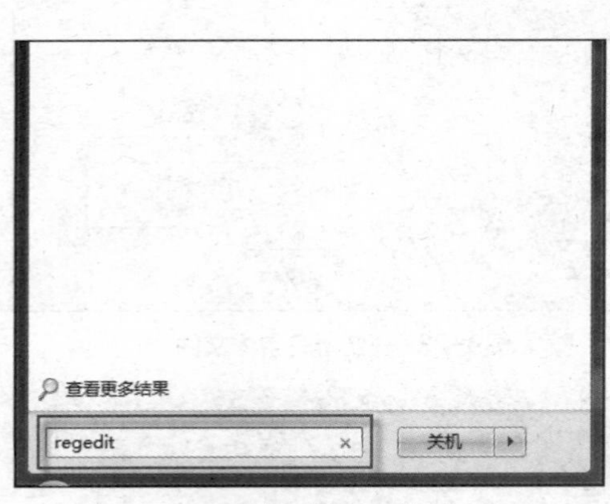

图9-26 打开注册表管理器

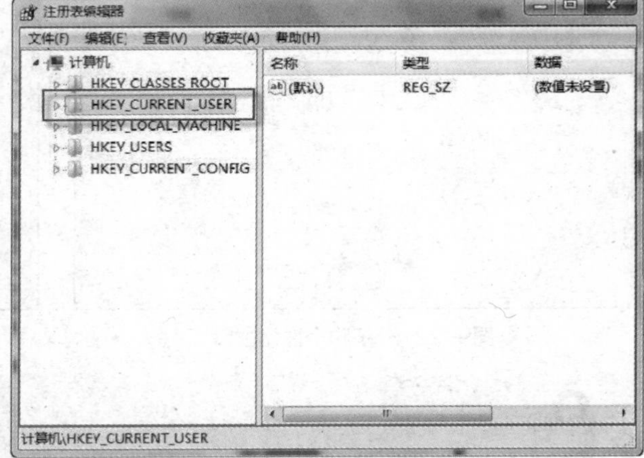

图9-27 注册表管理器

STEP 3 选择【文件】/【导出】菜单命令，如图 9-28 所示。

STEP 4 弹出导出注册表窗口，选择保存目录，在【文件名】文本框输入要保存注册表文件名称，然后单击 保存(S) 按钮，如图 9-29 所示。

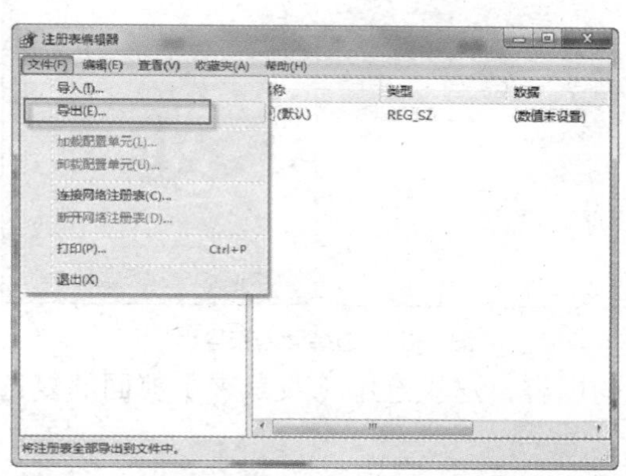

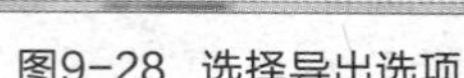
图9-28 选择导出选项

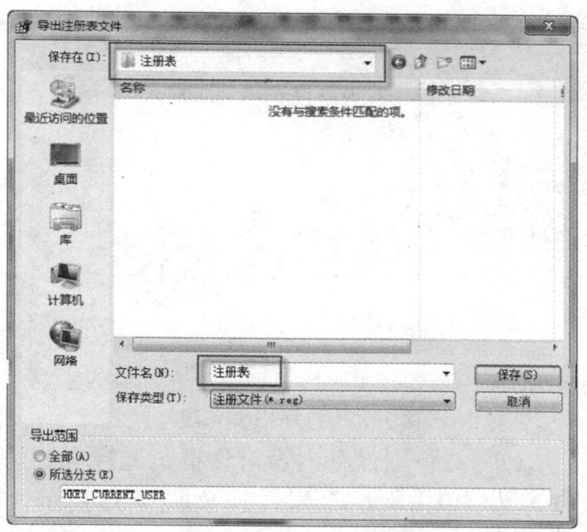

图9-29 选择导出位置

STEP 5 在注册表编辑器窗口中，选择【文件】/【导入】菜单命令，如图 9-30 所示。

STEP 6 弹出导入注册表对话框，选择要导入的注册表文件，然后单击 打开(O) 按钮，如图 9-31 所示。

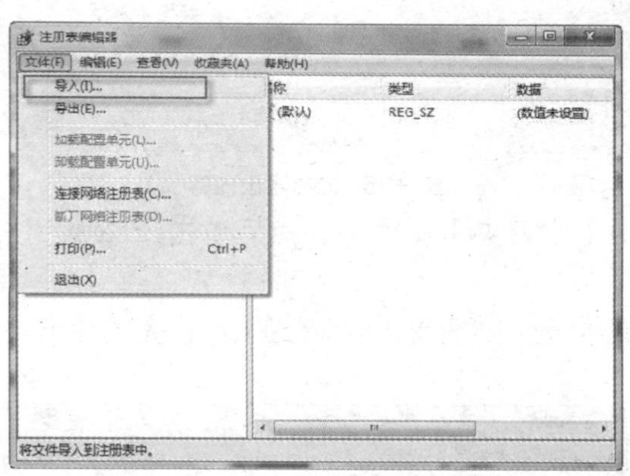

图9-30 选择导入选项

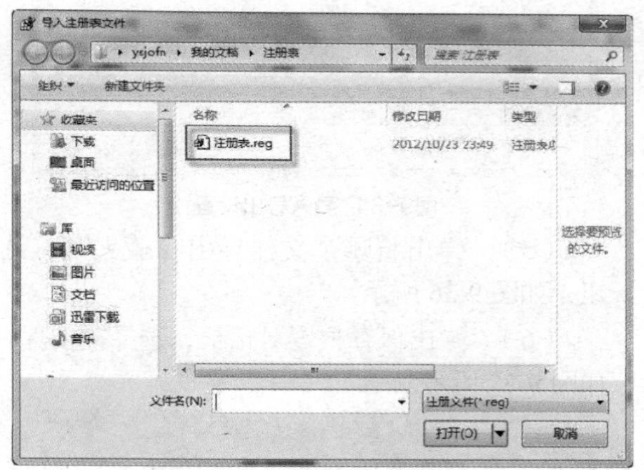

图9-31 还原注册表

（三） 备份与还原 IE 收藏夹

IE 收藏夹保存用户常访问的网站，如果重装系统会丢失这些信息，因此备份 IE 收藏夹可以有效避免这种情况。

【操作步骤】

STEP 1 备份 IE 收藏夹。

（1） 首先打开 IE 浏览器，然后按 Alt 激活菜单栏，如图 9-32 所示。

（2） 选择【文件】/【导入和导出】菜单命令，如图 9-33 所示。

（3） 弹出【导出/导入设置】对话框，选中【导出到文件】单选框，然后单击 下一步(N) > 按钮，如图 9-34 所示。

图9-32 打开 IE 浏览器

图9-33 选择导入和导出

（4） 弹出保存内容对话框，选择需要保存的内容，这里选中【收藏夹】前面的复选框，然后单击下一步(N) >按钮，如图 9-35 所示。

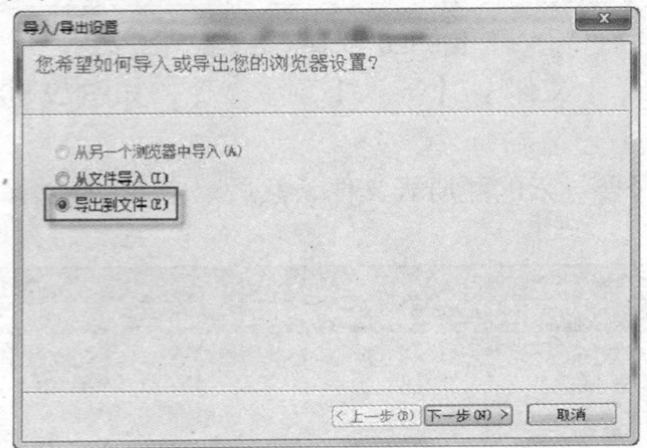

图9-34 导入导出设置

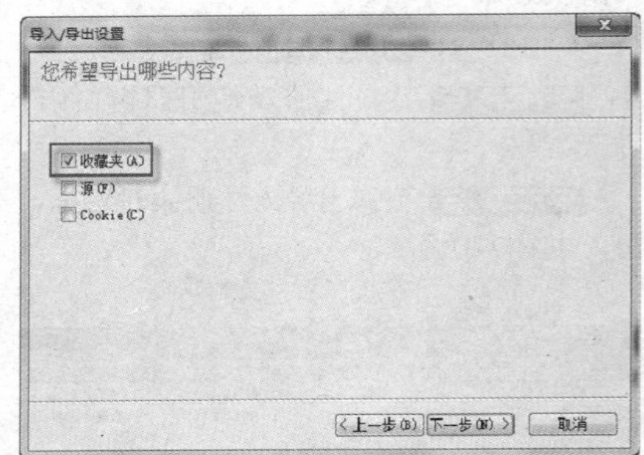

图9-35 选择导出内容

（5） 弹出将哪个文件导出收藏夹时，选中【收藏夹】文件夹，然后单击下一步(N) >按钮，如图 9-36 所示。

（6） 弹出保存位置对话框，选择需要保存的位置，然后单击导出(E)按钮，完成导出，如图 9-37 所示。

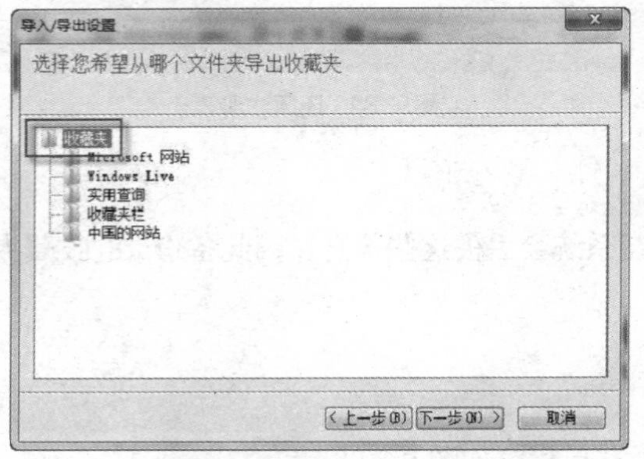

图9-36 选择导出收藏夹

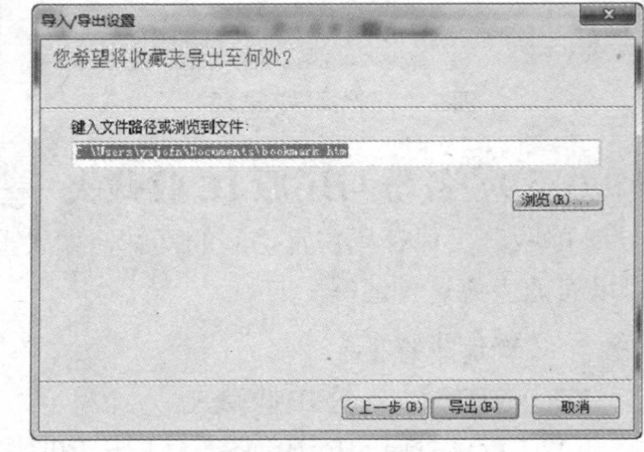

图9-37 选择导出位置

STEP 2 恢复备份的收藏夹。

（1） 进入【导出/导出设置】对话框，选中【从文件导入】单选框，然后单击下一步(N) >按钮，如图 9-38 所示。

（2）　弹出导入内容对话框，选择需要导入的内容，这里选中【收藏夹】前面的复选框，然后单击 下一步(N) > 按钮，如图 9-39 所示。

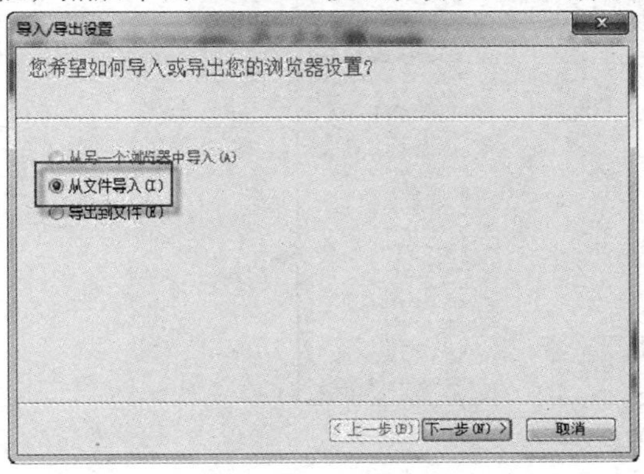

图9-38　导入导出设置

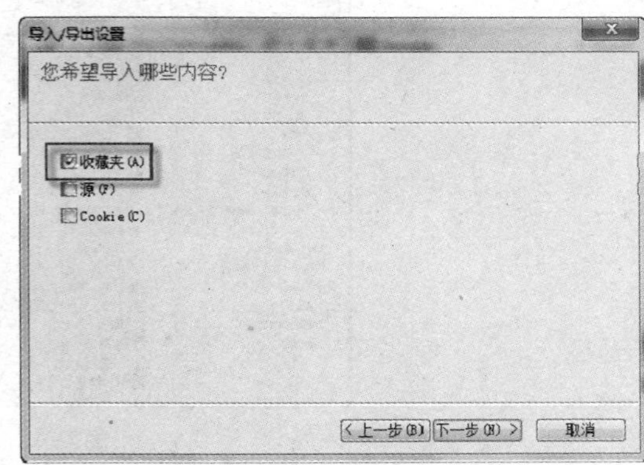

图9-39　选择导入内容

（3）　选择导入文件夹的位置，然后单击 下一步(N) > 按钮，如图 9-40 所示。

（4）　弹出导入收藏夹的目标文件对话框，选择需要导入的目标文件夹，这里选中【收藏夹】文件夹，然后单击 导入(I) 按钮，完成导入，如图 9-41 所示。

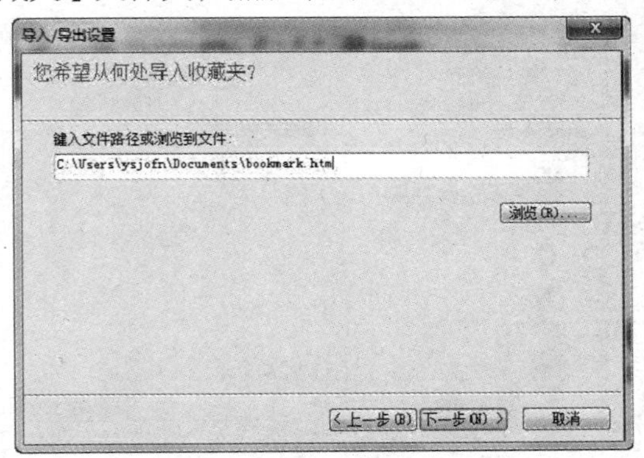

图9-40　选择导入文件

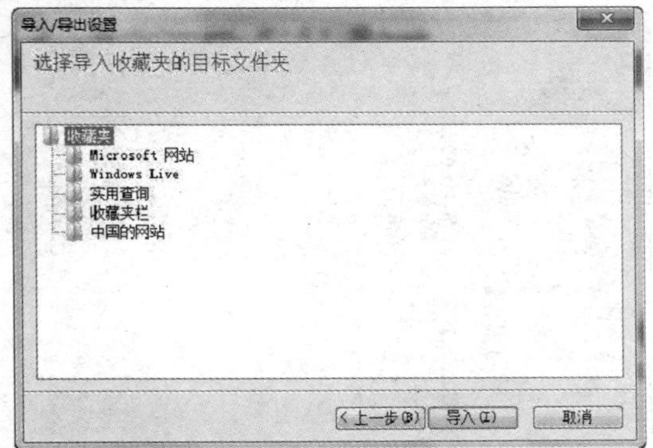

图9-41　选择导入目标文件夹

（四）　备份与还原 QQ 聊天记录

QQ 聊天记录可能对用户有重要的意义或者其他作用，备份好 QQ 聊天记录可以让用户保存好这些聊天信息。

【操作步骤】

STEP 1　备份聊天记录。

（1）　登录腾讯 QQ，弹出 QQ 主界面，单击图标，如图 9-42 所示。

（2）　弹出消息管理器窗口，在左侧消息分组的列表框中选择要备份的聊天记录，如图 9-43 所示。

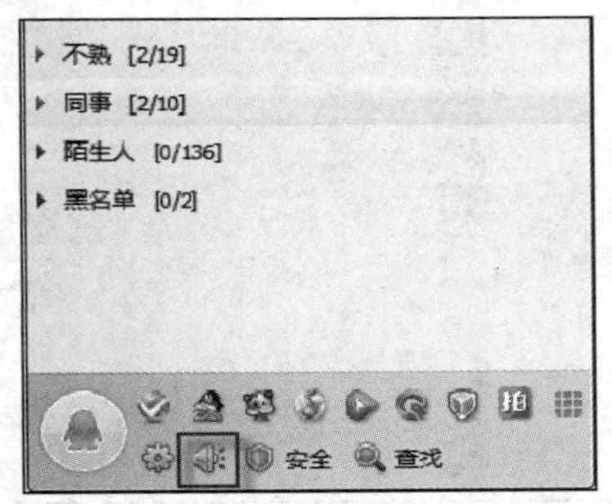

图9-42　QQ 主界面

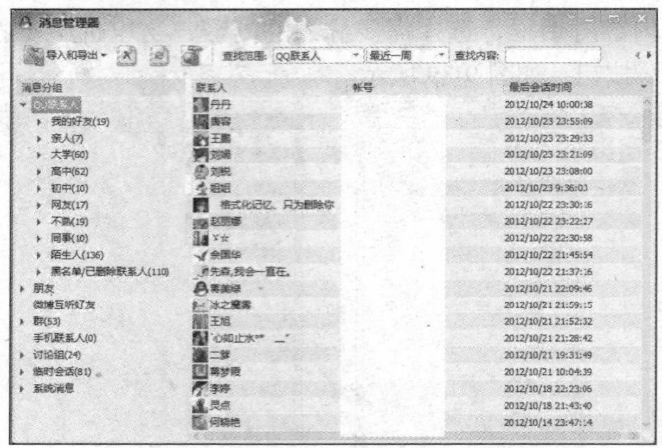

图9-43 消息管理器

（3） 单击 导入和导出 右侧的三角按钮，在弹出的菜单中选择【导出消息记录】选项，如图 9-44 所示。

（4） 弹出【另存为】对话框，选择需要保存的目录，输入保存聊天记录的文件名，然后单击 保存(S) 按钮，如图 9-45 所示。

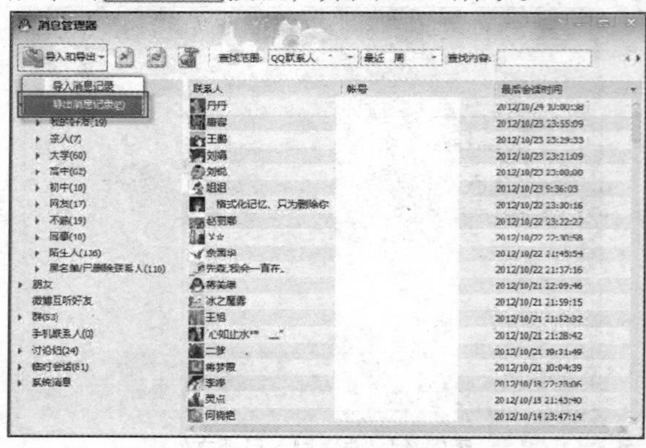

图9-44 选择导入和导出选项

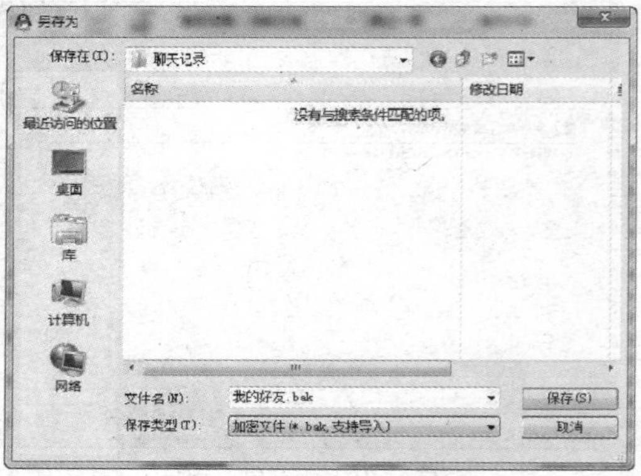

图9-45 选择保存目录

STEP 2 还原聊天记录。

（1） 打开消息管理器，单击 导入和导出 按钮，如图 9-46 所示。

（2） 弹出导入导出工具对话框，选择导入内容，在【消息记录】前的复选框打钩，如图 9-47 所示。

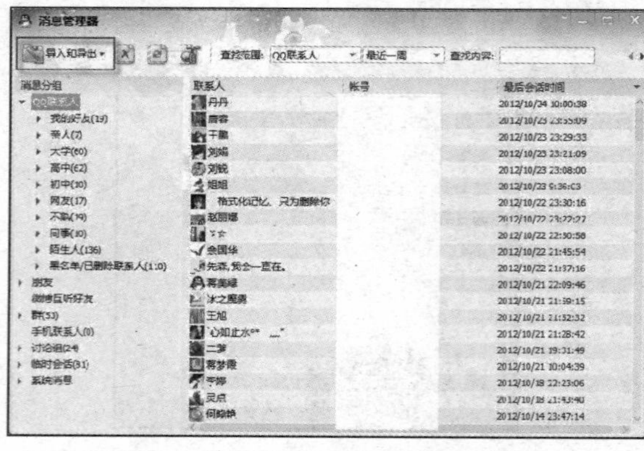

图9-46 选择导入导出选项

图9-47 选择导入内容

（3）　选择导入方式，在【从指定文件导入】单选框前打钩，如图 9-48 所示。

（4）　弹出文件浏览对话框，选择要导入的文件，然后单击 打开(O) 按钮，如图 9-49 所示。

图9-48　选择导入方式

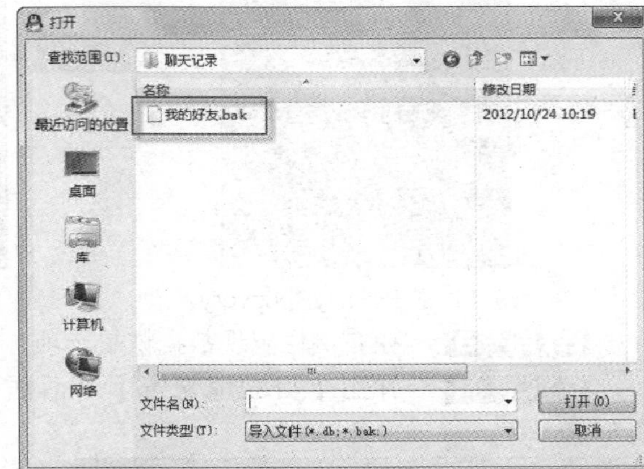

图9-49　选择导入的文件

（5）　回到导入导出工具对话框，然后单击 导入 按钮，如图 9-50 所示。

（6）　弹出完成导入对话框，单击 完成 按钮退出数据导入向导，如图 9-51 所示。

图9-50　选择导入信息

图9-51　导入完成

任务三　使用 EasyRecovery 还原数据

EasyRecovery 是一款很强大的数据恢复软件，可以恢复用户删除或者磁盘格式化后的数据，并且操作简单，用户只需要按照它的向导操作即可完成数据恢复。

（一）　恢复被删除的文件

用户删除并清空回收站的文件，可以使用 EasyRecovery 恢复和还原。

【操作步骤】

STEP 1　下载并安装 EasyRecovery 软件，运行 EasyRecovery 程序，如图 9-52 所示。

STEP 2　弹出 EasyRecovery 主界面，在左侧栏单击【数据恢复】选项，如图 9-53 所示。

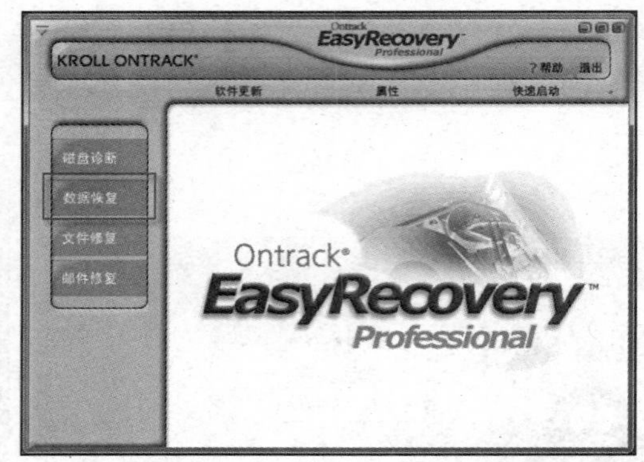

图9-52 打开 EasyRecovery　　　　图9-53 EasyRecovery 主界面

STEP 3 在右侧栏出现数据恢复选项，单击【删除恢复】选项，如图 9-54 所示。

STEP 4 弹出【目的地警告】对话框，阅读提示内容并单击 确定 按钮，如图 9-55 所示。

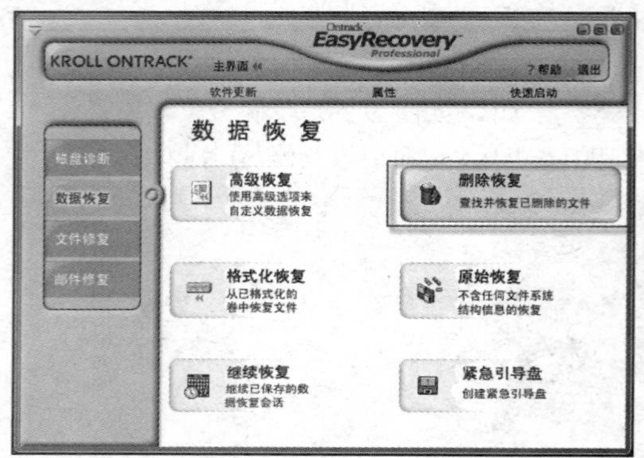

目的地警告

Ontrack EasyRecovery 需要将您的文件复制到一个比恢复处安全的地方。如果您正尝试将来源选择为目的地，数据恢复工具将尝试检测，因此您必须选择一个不同于来源的复制目的地才能完成恢复。

警告：如果您的系统有多个损坏的分区，不要将文件从一个分区复制到另一个损坏分区。这种情况下，请始终使用可移动媒体（如 Zip 磁盘），或第二块、未损坏的硬盘驱动器作为目的地。

不再显示该消息　确定

图9-54 选择删除恢复选项　　　　图9-55 【目的地警告】对话框

STEP 5 在左侧选择要恢复的分区盘，然后单击 下一步 按钮，如图 9-56 所示。

STEP 6 恢复程序将扫描该分区上面的文件，如图 9-57 所示。

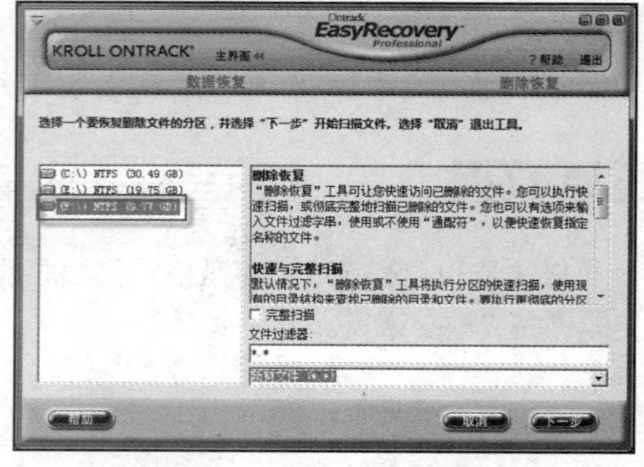

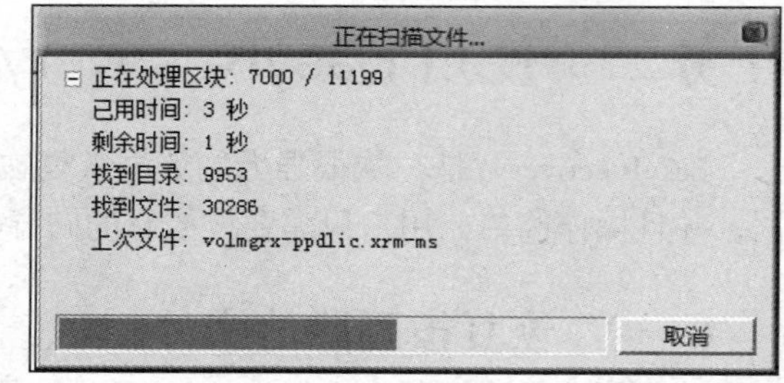

图9-56 选择恢复的分区　　　　图9-57 扫描分区文件

STEP 7 扫描结束后，会将已删除的文件显示出来，在左侧显示已删除文件的目录，在右侧显示该目录下的文件，选中要恢复的文件或者目录前的复选框，然后单击 下一步 按钮，如图 9-58 所示。

STEP 8 弹出数据恢复目的地选项，单击 浏览 按钮，如图 9-59 所示。

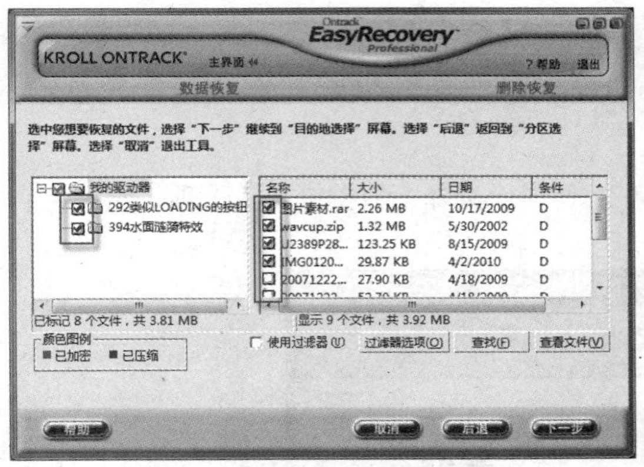

图9-58 选择要恢复的文件

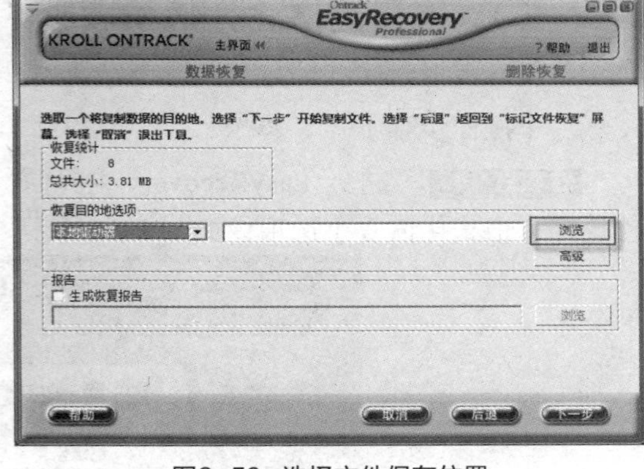

图9-59 选择文件保存位置

STEP 9 弹出保存位置选择对话框，在【浏览文件夹】对话框选择要保存的目录，然后单击确定按钮，如图 9-60 所示。

STEP 10 回到 EasyRecovery 主窗口，单击下一步按钮，如图 9-61 所示。

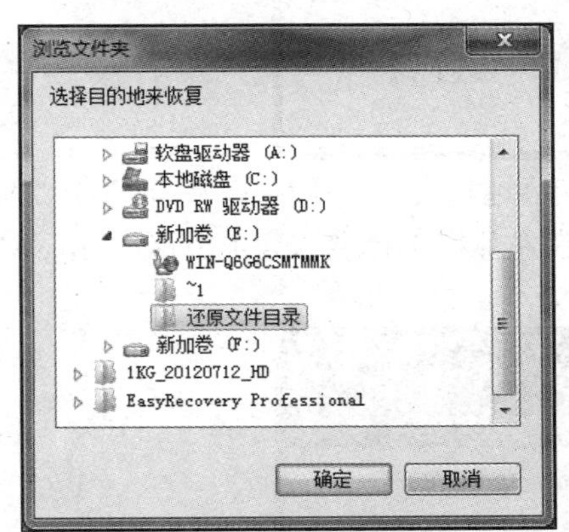

图9-60 选择保存目录

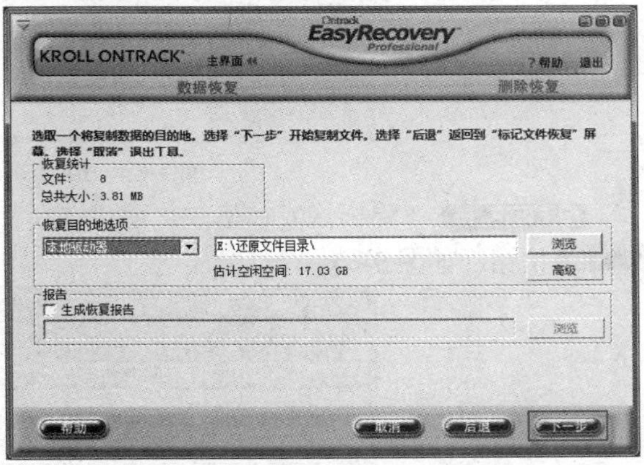

图9-61 完成目录设置

STEP 11 恢复完成后，弹出恢复成功窗口，此时可以在选择的恢复目录下看到还原的文件，单击完成按钮，如图 9-62 所示。

STEP 12 出现保存恢复提示对话框，单击否按钮完成数据恢复，如图 9-63 所示。

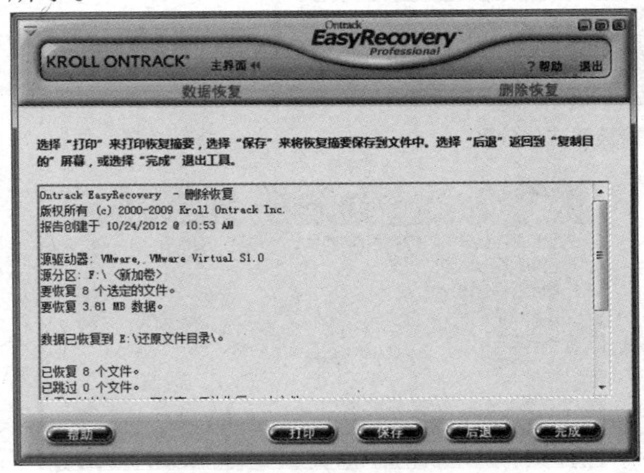

图9-62 完成数据恢复

图9-63 保存恢复提示

（二）恢复被格式化后的硬盘

即便是被格式化的硬盘数据，可以使用 EasyRecovery 恢复和还原。

【操作步骤】

STEP 1 进入 EasyRecovery 主界面，在左侧窗口选择【数据恢复】选项，然后再右侧选择【格式化恢复】选项，如图 9-64 所示。

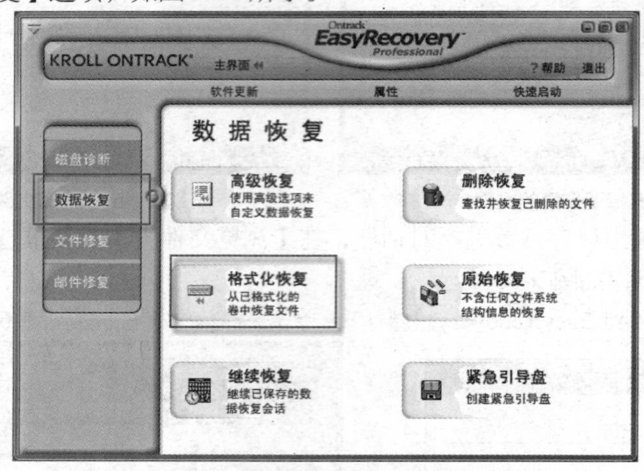

图9-64 EasyRecovery 主界面

STEP 2 弹出恢复被格式化磁盘选择窗口，在左侧栏选择要恢复的分区，然后单击 下一步 按钮，如图 9-65 所示。

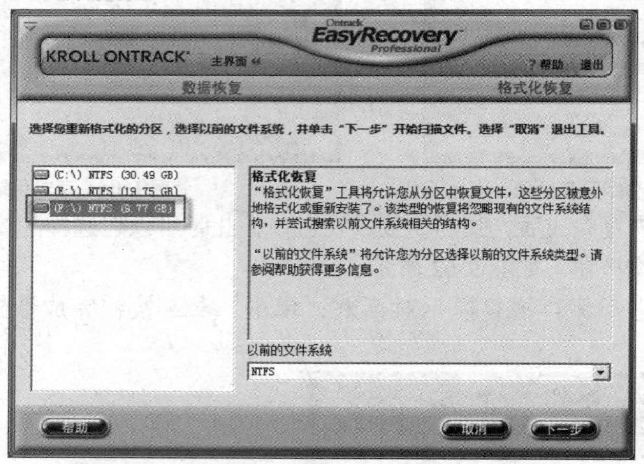

图9-65 选择被格式化分区

STEP 3 程序会自动扫描格式化硬盘的文件，如图 9-66 所示。

STEP 4 扫描结束后，所有丢失的文件将全部显示出来，在要恢复的文件或文件夹前面的复选项打勾，然后单击 下一步 按钮，如图 9-67 所示。

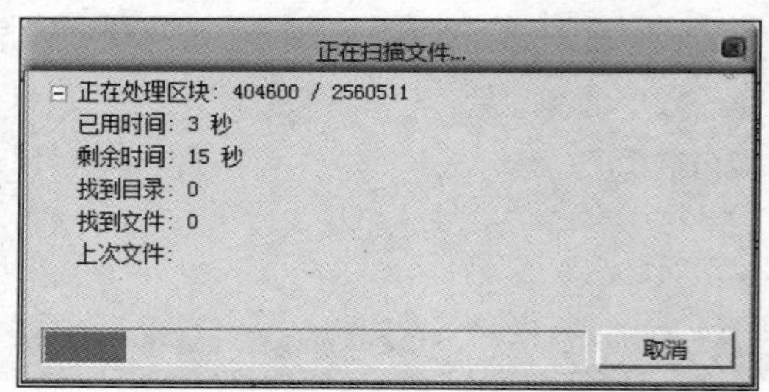

图9-66 扫描格式化分区文件

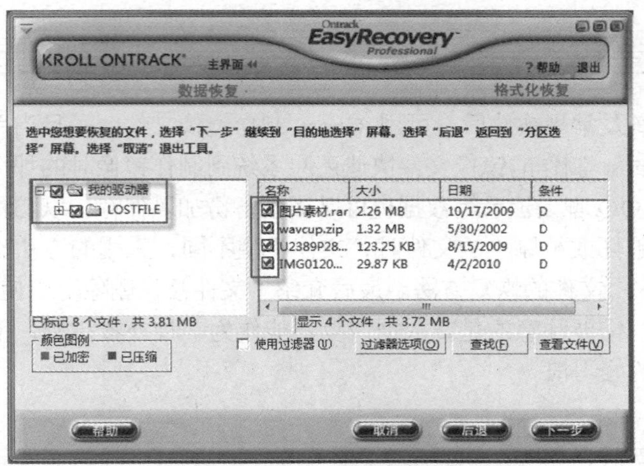

图9-67 选择要恢复的文件

STEP 5 弹出数据恢复目的地选项，单击 浏览 按钮，如图 9-68 所示。

STEP 6 选择保存位置，然后单击 确定 按钮，如图 9-69 所示。

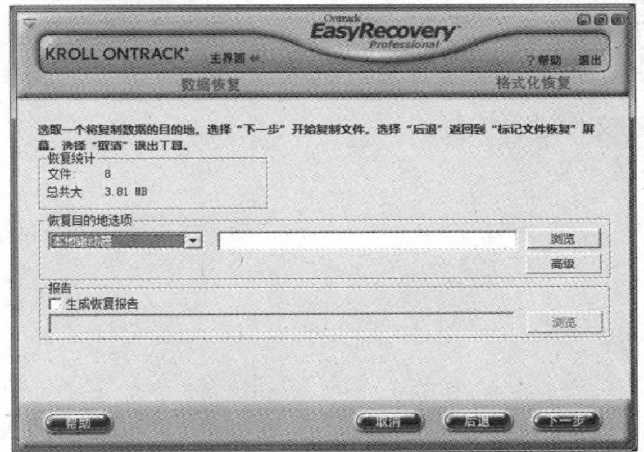

图9-68 选择恢复目标

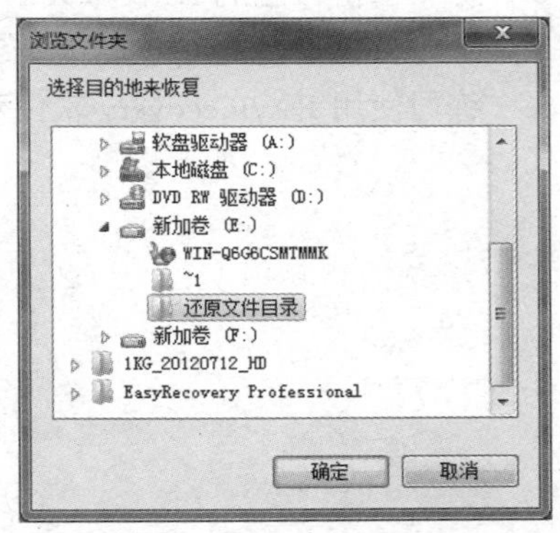

图9-69 选择恢复目录

STEP 7 回到 EasyRecovery 主窗口，单击 下一步 按钮，如图 9-70 所示。

STEP 8 恢复完成后，弹出数据恢复成功窗口，此时可以在选择的恢复目录下看到还原的文件，单击 完成 按钮，如图 9-71 所示。

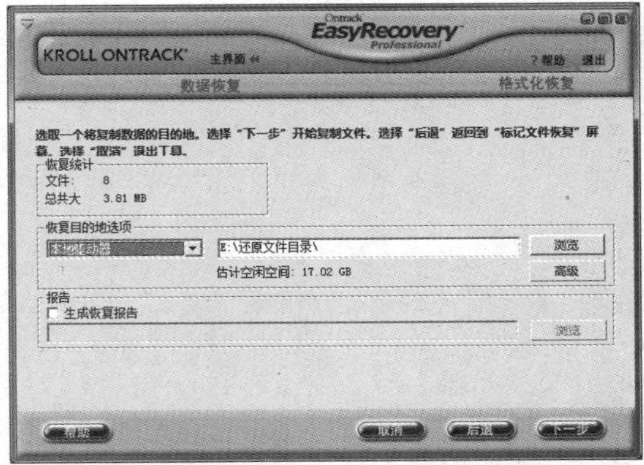

图9-70 完成目录选择

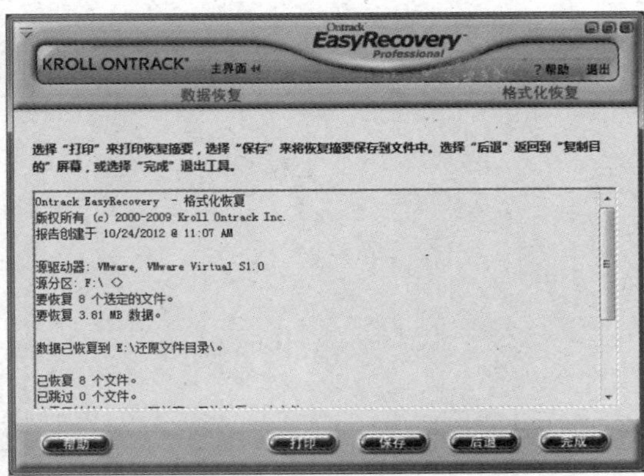

图9-71 完成格式化恢复

小结

安装完操作系统及常规软件后，可用 Ghost 制作镜像文件，一旦当系统因为某些原因崩溃后，就可以用 Ghost 制作的镜像文件快速还原系统到制作镜像时的那个状态。字体、注册表、IE 收藏夹以及 QQ 聊天记录等数据也可以通过备份加以保存，以防止系统故障时造成数据丢失。在恢复被破坏或被删除的文件时，文件类型不同，采用的方法也不一样，本项目介绍了系统文件和 EXE 文件的恢复方法。最后介绍了文件被误删除时，使用 EasyRecovery 进行恢复的操作方法。需要注意的是，数据恢复只能作为一种补救措施，平时应养成对重要文件或数据进行备份的好习惯。

习题

1. 简要说明 Ghost 备份和还原的基本操作要领。
2. 用 Ghost 对一台计算机系统进行备份。
3. 练习备份自己的 IE 收藏夹。
4. 练习备份自己的 QQ 聊天记录。
5. 练习使用 EasyRecovery 软件对删除的文件进行恢复。

PART 10

项目十 计算机上网及安全设置

随着信息化的普及，计算机已经成为人们日常生活中必不可少的工具。但是伴随着计算机病毒种类的日益剧增及黑客无处不在的攻击，计算机系统的安全便成为人们所关注的问题。本项目将介绍如何安装 ADSL 并上网，如何安装防火墙、杀毒软件及进行用户设置。

学习目标

- 掌握将计算机连接到 Internet 的基本操作要领。
- 掌握使用 360 杀毒的基本方法。
- 掌握使用 360 安全卫士保护系统的基本方法。

任务一　将计算机连接到 Internet

随着网络技术的发展，互联网的功能越来越强大，逐渐成为人们生活中的好助手和休闲娱乐媒介。目前的计算机组装完成后通常都需要连入 Internet，本任务将介绍相关知识。

（一）了解宽带上网的基本知识

在使用 Internet 之前，用户必须先建立 Internet 连接，将自己的计算机连到 Internet 上。Windows 7 大大简化了网络的设置操作，使用户可以轻松创建网络连接。

1. 上网的基本硬件配置

计算机上网时，通常还需要一个调制解调器（Modem，也就是通常所说的“猫”，如图 10-1 所示），用于将电话线中传输的模拟网络信号转换为计算机能识别的数字信号。

网络信号需要在线路中传递，可以使用电话线传递信号也可以使用网线传递信号，图 10-2 所示为网络连接中常用的双绞线，俗称网线，其端部的接头俗称水晶头（如图 10-3 所示），直接插入计算机网卡接口（如图 10-4 所示）即可使用。

图10-1 Modem

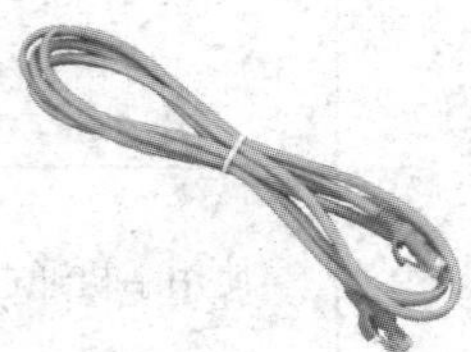

图10-2 网线

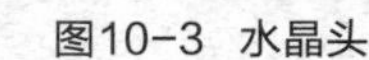

图10-3 水晶头

图10-4 计算机上网线接口

2. 连入 Internet 的方法

目前，连入 Internet 的基本方法有拨号上网、ADSL 宽带上网、小区宽带上网、专线上网和无线上网 5 种，用户可以根据需要来选择。5 种上网方式的对比如表 10-1 所示。

表 10-1 常用的上网方式

上网方式	特点和用途	特点	用途
拨号上网	使用调制解调器和电话线，以打电话的方式连接到 ISP（网络服务提供商）的主机	操作方便、无需申请 数据传输率比较低 拨号上网时不能打电话	目前应用较少，一般用在上网条件较差时临时上网
ADSL 宽带上网	ADSL 使用电话线、网卡和 ADSL 专用的调制解调器连接到 ISP 的主机	ADSL 使用电话线中的高频区传送数据、速度快，与打电话互不干扰	目前已成为用户上网的重要方式
小区宽带上网	小区内以光纤和局域网形式综合布线，然后通过交换机分接到用户	可靠性高、稳定性好、计费形式灵活，可同时兼顾速度和质量两个指标	是目前住宅小区内家庭用户上网的主要方式
专线上网	单位使用网线、服务器和计算机组成小型局域网后再接入 Internet，如校园网、政府办公网以及企业网等	局域网内部数据传输速度快，与外线连接时速度稍低	主要用于大型企事业团体内的计算机上网
无线上网	一种利用无线局域网，使用计算机和无线网卡上网	上网速度快，在机场、车站以及各种娱乐场所等安装了无线信号的地方均可以上网	主要用于户外、公共场所以及不适合用有线接入网络的场所
	使用手机通过移动通信网上网	没有地域限制，只要有手机信号，并开通无线上网业务即可，但是速度较慢	

3. ADSL Modem 的连接

ADSL 宽带上网是目前主流的上网方式，下面说明建立 ADSL 宽带连接的基本步骤。ADSL Modem 是 ADSL 宽带上网的专用 Modem，其主要配件如图 10-5 所示。

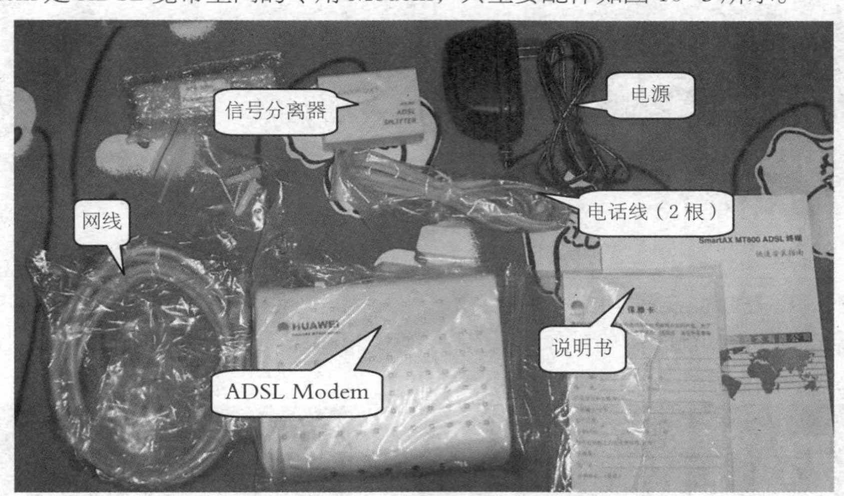

图10-5 ADSL Modem 及其配件

ADSL Modem 的主要结构如图 10-6 所示。

① ADSL 口：用以连接电话线。

② Phone 口：用以连接电话机。

③ EtherNet 口：用以连接计算机。

④ 电源开关：用于开关电源。

⑤ 电源插孔：用于接入电源。

ADSL Modem 与计算机和电话的连接方式不同于普通的 Modem，其连接示意图如图 10-7 所示，按照以下步骤进行。

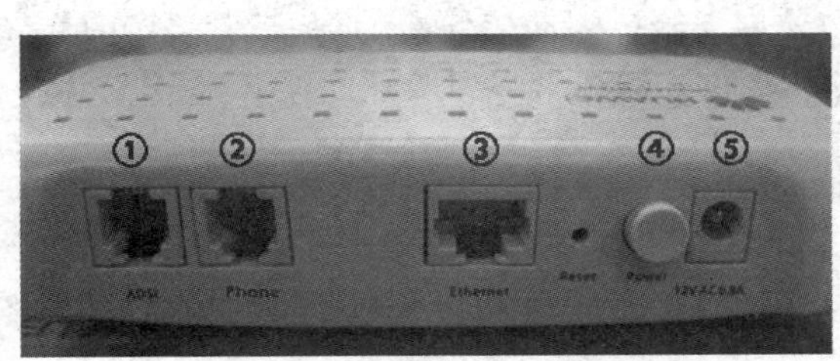

图10-6 ADSL Modem 的主要接口

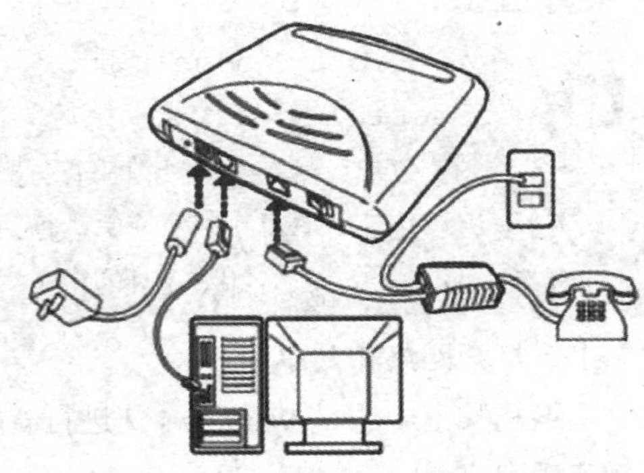

图10-7 ADSL Modem 的连接示意图

【操作步骤】

STEP 1 安装前，信号线直接接在电话机上，如图 10-8 所示。

STEP 2 从电话机上拔出信号线，将信号线插入到分离器的 LINE 接口中，并检查是否牢固，如图 10-9 所示。

STEP 3 用包装盒中附带的两根电话线分别连接到电话机和 Modem ADSL 口（图 10-6 中的①口），如图 10-10 所示。

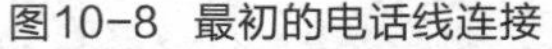

图10-8 最初的电话线连接

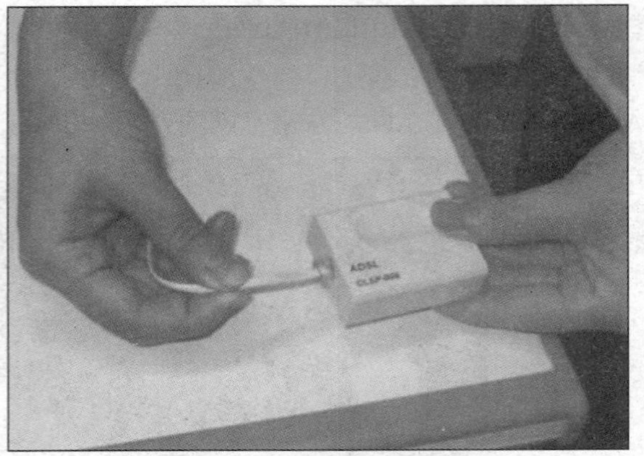

图10-9 将电话线插入到分离器的 LINE 接口

STEP 4 再用随机附带的网线连接 ADSL Modem 的 Ethernet 接口（图 10-6 中的③口）和计算机的网卡端口，如图 10-11 所示。

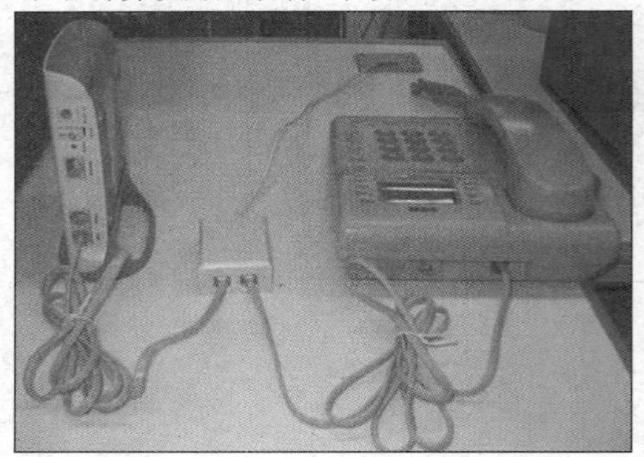

图10-10 连接电话机和 Modem ADSL 口

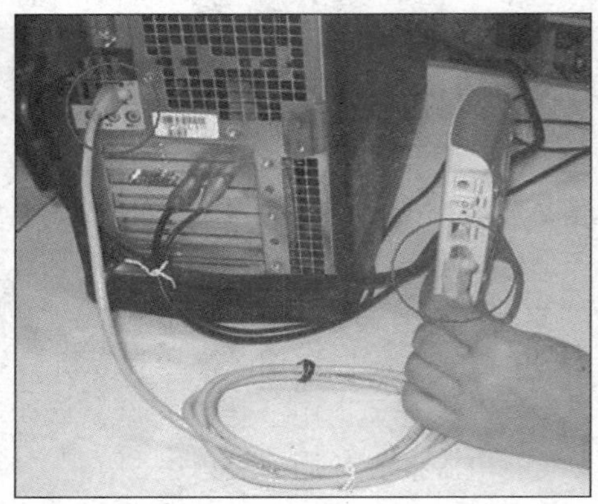

图10-11 连接网卡

STEP 5 连接好 Modem 电源线，打开电源。

ADSL Modem 上通常有 5 个指示灯，其中的 ADSL（或 LINK）灯代表 Internet 的连接状况：该灯为红色常亮时表示 ADSL Modem 没有检测到 ISP 的 ADSL 网络信号即网络有故障；该灯为绿色闪动代表检测到网络信号并且正在与 ISP 的网络同步，连通网络；该灯为绿色常亮表示 ADSL 网络正常并且已经准备好给用户使用。

4. 打开网络和共享中心

网络和共享中心是 Windows 7 进行各种网络设置的入口，可以使用以下 4 种方法打开网络和共享中心。

- 在【开始】菜单的【搜索程序和文件】对话框中输入【网络和共享中心】，然后按 Enter 键。
- 单击任务栏的网络图标，在弹出的面板中单击【打开网络和共享中心】选项，如图 10-12 所示。
- 在【开始】菜单中选取【控制面板】选项打开【控制面板】窗口，单击【网络和 Internet】选项，如图 10-13 所示，在弹出的窗口中单击【网络和共享中心】，如图 10-14 所示。

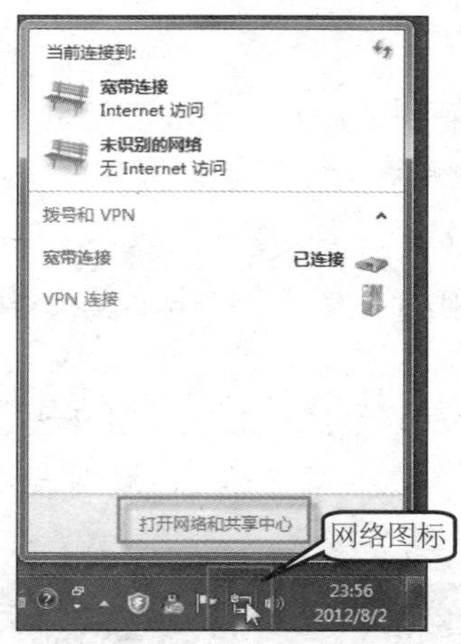

图10-12　启动网络和共享中心

图10-13　【控制面板】窗口

- 在桌面上的【网络】图标上单击鼠标右键，在弹出的菜单中选取【属性】选项，如图 10-15 所示。

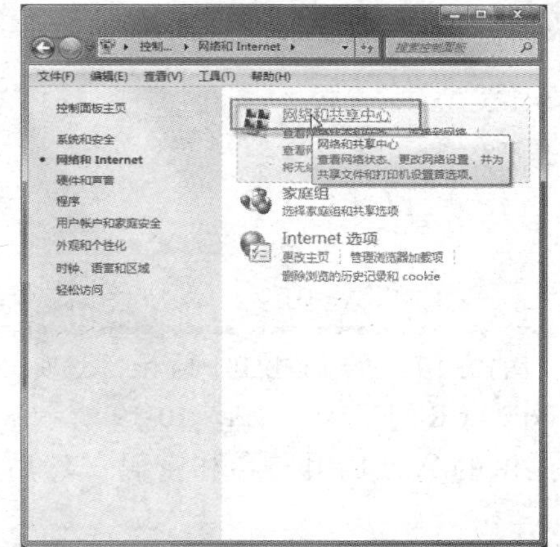

图10-14　【网络和 Internet】窗口

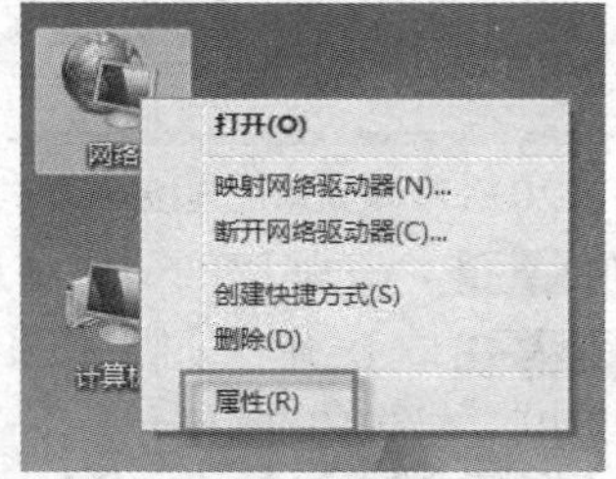

图10-15　在网络图标上单击鼠标右键

使用以上方法打开的【网络和共享中心】窗口如图 10-16 所示。

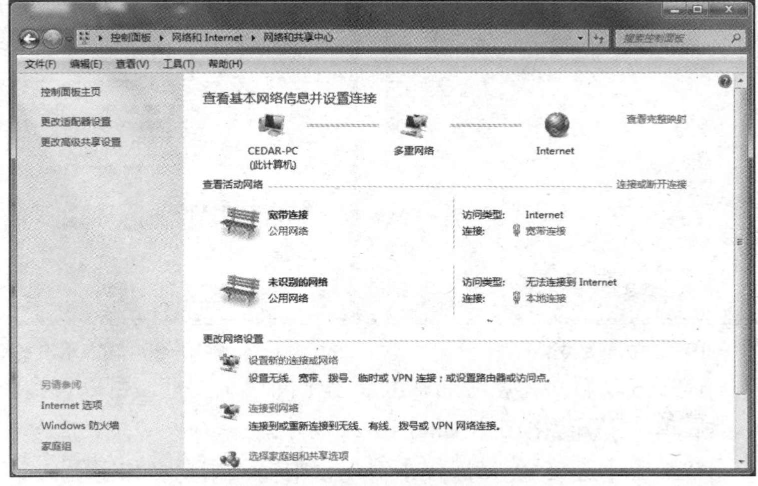

图10-16　【网络和共享中心】窗口

（二）建立 Internet 连接

ADSL 是目前应用最广泛的 Internet 接入方式。正确连接 ADSL 设备并接通电源后，即可按照下列步骤建立 ADSL 连接。

【操作步骤】

STEP 6 使用前述方法之一打开【网络和共享中心】窗口，单击【设置新的连接或网络】选项，如图 10-17 所示。

STEP 7 在弹出的对话框中选择【连接到 Internet】选项，然后单击 下一步(N) 按钮，如图 10-18 所示。

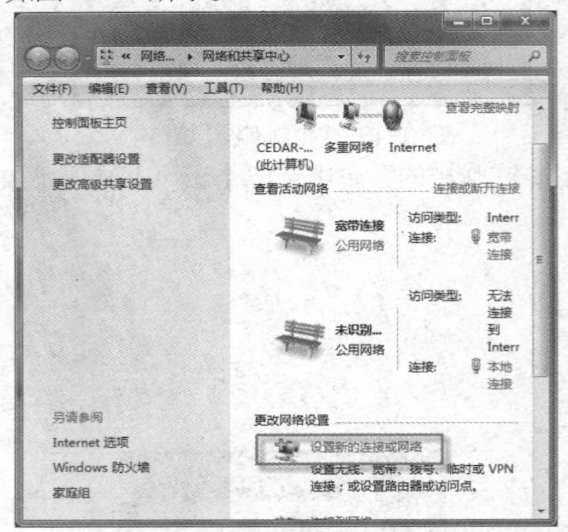

图10-17 设置新的连接或网络

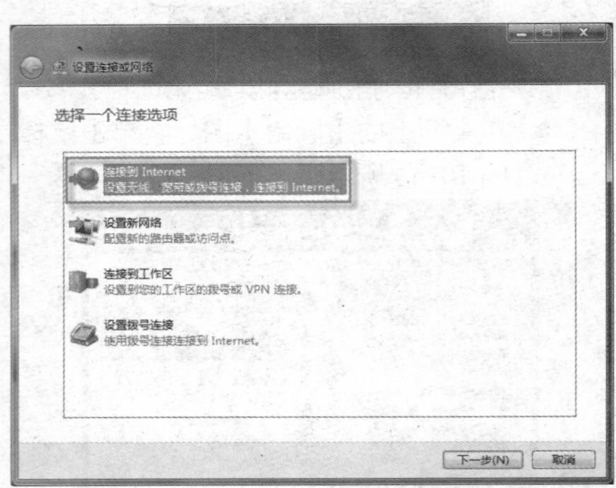

图10-18 选择【连接到 Internet】选项

STEP 8 在弹出的窗口中选取【宽带（PPPoE）（R）】选项，如图 10-19 所示。

STEP 9 在弹出的窗口中选取电信部门提供的 ADSL 用户名和密码，然后单击 连接(C) 按钮，如图 10-20 所示。

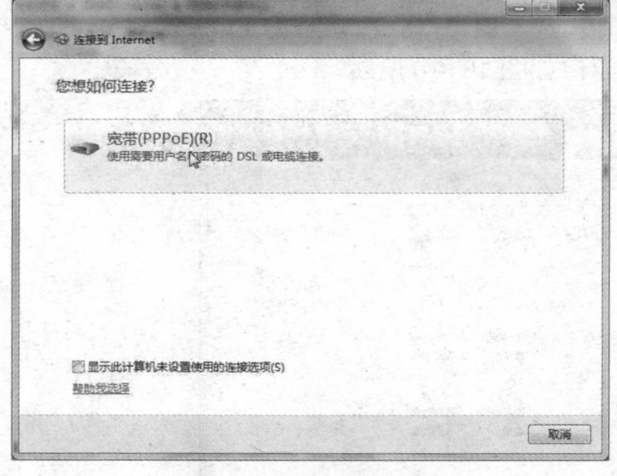

图10-19 选中连接类型

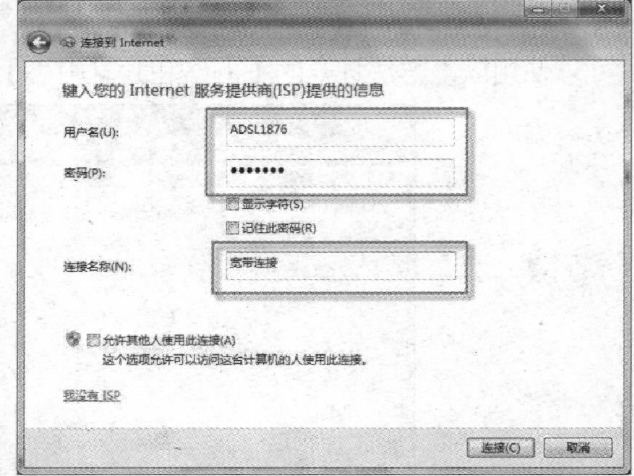

图10-20 输入用户名和密码

STEP 10 连接成功后，在系统通知区单击【网络】图标，可以看到新建的连接，单击选中该连接，然后单击 连接(C) 按钮，如图 10-21 所示。

STEP 11 在弹出【连接 宽带连接】对话框中输入用户名和密码，单击 连接(C) 按钮即可连接到网络，如图 10-22 所示。

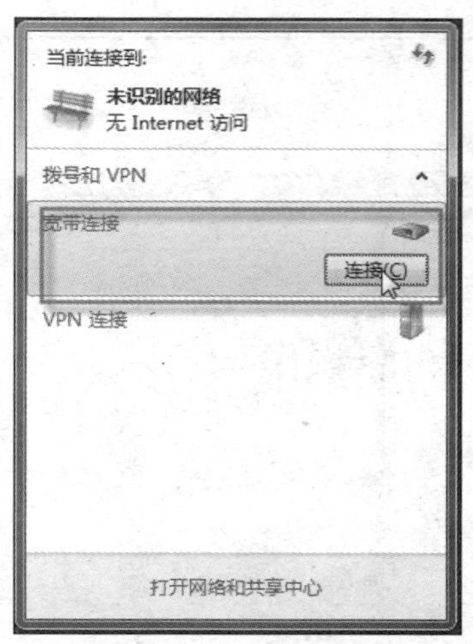

图10-21 连接到网络

图10-22 【连接 宽带连接】对话框

如果在图 10-20 中选中【记住此密码】复选框，则在打开图 10-22 所示窗口时会自动填写用户名和密码，用户只需要单击连接(C)按钮即可。连接成功后，通知区的网络图标将变为。

（三） 通过路由器共享网络

如果家中有多台计算机，使用路由器可以让所有计算机都连接到 Internet。首先按照图 10-23 所示连接硬件设备。

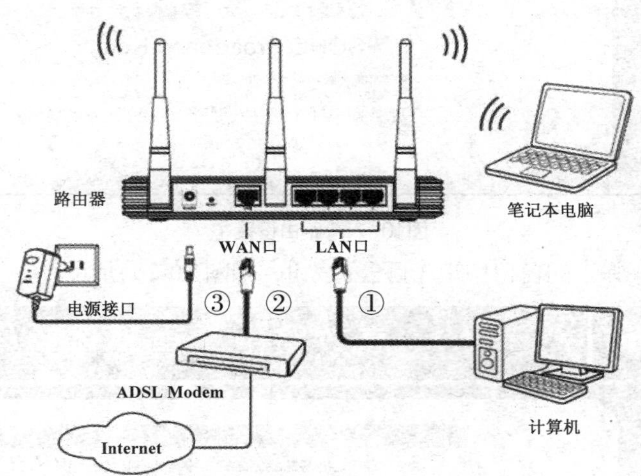

图10-23 硬件接线示意图

下面以 TP-LINK 路由器为例说明路由器的设置方法。

【操作步骤】

STEP 1 在【开始】菜单中单击 Internet Explorer 浏览器（也可以使用计算机中安装的其他浏览器），在地址栏输入："http://192.168.1.1"，然后回车。

STEP 2 在弹出的【Windows 安全】对话框中输入管理员用户名和密码（首次设置时二者均为 admin），然后单击确定按钮，如图 10-24 所示。

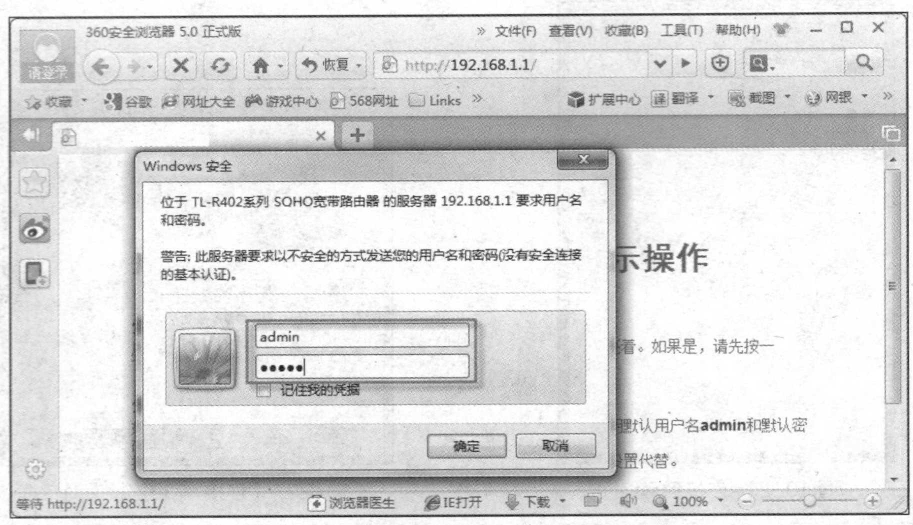

图10-24 登录服务器

STEP 3 在弹出的窗口左侧单击【设置向导】选项，如图 10-25 所示。

图10-25 路由设置 1

STEP 4 在弹出的窗口中单击 下一步 按钮，如图 10-26 所示。

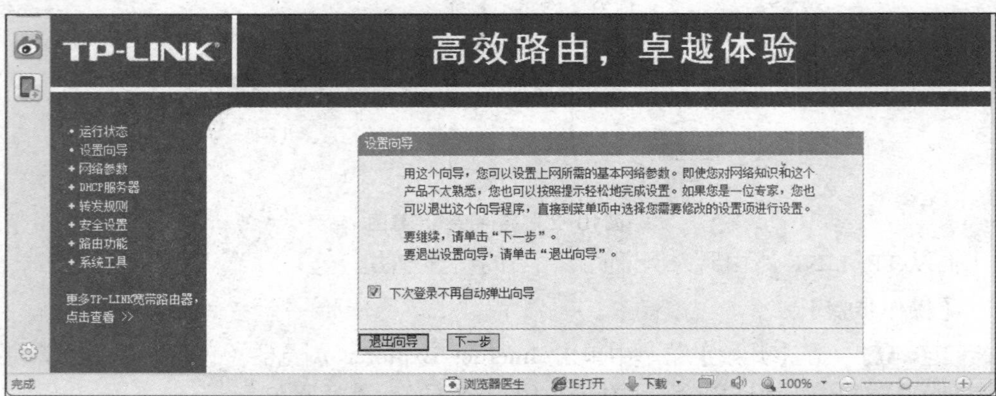

图10-26 路由设置 2

STEP 5 在弹出的窗口中选中【ADSL 虚拟拨号（PPPoE）】单选按钮，然后单击 下一步 按钮，如图 10-27 所示。

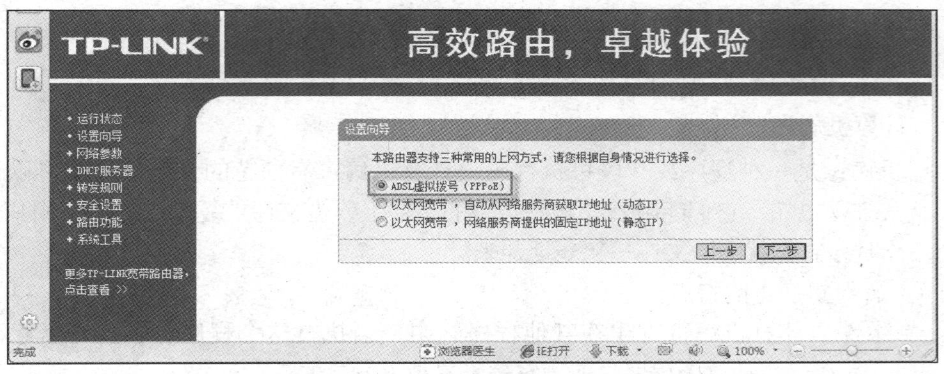

图10-27 路由设置 3

STEP 6 在弹出的窗口中输入账号和密码，然后单击下一步按钮，如图 10-28 所示。

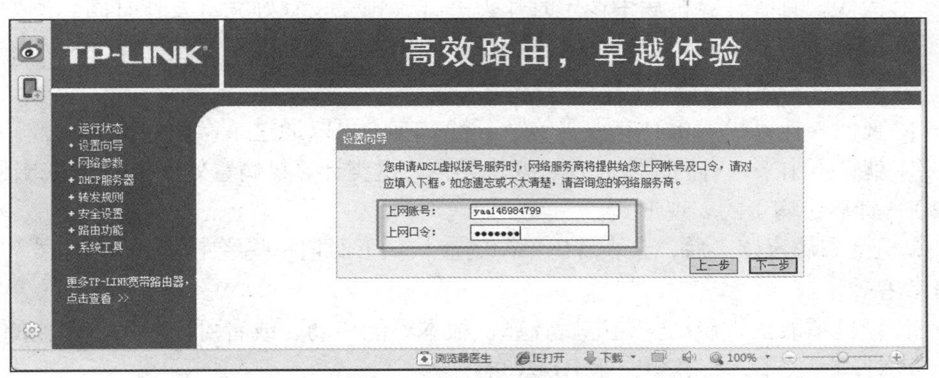

图10-28 路由设置 4

STEP 7 完成设置后，在图 10-29 所示的对话框中单击完成按钮。

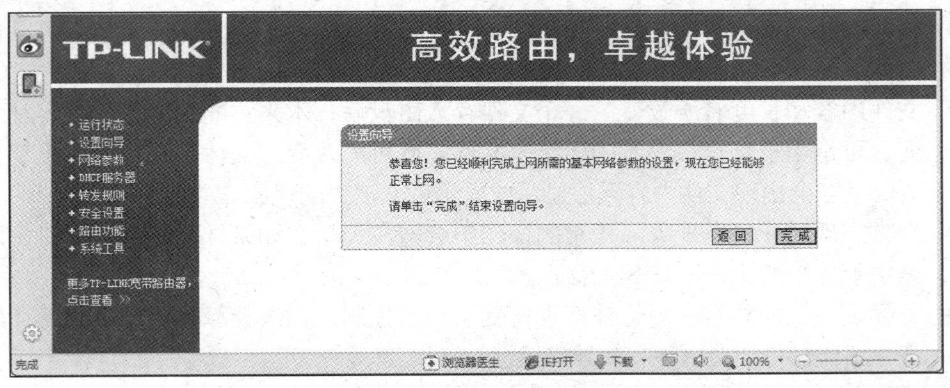

图10-29 路由设置 5

任务二 计算机安全防护

在计算机技术迅速发展的同时，计算机病毒随之诞生，它借助于网络或其他传播途径入侵计算机，给计算机的安全造成隐患。因此，如何保护计算机免受病毒的侵害已经成了至关重要的问题。本任务将介绍防火墙的安装方法及杀毒软件的使用方法。

（一） 了解计算机病毒

下面介绍有关计算机病毒的知识。

1．计算机病毒

计算机病毒是一种程序或一段可执行码。计算机病毒有独特的复制能力，可以很快蔓延，又常常难以根除，它们能附着在各种类型的文件上，当文件被复制或从一个用户传送到另一个用户时，它们就随同文件一起蔓延开来。

（1） 计算机病毒的特点。

- 寄生性。计算机病毒寄生在其他程序之中，当执行这个程序时，病毒就起破坏作用，而在未启动这个程序之前，它是不易被人发觉的。
- 传染性。计算机病毒不但本身具有破坏性，更有害的是其具有传染性，一旦病毒被复制或产生变种，其传播速度之快令人难以预防。
- 潜伏性。有些计算机病毒像定时炸弹一样，预先设计好病毒发作时间。例如，黑色星期五病毒，不到预定时间一点都觉察不出来，等到条件具备的时候一下子就爆炸开来，对系统进行破坏。
- 隐蔽性。计算机病毒具有很强的隐蔽性，有的可以通过杀毒软件检查出来，有的根本就查不出来，有的时隐时现、变化无常，这类计算机病毒处理起来通常很困难。

（2） 计算机病毒的表现形式。

计算机受到病毒感染后，会表现出不同的症状。下面把一些经常出现的现象罗列出来，供读者参考。

- 计算机不能正常启动。通电后计算机根本不能启动，或者可以启动，但比原来的启动时间变长了，有时会突然出现黑屏现象。
- 运行速度降低。如果发现在运行某个程序时，读取数据的时间比原来长，存储文件或调取文件的时间都增加了，那就可能是由于计算机病毒造成的。
- 磁盘空间迅速变小。由于计算机病毒程序要占据内存，而且又能繁殖，可以使内存空间迅速变小甚至变为 0，用户什么信息也无法存储。
- 文件内容和长度有所改变。一个文件存入磁盘后，本来它的长度和其内容都不会改变，可是由于计算机病毒的干扰，文件长度可能改变，文件内容也可能出现乱码，有时甚至会出现文件内容无法显示或显示后又消失的现象。
- 经常出现“死机”现象。正常的操作不会造成死机，如果计算机经常死机，那可能是由于系统被计算机病毒感染了。
- 外部设备工作异常。因为外部设备受系统的控制，如果计算机感染了病毒，外部设备在工作时可能会出现一些异常情况。

以上仅列出一些比较常见的计算机感染病毒后的表现形式，在使用计算机过程中还会遇到一些其他的特殊现象，这就需要由用户自己根据经验进行判断。

2．蠕虫病毒

目前蠕虫病毒的数量已经大大超过其他计算机病毒的数量。蠕虫病毒作为对互联网危害严重的一种计算机程序，其破坏力和传染性不容忽视。与传统的计算机病毒不同的是，蠕虫病毒以计算机为载体，以网络为攻击对象。

一般计算机病毒的传染主要是针对计算机内的文件系统，而蠕虫病毒一般通过复制自身在互联网环境下进行传播，其传染目标是互联网内的所有计算机。局域网条件下的共享文件夹、电子邮件、网络中的网页，以及大量存在着漏洞的服务器等都成为蠕虫传播的良好途径。网络的发展使得蠕虫病毒可以在几个小时内蔓延全球，而且蠕虫的主动攻击性和突然爆发性常使得人们手足无策。

蠕虫病毒的一般防治方法是：使用具有实时监控功能的杀毒软件，并且注意不要轻易打开不熟悉的邮件附件。

3. 木马病毒

特洛伊木马（Trojan house，木马）是一种基于远程控制的黑客工具，具有隐蔽性和非授权性的特点。

隐蔽性是指木马的设计者为了防止木马被发现，会采用多种手段隐藏木马，这样，服务端即使发现感染了木马，由于不能确定其具体位置，也无计可施。

非授权性是指一旦控制端与服务端连接后，控制端将享有服务端的大部分操作权限，包括修改文件、注册表，控制鼠标及键盘等，这些权力并不是服务端赋予的，而是通过木马程序窃取的。

木马的发展基本上可以分为以下两个阶段。

- 在网络还处于以 UNIX 平台为主的时期，木马就产生了，当时木马程序的功能相对简单，往往是将一段程序嵌入到系统文件中，用跳转指令来执行一些木马的功能，在这个时期木马的设计者和使用者大都是具备一定的网络和编程知识的技术人员。
- 随着 Windows 平台的日益普及，一些基于图形操作系统的木马程序出现了，用户界面的改善，使使用者不用具备太多的专业知识就可以熟练地操作木马，木马入侵事件也频繁出现。由于这个时期木马的功能已日趋完善，因此对服务端的破坏也更大了。

木马发展到今天，其危害越来越大，一旦被木马控制，计算机将毫无秘密可言。

- 木马的传染方式：以电子邮件附件的形式发出，捆绑在其他的程序中。
- 木马的特性：修改注册表、驻留内存、在系统中安装后门程序及开机加载附带的木马。
- 木马的破坏性：木马病毒一旦发作，就可设置后门，定时地发送该用户的隐私到木马程序指定的地址，一般同时内置可进入该用户计算机的端口，并可任意控制此计算机，进行文件删除、复制、修改密码等非法操作。
- 防范措施：提高警惕，不下载和运行来历不明的程序，对于不明来历的邮件附件也不要随意打开。

4. 反病毒的方法

反病毒、蠕虫和木马都要以预防为主，在思想上重视，加强管理，防止病毒的入侵。

- 凡是用外来的软盘、光盘向计算机中复制信息，都应该先对软盘和光盘进行病毒和木马查杀，若软盘有病毒或木马，必须清除；如果光盘有病毒或木马，则不能复制。
- 如果是公司的办公计算机，要控制浏览与工作无关的网站，收发邮件时尽量不要使用附件，即使要收发邮件中的附件，应先对附件查杀病毒和木马。
- 不要随意从 Internet 下载运行程序，这样可以保证计算机不被新的病毒传染和引入新的木马。

- 由于计算机病毒具有潜伏性，可能计算机中还隐蔽着某些旧病毒，一旦时机成熟还会发作，所以，要经常对磁盘进行病毒检查，若发现计算机病毒就及时杀除。而木马的隐蔽性更强，基本上不会有明显的症状，更要注意经常查杀。
- 选择一款正版的杀毒软件。诺顿、瑞星、金山毒霸、木马克星、卡巴斯基、江民等都是不错的杀毒软件，它们大多可以同时查杀多种病毒，而且还具有防火墙功能，可以截断病毒进出计算机的通路。

视野拓展

关于黑客

黑客（Hcaker）是指具有较高计算机水平的人，以研究探索操作系统、软件编程、网络技术为兴趣，并时常对操作系统或其他网络发动攻击。其攻击方式多种多样，下面将介绍几种常见的攻击方式。

（1）系统入侵攻击。

黑客的主要攻击手段之一是入侵系统，其目的是取得系统的控制权。系统入侵攻击一般有两种方式：口令攻击和漏洞攻击。

（2）网页欺骗。

有的黑客会制作与正常网页相似的假网页，如果用户访问时没有注意，就会被其欺骗。特别是网上交易网站，如果在黑客制作的网页中输入了自己的账号、密码等信息，在提交后就会发送给黑客，这将会给用户造成很大的损失。

（3）木马攻击。

木马攻击是指黑客在网络中通过散发的木马病毒攻击计算机，如果用户的安全防范比较弱，就会让木马程序进入计算机。木马程序一旦运行，就会连接黑客所在的服务器端，黑客就可以轻易控制这台计算机。黑客常常将木马程序植入网页，将其和其他程序捆绑在一起或伪装成邮件附件。

（4）拒绝服务攻击。

拒绝服务攻击是指使网络中正在使用的计算机或服务器停止响应。这种攻击行为通过发送一定数量和序列的报文，使网络服务器中充斥了大量要求回复的信息，消耗网络带宽或系统资源，导致网络或系统不堪重负直至瘫痪，从而停止正常的网络服务。

（5）后门攻击。

后门程序是程序员为了便于测试、更改模块的功能而留下的程序入口。一般在软件开发完成时，程序员应该关掉这些后门，但有时由于程序员的疏忽或其他原因，软件中的后门并未关闭。如果这些后门被黑客利用，就可轻易地对系统进行攻击。

（二）使用 360 杀毒软件查杀病毒

360 杀毒软件的使用方式比较灵活，用户可以根据当前的工作环境自行选择。“快速扫描”查杀病毒迅速，但是不够彻底；“全盘扫描”查杀彻底，但是耗时长；“指定位置扫描”可以对特定分区和存储单位进行查杀工作，可以有针对性地查杀病毒。

STEP 1 认识 360 杀毒软件。

在桌面上单击快捷图标启动360杀毒软件，主要界面元素如下。

（1） 单击主窗口左上方按钮，可以打开【360 多重防御系统】界面，对系统进行保护，如图10-30所示。

（2） 在主窗口中部有 3 种扫描方式，分别是【全盘扫描】、【快速扫描】和【功能大全】，如图10-31所示。3种扫描方式的对比如表10-2所示。

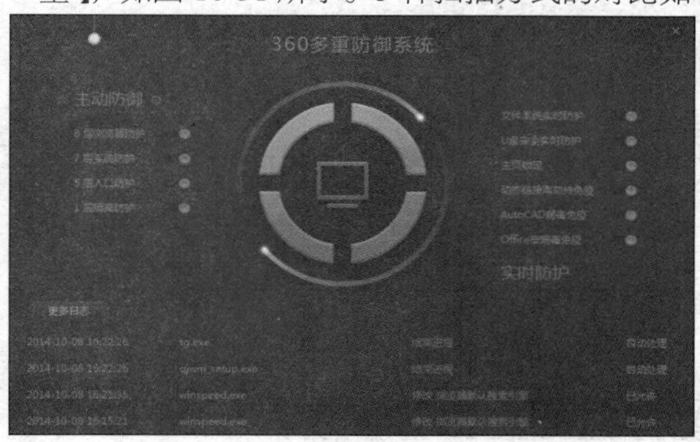

图10-30 【360多重防御系统】界面

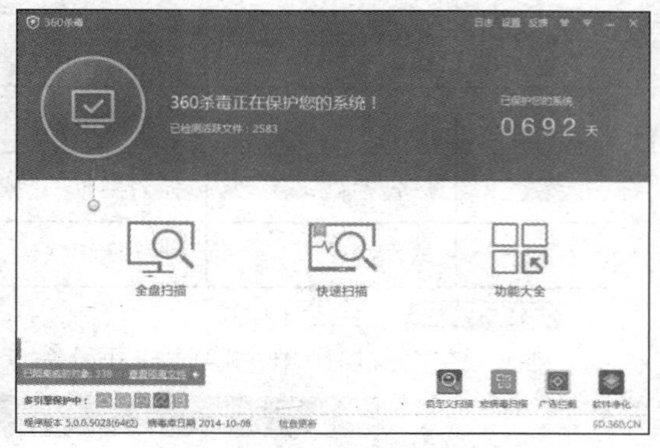

图10-31 360杀毒界面

表10-2 3种扫描方式的对比

按钮	选项	含义
	全盘扫描	全盘扫描比快速扫描更彻底，但是耗费的时间较长，占用系统资源较多
	快速扫描	使用最快的速度对计算机进行扫描，迅速查杀病毒和威胁文件，节约扫描时间，一般用在时间不是很宽裕的情况下扫描硬盘
	功能大全	可以对系统的优化、安全、急救进行维护

（3） 在主窗口左下方选择查看隔离文件选项，可以查看被清除的文件，也可以恢复或者删除这些文件，如图10-32所示。

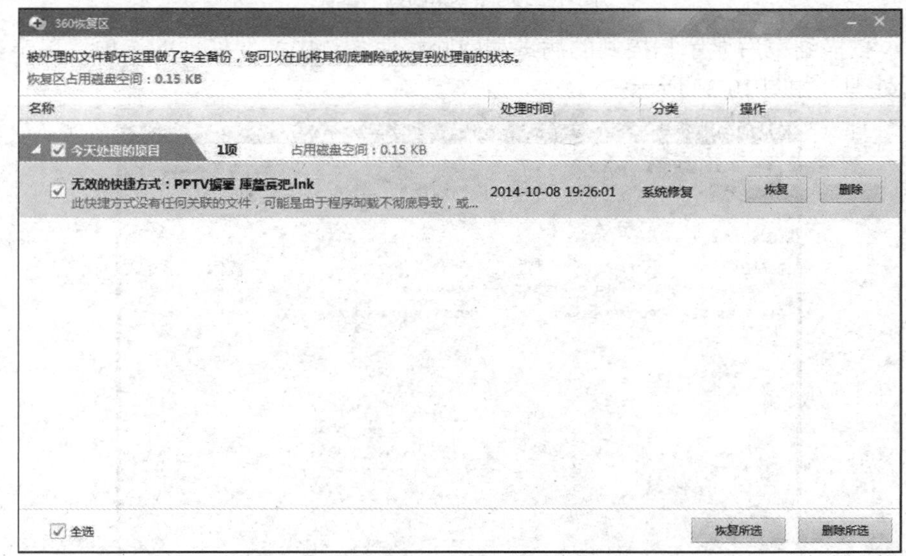

图10-32 【360恢复区】对话框

（4） 在主窗口右下方有 4 个选项，分别是【自定义扫描】、【宏病毒扫描】、【广告拦截】和【软件净化】，其用途如表 10-3 所示。

表 10-3　4 个选项的用途

按钮	选项	作用
	自定义扫描	扫描指定的目录和文件
	宏病毒扫描	查杀 Office 文件中的宏病毒
	广告拦截	强力拦截一些广告的弹窗
	软件净化	杜绝捆绑软件，减轻电脑负荷

STEP 2　全盘扫描。

（1） 在主窗口中单击按钮开始全盘扫描硬盘，如图 10-33 所示。

图10-33　【全盘扫描】界面

（2） 扫描结束后显示扫描到的病毒和威胁程序，选中需要处理的选项，单击立即处理按钮进行处理，如图 10-34 所示。

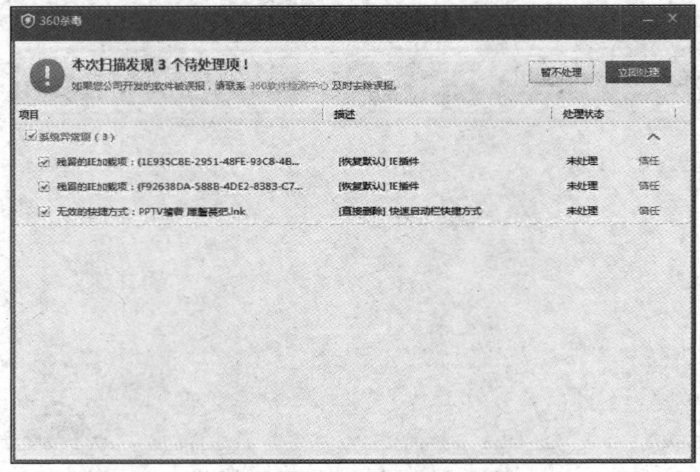

图10-34　显示扫描结果

【知识链接】——病毒、威胁和木马。

在扫描结果中，通常包含病毒、威胁、木马等恶意程序，其特点如表 10-4 所示。

表 10-4　病毒、威胁和木马的特点

恶意程序	解释
病毒	一种已经可以产生破坏性后果的恶意程序，必须严加防范
威胁	虽然不会立即产生破坏性影响，但是这些程序会篡改计算机设置，使系统产生漏洞，从而危害网络安全
木马	一种利用计算机系统漏洞侵入计算机后窃取文件的恶意程序。木马程序伪装成应用程序安装在计算机上（这个过程称为木马种植）后，可以窃取计算机用户上的文件、重要的账户密码等信息

如果选中【扫描完成后关闭计算机】复选框，则在处理完威胁对象后自动关机。

STEP 3　快速扫描。

快速扫描可以使用最快的速度对计算机进行扫描，迅速查杀病毒和威胁文件，节约扫描时间，一般用在时间不是很宽裕的情况下扫描硬盘。

（1）在图 10-31 所示界面中单击按钮开始快速扫描硬盘，扫描结束后显示扫描到的病毒和威胁程序。

（2）扫描完成后，按照与全盘扫描相同的方法处理威胁文件。

STEP 4　应用【功能大全】。

在窗口上单击【功能大全】按钮打开功能大全页面，如图 10-35 所示，具体各功能的用途如表 10-5 所示。

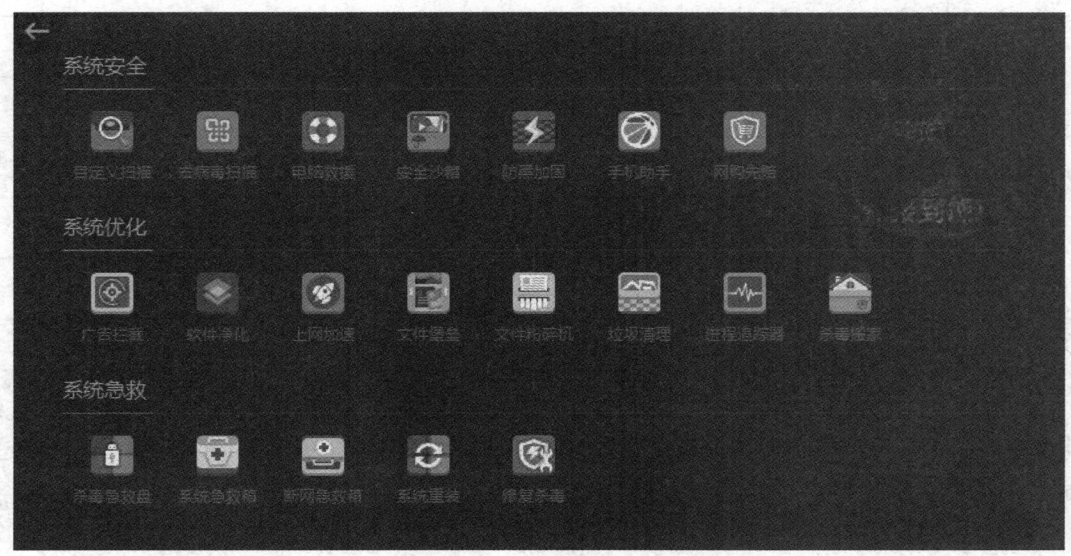

图10-35　功能大全界面

表 10-5 360 杀毒的主要功能

分类	选项	作用
系统安全	自定义扫描	扫描指定的目录和文件
	宏病毒扫描	查杀 Office 文件中的宏病毒
	电脑救援	通过搜索电脑问题解决方案修复电脑
	安全沙箱	自动识别可疑程序并把它放入隔离环境安全运行
	防黑加固	加固系统，防止被黑客袭击
	手机助手	通过 USB 等连接手机，用电脑管理手机
	网购先赔	当用户进行网购时进行保护
系统优化	广告拦截	强力拦截一些广告的弹窗
	软件净化	杜绝捆绑软件，减轻电脑负荷
	上网加速	快速解决上网时卡、慢的问题
	文件堡垒	保护重要文件，以防被意外删除
	文件粉碎机	强力删除无法正常删除的文件
	垃圾清理	清理没有用的数据，优化电脑
	进程追踪器	追踪进程对 CPU、网络流量的占用情况
	杀毒搬家	帮您将 360 杀毒移动到任意硬盘分区，释放磁盘压力而不影响其功能
系统急救	杀毒急救盘	用于紧急情况下系统启动或者修复
	系统急救箱	紧急修复严重异常的系统问题
	断网急救箱	紧急修复网络异常情况
	系统重装	快速安全地进行系统重装
	修复杀毒	下载最新版本，对 360 杀毒软件进行修复

（三） 使用 360 安全卫士维护系统

360 安全卫士是一款完全免费的安全类上网辅助工具，可以查杀流行木马，清理系统插件，在线杀毒，系统实时保护，修复系统漏洞等，同时还具有系统全面诊断，清理使用痕迹等特定辅助功能，为每一位用户提供全方位的系统安全保护。

STEP 1 启动 360 安全卫士。

在【开始】菜单中选择【所有程序】/【360 安全卫士】/【360 安全卫士】命令，启动 360 安全卫士，其界面如图 10-36 所示。

图10-36　360 安全卫士软件界面

STEP 2　电脑体检。

（1）　单击【立即体检】按钮，可以对计算机进行体检。通过体检可以快速给计算机进行“身体检查”，判断计算机是否健康，是否需要“求医问药”。

（2）　体检结束后，单击【一键修复】按钮修复电脑，如图 10-37 所示。

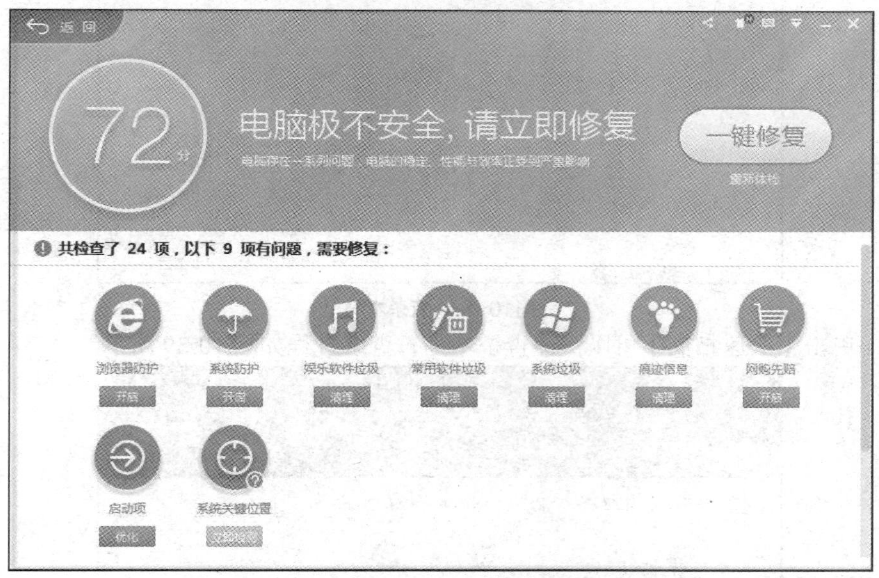

图10-37　体检结果

系统给出计算机的健康度评分，满分 100 分，如果在 60 分以下，说明计算机已经不健康了。单击【重新体检】链接可以重新启动体检操作。

STEP 3　木马查杀。

查杀木马的主要方式有 3 种，具体用法如表 10-6 所示。

表 10-6 查杀木马的方法

按钮	名称	含义
	快速扫描	快速扫描可以使用最快的速度对计算机进行扫描，迅速查杀病毒和威胁文件，节约扫描时间，一般用在时间不是很宽裕的情况下扫描硬盘
	全盘扫描	全盘扫描比快速扫描更彻底，但是耗费的时间较长，占用系统资源较多
	自定义扫描	扫描指定的硬盘分区或可移动存储设备

木马是具有隐藏性、自发性，可被用来进行恶意行为的程序。木马虽然不会直接对计算机产生破坏性危害，但是木马通常作为一种工具被操纵者用来控制用户的计算机，不但会篡改用户计算机的系统文件，还会导致重要信息泄露，因此必须严加防范。

（1） 在图 10-36 所示界面左下角单击【查杀修复】选项，打开如图 10-38 所示的软件界面。

图10-38 查杀木马

（2） 单击【快速扫描】可以快速查杀木马，查杀过程如图 10-39 所示。

图10-39 查杀木马过程

（3） 操作完毕后，显示查杀结果，选中需要处理的选项前的复选框处理查杀到的木马，如图 10-40 所示。如果查杀结果没有发现木马及其他安全威胁，单击按钮返回查杀界面。

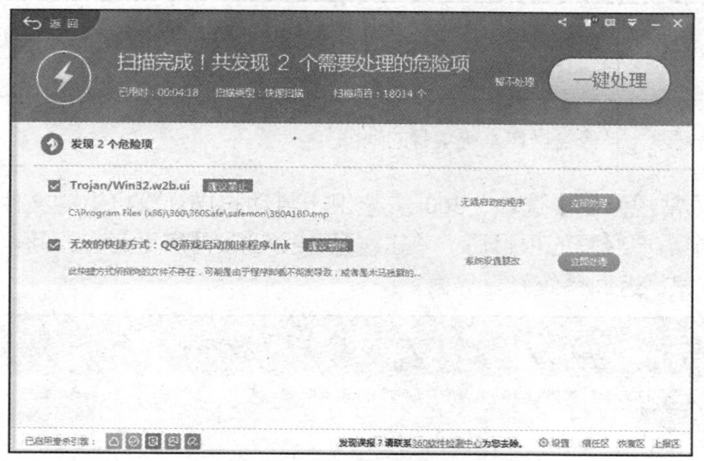

图10-40　查杀结果

（4） 处理完木马程序后，系统弹出如图 10-41 所示对话框提示重新启动计算机，为了防止木马反复感染，推荐单击按钮重启计算机。

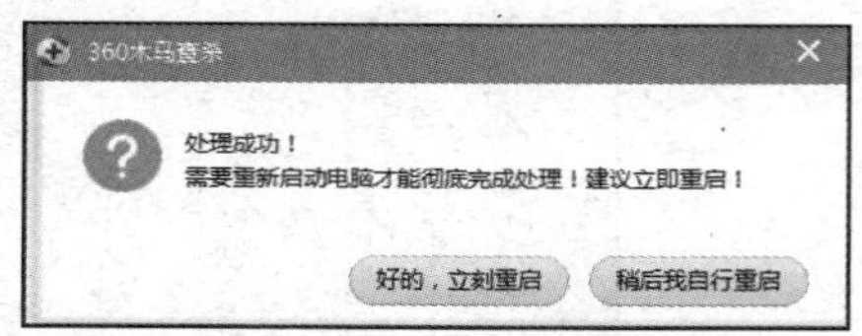

图10-41　重启系统

知识提示　与查杀病毒相似，还可以在图 10-38 所示界面中单击【全盘扫描】和【自定义扫描】选项，分别实现对整个磁盘上的文件进行彻底扫描及扫描指定位置的文件。

STEP 4　系统修复。

（1） 在图 10-36 所示界面左下角单击【查杀修复】选项进入系统修复界面，在右下方有【常规修复】和【漏洞修复】两个选项，如图 10-42 所示。常用的修复方法如表 10-7 所示。

图10-42　系统修复

表 10-7　常用修复方法

按钮	名称	含义
	常规修复	操作系统使用一段时间后，一些其他程序在操作系统中增加如插件、控件、右键弹出菜单改变等内容，对此进行修复
	漏洞修复	修复操作系统本身的缺陷

（2）　单击【常规修复】选项，360 安全卫士自动扫描计算机上的文件，扫描结果如图 10-43 所示。选中需要修复的项目后，单击 立即修复 按钮即可修复存在的问题。完成后单击左上角的 收起 按钮，返回系统修复界面。

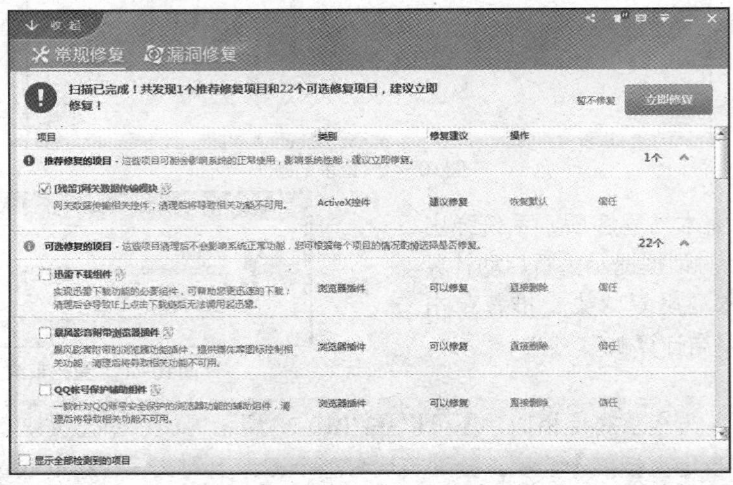

图10-43　【常规修复】扫描结果

（3）　单击【漏洞修复】选项，360 安全卫士自动扫描计算机上的漏洞，扫描结果如图 10-44 所示。选中需要修复的项目后，单击 立即修复 按钮即可修复存在的问题。完成后单击左上角的 收起 按钮，再单击 返回 按钮，返回主界面。

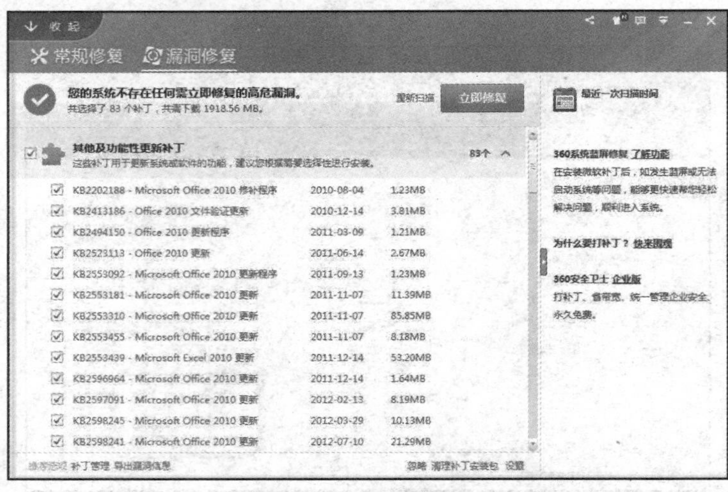

图10-44　【漏洞修复】扫描结果

知识提示

漏洞是指系统软件存在的缺陷，攻击者能够在未授权的情况下利用这些漏洞访问或破坏系统。系统漏洞是病毒木马传播最重要的通道，如果系统中存在漏洞，就要及时修补，其中一个最常用的方法就是及时安装修补程序，这种程序我们称之为系统补丁。

STEP 5 电脑清理。

（1） 在主界面单击【电脑清理】选项进入电脑清理界面，如图 10-45 所示。其中包括 6 项清理操作，具体用法如表 10-8 所示。

图10-45 电脑清理

表 10-8 常用的电脑清理操作

按钮	名称	含义
	清理垃圾	全面清除电脑垃圾，提升电脑磁盘可用空间
	清理痕迹	清理浏览器上网、观看视频等留下的痕迹，保护隐私安全
	清理注册表	清除无效注册表项，系统运行更加稳定流畅
	清理插件	清理电脑上各类插件，减少打扰，提高浏览器和系统的运行速度
	清理软件	瞬间清理各种推广、弹窗、广告、不常用软件，节省磁盘空间
	清理 Cookies	清理网页浏览、邮箱登录、搜索引擎等产生的 cookie，避免泄漏隐私

知识提示

垃圾文件是指系统工作时产生的剩余数据文件，虽然每个垃圾文件所占系统资源并不多，少量垃圾文件对计算机的影响也较小，但如果长时间不清理，垃圾文件会越来越多，过多的垃圾文件会影响系统的运行速度。因此建议用户定期清理垃圾文件，避免累积。目前，除了手动人工清除垃圾文件外，也常用软件来辅助完成清理工作。

插件是一种小型程序，可以附加在其他软件上使用。在 IE 浏览器中安装相关的插件后，IE 浏览器能够直接调用这些插件程序来处理特定类型的文件，如附着 IE 浏览器上的【Google 工具栏】等。插件太多时可能会导致 IE 故障，因此可以根据需要对插件进行清理。

（2） 单击确认要清理的类型（默认为选中状态，再次单击为取消选中），然后单击如图 10-45 所示的界面右侧的 一键扫描 按钮。

（3） 扫描完成后，选择需要清理的选项，单击界面右边的 一键清理 按钮清理垃圾，如图 10-46 所示。

图10-46 一键清理扫描到的垃圾文件

（4） 清理完成后，将弹出相关界面，可以看到本次清理的内容，如图 10-47 所示。再次返回软件主界面。

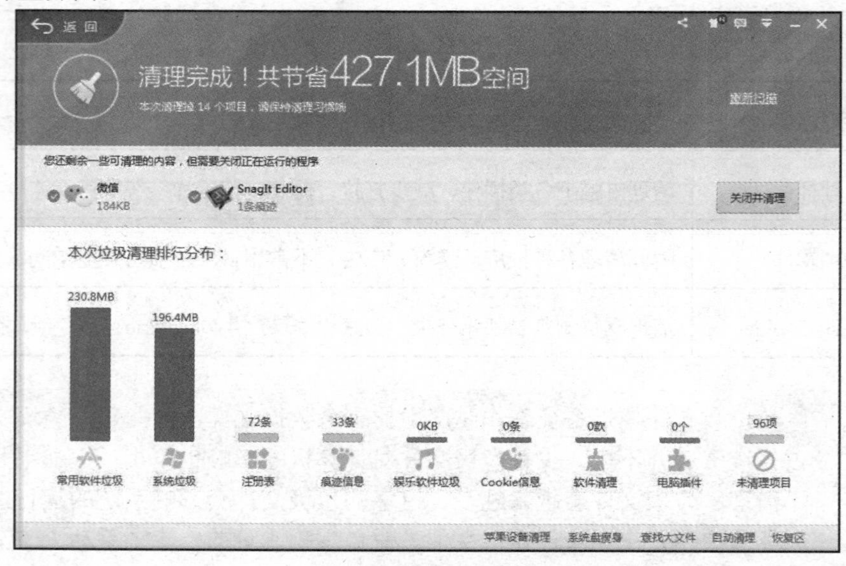

图10-47 电脑清理完成

STEP 6 优化加速。

（1） 在主界面左下角单击【优化加速】选项进入【优化加速】界面，如图 10-48 所示。其中包括 4 个独立的选项，其用途如表 10-9 所示。

图10-48 优化加速项目

表 10-9 常用的优化加速方法

选项	含义
开机加速	对影响开机速度的程序进行统计，用户可以清楚地看到各程序软件所用的开机时间
系统加速	优化系统和内存设置，提高系统运行速度
网络加速	优化网络配置，提高网络运行速度
硬盘加速	通过优化硬盘传输效率、整理磁盘碎片等办法，提高电脑速度

（2） 选中需要加速的项目后，单击【开始扫描】按钮开始扫描，扫描结果如图 10-49 所示。

图10-49 系统优化

（3） 选中需要优化的选项，然后单击【立即优化】按钮进行系统优化。完成后返回主界面。

STEP 7 人工服务。

对于电脑上出现的一些特别的问题，一时无法解决的，可以通过【人工服务】选项进行解决。

（1） 在主界面右下方单击【人工服务】按钮，打开【360 人工服务（360 同城帮）】窗口，如图 10-50 所示。

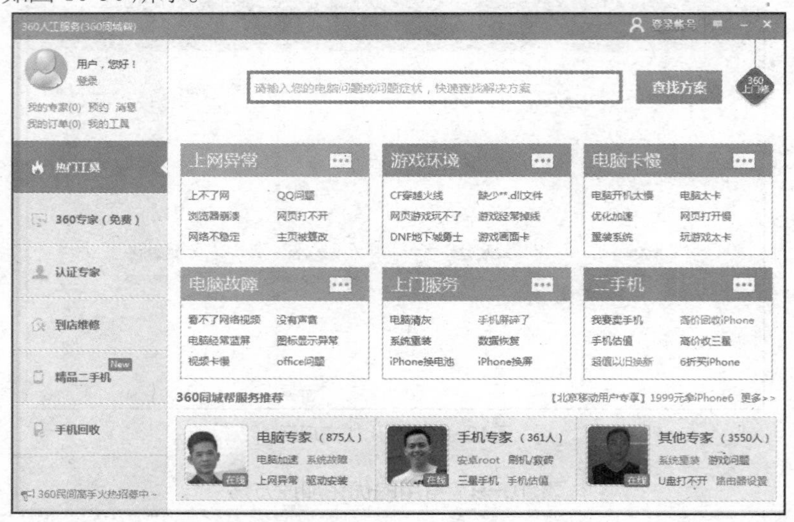

图10-50 360 人工服务

（2） 在【360 人工服务（360 同城帮）】窗口中，可以直接搜索问题，也可以选择问题，然后按照给出的方案解决问题。

STEP 8 软件管家。

在主界面右下方单击【软件管家】按钮，打开【360 软件管家】窗口，可以直接搜索软件，也可以通过窗口左边的分类选择软件，如图 10-51 所示。在这里可以对当软件进行安装、卸载和升级操作。

图10-51 360 软件管家

STEP 9 开启实时保护。

（1） 主界面中部左侧【安全防护中心】按钮，打开【360 安全防护中心】窗口。

（2） 窗口中列出了防护中心监控的项目，移动鼠标指针到每个选项上，右边会出现【关闭】图标，单击即可关闭此选项的防护，如图 10-52 所示。

图10-52 360 安全防护中心

STEP 10 软件升级。

（1） 在图 10-51 所示的【360 软件管家】窗口中，单击 软件升级 按钮，切换到【软件升级】页面，将显示目前可以升级的软件列表。

（2） 单击要升级软件后的 升级 按钮或 一键升级 按钮，即可完成升级操作，如图 10-53 所示。根据软件的具体情况不同，将弹出各种提示信息，用户可以根据具体情况选择继续升级还是取消升级。

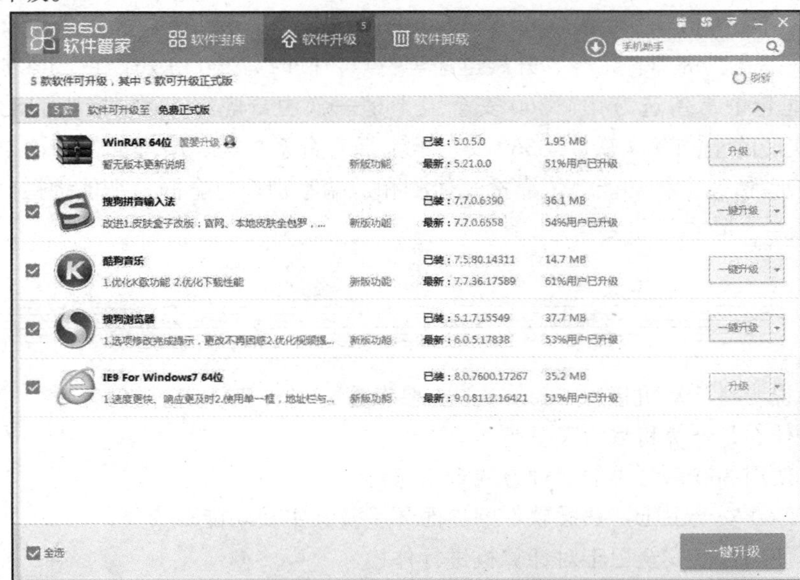

图10-53 软件升级

STEP 11 软件卸载。

（1） 在图 10-51 所示的【360 软件管家】窗口中，单击软件卸载按钮，进入【软件卸载】页面，将显示当前计算机中安装的所有软件列表。

（2） 在界面左侧的分组框中选中项目可以按照类别筛选软件，单击软件后的卸载按钮即可卸载软件，如图 10-54 所示。

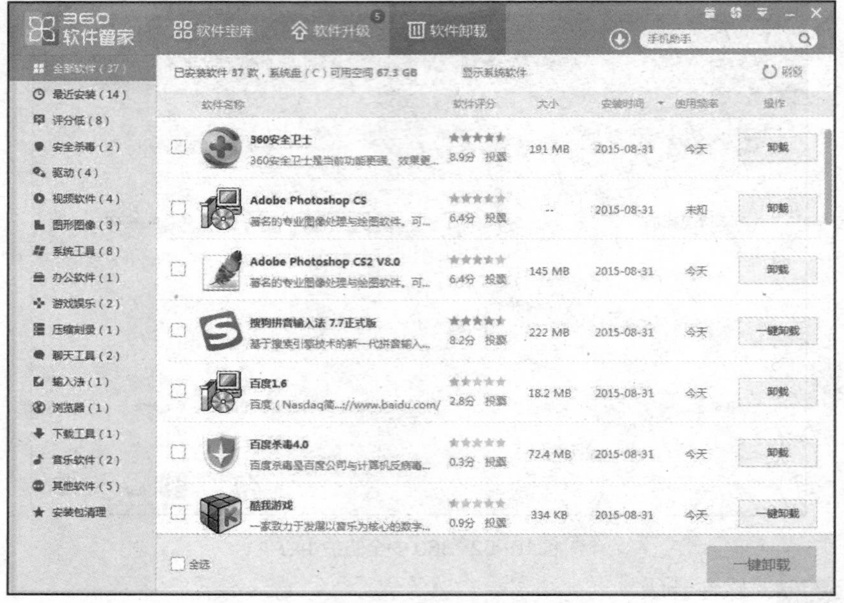

图10-54 卸载软件

小结

本项目主要介绍了计算机上网、防毒与安全设置。在使用计算机的过程中，需要增强安全防护意识，不访问非法网站。360 杀毒是360 安全中心出品的一款免费的云安全杀毒软件，具有查杀率高、资源占用少、升级迅速等特点。同时，360 杀毒可以与其他杀毒软件共存，是一个理想杀毒备选方案。360 安全卫士是一款由奇虎360 公司推出的功能强、效果好、受用户欢迎的上网安全软件。360 安全卫士拥有查杀木马、清理插件、修复漏洞、计算机体检、保护隐私等多种功能，依靠抢先侦测和云端鉴别，可全面、智能地拦截各类木马，保护用户的账号、隐私等重要信息。

习题

1. 简要说明将计算机接入 Internet 的主要步骤。
2. 简述什么是计算机病毒及其特点。
3. 练习使用 360 杀毒中的 3 种方式查杀病毒。
4. 启动 360 安全卫士，熟悉软件的界面环境及其主要功能。
5. 练习使用 360 安全卫士对计算机进行体检。
6. 练习使用 360 安全卫士扫描和修补系统的安全漏洞。

PART 11

项目十一 常见硬件故障的诊断及排除

计算机硬件出现故障的次数虽然不及软件故障频繁，但其一旦出现，处理起来往往会觉得很棘手。只要冷静地分析，仔细地排查，就可以排除常见的硬件故障。本项目将全面介绍计算机常见的硬件故障及排除方法。

学习目标

- 明确计算机硬件故障产生的原因。
- 明确计算机硬件故障常用的诊断方法。
- 掌握常见的计算机硬件故障的排除方法。

任务一　掌握计算机硬件故障诊断方法

对于许多初级用户来说，计算机机箱内部就像是一个“禁区”，即使出现了问题也都不敢去触碰。实际上，机箱内部配件出现的一些常见故障，用户还是可以自己排除的。本任务将介绍机箱内部各个部件最常见故障的诊断和排除的方法。

（一）明确计算机硬件故障产生的原因

计算机虽然是一种精密的电子设备，但是同时也是一种故障率很高的电子设备，引发故障的原因及故障表现形式也多种多样。

1．计算机故障分类

从计算机故障产生的原因来看，故障通常分为硬件故障和软件故障两类。

（1）硬件故障。

硬件故障跟计算机硬件有关，是由于主机、外设硬件系统使用不当或硬件物理损坏而引起的故障，如主板不识别硬盘、鼠标按键失灵以及光驱无法读写光盘等都属于硬件故障。

硬件故障通常又分为“真”故障和“假”故障两类。“真”故障是指硬件的物理损坏，如电气或机械故障、元件烧毁等。“假”故障是指因为用户操作失误、硬件安装或设置不正确等造成计算机不能正常工作。“假”故障并不是真正的故障。

（2） 软件故障。

软件故障是指软件安装、调试和维护方面的故障。例如软件版本与运行环境不兼容，从而使软件不能正常运行，甚至死机、丢失文件。软件故障通常只会影响计算机的正常运行，但一般不会导致硬件损坏。

知识提示

软件故障和硬件故障之间没有明确的界限：软件故障可能由硬件工作异常引起，而硬件故障也可能由于软件使用不当造成。因此在排出计算机故障时需要全面分析故障原因。

2. 硬件故障产生的原因

硬件故障产生的原因多种多样，对于不同的部件和设备，引起故障的主要原因可归纳为以下几点。

（1） 硬件自身质量问题。

有些厂家因为生产工艺水平较低或为了降低成本使用了劣质的电子元器件，从而造成硬件在使用过程中容易出现故障。

（2） 人为因素影响。

有些硬件故障是因为用户的操作或使用不当造成的，如带电插拔设备、设备之间插接方式错误、对 CPU 等部件进行超频但散热条件不好等，均可导致硬件故障。

（3） 使用环境影响。

计算机是精密的电子产品，因此对环境的要求比较高，包括温度、湿度、灰尘、电磁干扰及供电质量等方面，都应尽量保证在允许的范围内，如高温环境无疑会严重影响 CPU 及显卡的性能。

（4） 其他影响。

例如由于器件正常的磨损和老化引发的硬件故障等。

（二） 明确计算机硬件故障诊断方法

在对硬件故障进行诊断之前，首先应了解各种诊断工具的使用方法及诊断过程中的安全问题，并熟悉诊断的原则、步骤以及常用的诊断方法等。

1. 诊断工具

在硬件故障诊断过程中通常要用到的工具有万用表、主板测试卡和网线测试仪等。

（1） 万用表。

万用表是计算机故障维护最常用的测量工具之一，常用来测量电路及元器件的输入、输出电信号。常用的万用表有数字式和指针式两种，如图 11-1 和图 11-2 所示。

图11-1 数字式万用表

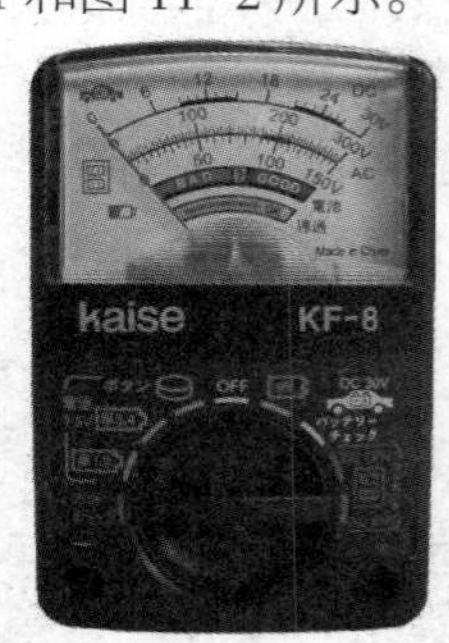

图11-2 指针式万用表

- 数字式万用表：使用液晶显示屏显示测试结果，非常直观，使用也很方便，其特有的蜂鸣器可方便地判断电路中的通断路情况。
- 指针式万用表：通过指针来指示电阻、电压、电流和电容等值，其优点是测量精度高于数字式万用表，但是用起来不如数字万用表方便、直观。

（2） 主板测试卡。

主板测试卡（见图 11-3）是利用主板中 BIOS 内部自检程序的检测设备，通过代码显示出来，结合说明书的"代码含义速查表"就能很快地知道计算机的故障所在。尤其在计算机不能引导操作系统、黑屏或主板未发出提示音时，使用主板测试卡检测故障能事半功倍。

在开机前把主板测试卡插到主板相应的插槽（大多为 PCI 插槽）上，开机后测试卡上会显示两位十六进制数，如果长时间停在某个数字上不动，说明该检测有异常，然后根据计算机的 BIOS 类型，在说明书中找到与显示的数字对应的故障说明。

（3） 网线测试仪。

网线测试仪（见图 11-4）用于测试网线的连通情况，网络发生故障时，可将网线插到测试接口上，通过提示灯的亮灭来判断网线是否正常，为网络故障原因的确定提供依据。

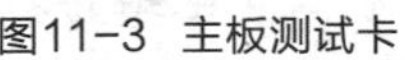
图11-3 主板测试卡

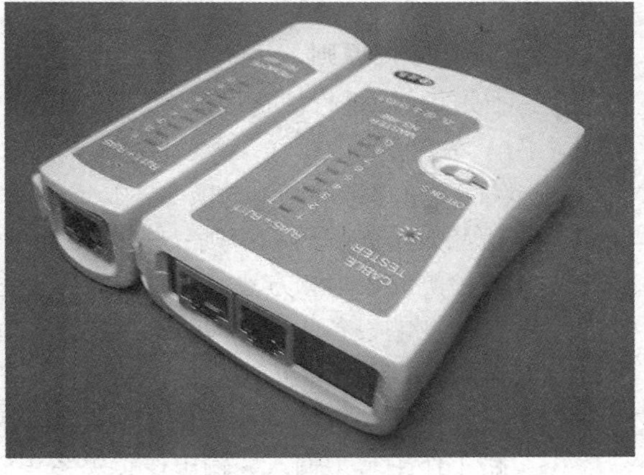

图11-4 网线测试仪

2. 故障诊断安全规范

在诊断过程中所接触的设备既有强电系统，又有弱电系统；诊断过程中既有断电操作又有带电操作，用户应采取正确的方法，防止对计算机和设备产生损坏，保证用户的安全。

（1） 交流供电系统安全。

计算机一般使用市电 220V、50Hz 的交流电源，电源线太多时，布线要合理，不要交叉，而且要避免乱引乱放的情况。如果条件允许，在接通电源之前最好用交流电压表检查市电是否正常，防止高压对硬件的损坏。

（2） 直流稳压电源安全。

机箱电源输出为 ± 5V、± 12V 和 ± 25V 等直流电，使用不当将会对机器、设备特别是集成电路造成严重的损坏。所以在连接电源线时，务必不能接错极性，不要短路。

（3） 导线安全。

在故障诊断之前，要严格检查导线，看导线有无损坏或不必要的裸露，如发现必须立即更换或采取绝缘、屏蔽和包扎等措施。

（4） 带电检测与维修安全。

切忌直接用手触摸机器、设备、元器件和测试笔头、探头等位置，以免发生意外事故或造成新的故障。

（5） 接地安全。

在进行带电操作之前，最好先用电压探测笔或电压表对机箱外壳进行测试，确定安全后再进行操作。在断电操作时，也要先将机箱外壳接地，释放可能携带的静电，防止静电对机箱内的电路元件造成损坏。

（6） 电击安全。

电击会对人体、机器、设备甚至房屋造成严重的损害。一般在雷雨天应避免对计算机进行操作，并拔掉电源线、网线等。

（7） 振动和冲击安全。

要避免振动和冲击，特别是在带电操作中，因为设备（如显示器）在受到严重的机械振动和冲击时有引起爆炸的危险。

（8） 维护人员安全。

维护人员不但要熟悉计算机原理和操作规程，还要熟悉仪器、仪表的使用方法，在维护过程中全神贯注、认真负责，这样才能有效并安全地完成诊断与维修任务。

3. 故障诊断原则

在对硬件故障进行诊断过程中，一般需要坚持以下 4 项原则。

（1） 先静后动。

先静后动原则包括以下 3 项内容。

- 检测人员先静后动原则：排除故障前不可盲目动手，应根据故障的现象、性质考虑好检测的方案和方法及用何种仪器设备，然后再动手排除故障。
- 被检测的设备先静后动原则：应先在系统不通电的情况下进行静态检查，以确保安全可靠，若不能正常运行，则需在动态通电情况下继续查出故障。
- 被测电路先静后动原则：指先使电路处于直流工作状态，然后排除故障。此时如电路工作正常（输入、输出逻辑关系正确），再进行动态检查（电路的动态是指加入其他信号的工作状态）。

（2） 先电源后负载。

电源故障比较常见。当系统工作不正常时，首先应考虑供电系统是否有问题。先检查保险丝是否被熔断，电源线是否接好或导通，电压输出是否正常，当这些全部检查完毕后，再考虑计算机系统的问题。

（3） 由表及里。

由表及里有两层含义：第一层含义为先检查外表，查看是否有接触不良、机械损坏和松动脱落等现象，然后再进行内部检查；第二层含义为先检查机器外面的部件，如按钮、插头和外接线等，然后再检查内部部件和接线。

（4） 由一般到特殊。

由一般到特殊是指先分析常见的故障原因，然后再考虑特殊的故障原因。因为常见故障的发生率较高，而特殊故障的发生率较低。

4. **故障诊断步骤**

按照正确的诊断步骤，可以更快、更准确地找到故障原因，从而达到事半功倍的效果。

（1） 由系统到设备。

由系统到设备指当一个计算机系统出现故障时，首先要判断是系统中哪个设备出了问题，是主机、显示器、键盘还是其他设备。

（2） 由设备到部件。

由设备到部件指检测出设备中某个部件出了问题（如判断是主机出现故障）后，要进一步检查是主机中哪个部件出了问题，是 CPU、内存条、接口卡还是其他部件。

（3） 由部件到器件。

由部件到器件指检测故障部件中的具体元器件和集成电路芯片。例如已知是主板的故障，而主板上有若干集成电路芯片，像 BIOS 芯片一般是可以替换的，所以要根据地址检测出是哪一片集成电路的问题。

（4） 由器件的线到器件的点。

由器件的线到器件的点指在一个器件上发生故障，首先要检测是哪一条引脚或引线的问题，然后顺藤摸瓜，找到故障点，如接点和插点接触不良，焊点、焊头的虚焊以及导线、引线的断开或短接等。

当计算机发生故障时，一定要保持清醒的头脑，做到忙而不乱，坚持循序渐进、由大到小、由表及里的原则，千万不要急于求成，对机器东敲西碰，这样做非但不能解决问题，甚至还有可能造成新的故障。

5. **故障诊断方法**

对于不同类型的故障，其诊断方法也不同。为了能更快、更准确地诊断出故障的原因，掌握各种诊断方法就显得非常重要。

（1） 交换法。

交换法是在计算机硬件故障诊断过程中最常用的方法。在对计算机硬件故障进行诊断过程中，如果诊断出某个部件有问题，而且身边有类似的计算机，就可以使用交换法快速对故障源进行确定。常用的操作方法主要有以下两种。

- 利用正常工作的部件对故障进行诊断：用正常的部件替换可能有故障的部件，接到故障计算机上，从而确定故障源的位置。
- 利用正常运行的计算机对部件故障进行确定：将可能有故障的部件接到能正常工作的计算机上，从而确定部件是否正常。

交换法非常适用于易插拔的组件，如内存条、硬盘、独立显卡及独立网卡等，但前提是必须要有相同型号插槽的主板。

（2） 插拔法。

插拔法是确定主板和 I/O 设备故障的简捷方法，其操作方法如下。

- 诊断出是因为部件松动或与插槽接触不良引起的故障，可将部件拔出后再重新正确插入，以确定或排除故障。

- 将可能引起故障的部件逐块拔下，每拔一块都要观察计算机的运行情况，以此确定故障源。

不能带电拔插，要关机断电后再进行拔插，确认安装无误后再加电开机。接触板卡元器件时要先释放静电，方法是用手摸一下水管或地面。

（3） 清洁法。

如果计算机在比较差的环境中运行，如灰尘比较多、温度和湿度比较高等，则很容易产生故障。对于此类故障，一般采用清洁法进行诊断和维修，其操作方法如下。

- 使用软刷清理主机或部件上的灰尘，以确定并解决因散热导致的故障。
- 使用橡皮擦擦拭部件的金手指，以确定并解决因氧化导致的故障。

（4） 最小系统法。

最小系统法是指在计算机启动时只安装最基本的设备，包括 CPU、显卡和内存，连接上显示器和键盘，如果计算机能够正常启动，就表明核心部件没有问题，然后依次加上其他设备，这样可快速定位故障原因。

一般在开机后系统没有任何反应的情况下，应使用最小系统法。如果系统不能启动并发出报警声，就可确定是核心部件出现故障，可通过报警声来定位故障。

（5） 直接感觉法。

直接感觉法是指通过人的眼、耳、鼻、手来发现并判断故障的方法，其操作方法如下。

- 使用眼睛观察系统板卡的插头、插座有无歪斜，电阻、电容引脚是否相碰，表面是否烧焦变色，芯片表面是否开裂，主板上的铜箔是否烧断。此外还要查看是否有异物掉入主板元器件之间而造成短路。
- 使用耳朵监听电源风扇、显示器变压器以及软硬盘等设备的工作声音是否正常，系统有无其他异常声响。
- 使用鼻子闻主机、外围设备板卡中有无烧焦的气味，便于找到短路故障处。
- 用手按压插座式的活动芯片，检查芯片是否松动或接触不良。此外，在系统运行时，用手触摸或靠近 CPU、硬盘和显卡等部件，依照其温度可判断设备运转是否正常。如果某个芯片的表面发烫，则说明该芯片可能已被损坏。

（6） 诊断程序和硬件测试法。

常用的两种诊断程序是主板 BIOS 中的 POST（Power On Self Test）自检程序和高级故障诊断程序，其操作方法主要有以下几种。

- 通过 POST 自检程序，根据相应的声音提示判断故障源位置。
- 根据屏幕上出现的提示信息确定故障原因。

主板 BIOS 在系统启动时会发出不同的声音，提示系统是否正常启动或故障发生的部位，对于不同的 BIOS，其提示声的含义也不同，对于常见的 Award BIOS 和 AMI BIOS，其提示声的含义如表 11-1 和表 11-2 所示。

表 11-1 Award BIOS 自检响铃的含义

提示声	含义
1 短	系统正常启动，说明机器没有任何问题
2 短	常规错误，可进入 CMOS Setup，重新设置不正确的选项
1 长 1 短	内存或主板出错。换一条内存试试，若还是不行，应更换主板
1 长 2 短	显示器或显卡出错
1 长 3 短	键盘控制器出错。检查主板
1 长 9 短	主板 Flash RAM（闪存）或 EPROM 错误，BIOS 损坏。换块 Flash RAM 试试
不断地响（长声）	内存条未插紧或损坏。重插内存条，若还是不行，更换一条内存
不停地响	电源、显示器未和显卡连接好。检查一下所有的插头
重复短响	电源有问题
无声音无显示	显卡接触不良或电源有问题

表 11-2 AMI BIOS 自检响铃的含义

提示声	含义
1 短	内存刷新失败。更换一条内存
2 短	内存 ECC 校验错误。在 CMOS Setup 中，将内存关于 ECC 校验的选项设为“Disabled”就可以解决，不过最根本的解决办法还是更换一条内存
3 短	系统基本内存（内存的第 1 个 64KB 空间）检查失败。更换一条内存
4 短	系统时钟出错
5 短	中央处理器（CPU）出错
6 短	键盘控制器出错
7 短	系统实模式出错，不能切换到保护模式
8 短	显示内存出错。更换显卡
9 短	ROM BIOS 检验错误
1 长 3 短	内存出错，更换一条内存
1 长 8 短	显示测试出错，显示器数据线没插好或显卡没插牢

任务二　计算机硬件故障诊断案例分析

下面对主机中的各种部件和计算机各种外围设备的常见故障产生原因和处理方法进行详细的分析，并列举一些常见的故障现象，在遇到类似的故障时作为诊断和维修的参考。

（一） CPU 和风扇故障

CPU 是计算机的核心部件，也是整个计算机系统中最重要的部件之一。CPU 一旦出现故障，会影响整个计算机系统的正常运行。

1. 接触不良类故障

将 CPU 从 CPU 插槽中取出，并检查 CPU 针脚是否有氧化或断裂现象，除去 CPU 针脚上的氧化物或将断裂的针脚焊接上，再将 CPU 重新插好即可，如图 11-5 和图 11-6 所示。

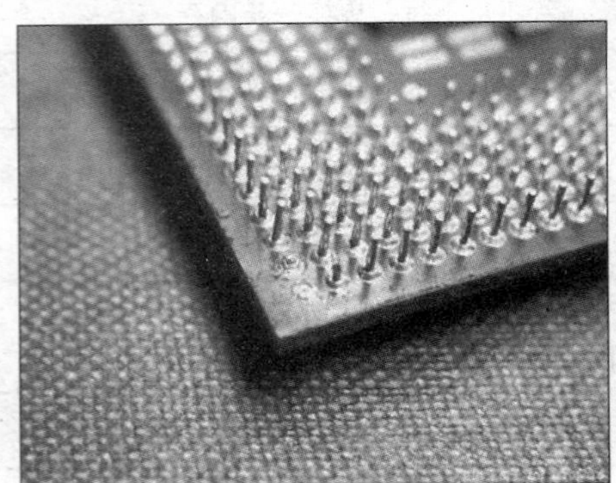

图11-5 CPU 针脚断裂

图11-6 焊接的 CPU 针脚

2. 散热类故障

CPU 散热不良导致计算机黑屏、重启、死机等，严重的会烧毁 CPU。原因一般为 CPU 风扇停转、CPU 散热片与 CPU 接触不良、CPU 周围和散热片内灰尘太多等。

解决方法主要有更换 CPU 风扇、在 CPU 散热片和 CPU 之间涂抹硅脂、清理 CPU 周围和散热片上的灰尘。对 CPU 周围和散热片清理前后的对比效果如图 11-7 所示。

（a） CPU 散热片灰尘太多

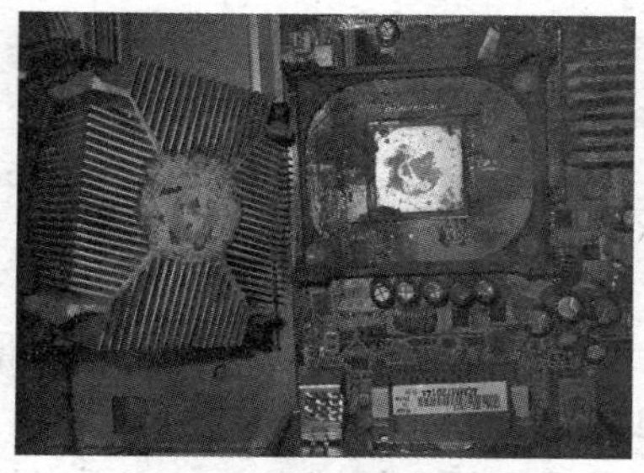

（b） CPU 周围的灰尘

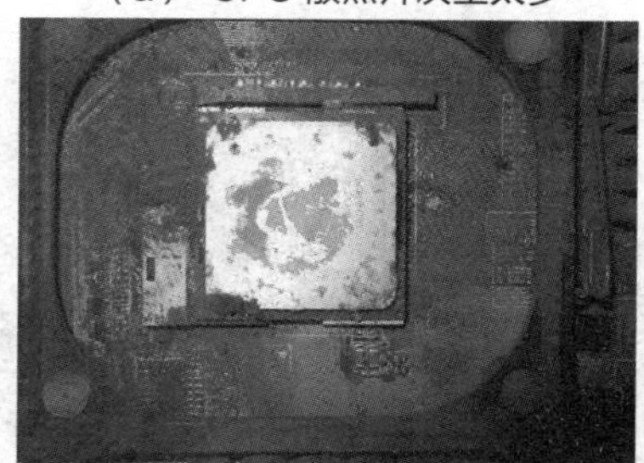

（c） CPU 周围近照

（d）清理灰尘后的效果

图11-7 常见 CPU 周围和散热片灰尘及清理效果

【例 11-1】 **CPU 过热导致计算机自动重新启动。**

【故障描述】

计算机系统经常在运行一段时间后突然自动重新启动或自动关闭，而且按下主机电源开关后不能正常启动，但过一段时间后再次按下电源开关又能正常启动系统。

【故障分析】

（1） 打开机箱，查看 CPU 的散热片和风扇中的灰尘是否过多。

（2） 在通电情况下查看 CPU 风扇运转是否正常。

（3） 用手触摸 CPU 散热片，感觉温度是否正常。

【故障排除】

（1） 若发现 CPU 风扇运转不正常，则应查看风扇的电源线是否正确插接，若风扇已损坏，则应更换风扇。

（2） 若 CPU 散热片温度过高，应拆下风扇对散热片和风扇上的灰尘进行清理。

【例 11-2】 **CPU 针脚接触不良导致计算机无法启动。**

【故障描述】

按下主机电源开关后主机无反应，屏幕上无显示信号输出，但有时又正常。

【故障分析】

（1） 首先诊断是显卡出现故障，用替换法检查后，发现显卡无问题。

（2） 然后拔下插在主板上的 CPU，仔细观察后发现 CPU 并无烧毁痕迹，但 CPU 的针脚均发黑、发绿，有氧化的痕迹。

【故障排除】

清洁 CPU 针脚，然后将 CPU 重新安装，故障得到解决。

（二） 主板故障

计算机主板将各个部件连接组成一个有机的整体，它是计算机稳定可靠运行的平台。如果主板出现故障，则会严重影响系统的正常运行，甚至导致计算机不能正常启动。

1． 主板故障产生原因

主板故障产生的原因大致分为以下几种。

（1） 环境因素。

计算机的工作环境太差是主板出现故障的主要原因之一，如温度太高、不通风、灰尘太多以及因空气干燥产生静电等。图 11-8 所示为灰尘过多的主板及其清理效果。

（a） 主板上灰尘太多

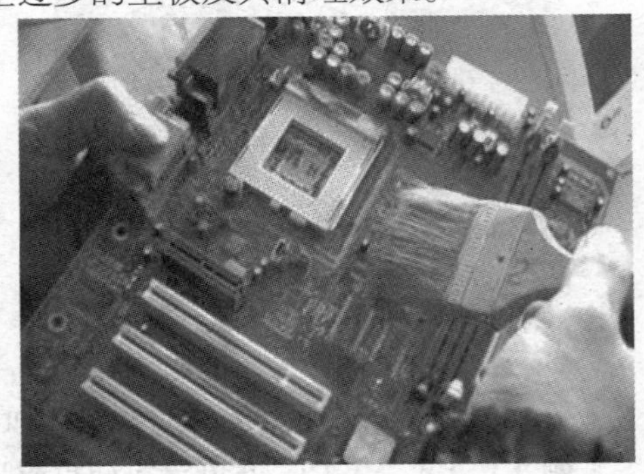

（b） 清理主板上灰尘

图11-8 主板上的灰尘及清理

（2） 电源因素。

电压太高或太低都会引起主板工作不稳定或损坏等故障。主机电源质量太差，输出的电压太高或太低，也有可能造成主板出现故障，长期使用还有可能造成主板上的芯片损坏。

（3） 人为因素。

由于在插拔内存、显卡等器件时方法不当，造成主板上的插槽损坏，如图 11-9 所示。

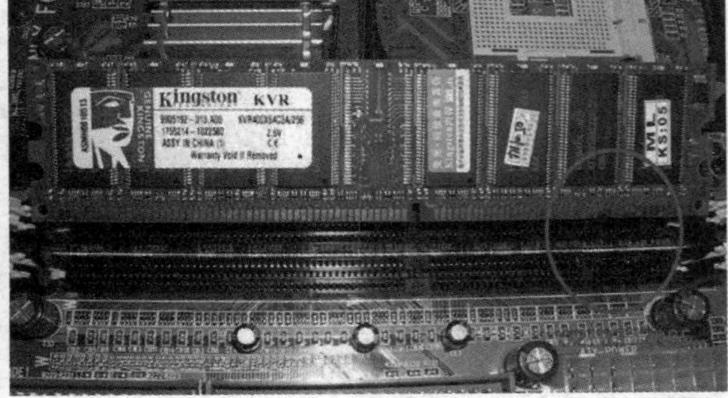

图11-9 主板内存插槽损坏

2． 主板故障诊断步骤

主板发生故障的部位主要有芯片组、晶体振荡器、鼠标接口、键盘接口、硬盘接口、各种部件插槽及电池等，通常可以按照以下几个方面对故障进行诊断。

- 主板上的插槽与各种接口卡或外围设备相连接，易发生接触不良或带电插拔烧坏插槽等情况，首先应使用插拔法、清理法和交换法对这些部位进行诊断。
- 各种芯片组、存储器容易因为电源或电池供电不足导致运行不正常，或者受到强电压的冲击造成损坏，可使用诊断程序和硬件测试法进行诊断。

- 各种接口可能由于经常扳动造成焊接脚松脱或接口损坏等故障，可使用观察法对部件故障进行确认。
- 各种设置开关和跳线可能由于插接不正确而导致主板不能正常工作，可对照主板说明对其进行确认或重新插接。

【例 11-3】 **更改 BIOS 设置后不能长时间保存。**

【故障描述】

对 BIOS 的设置进行更改后，等到第二次启动计算机时又恢复到原来的设置，并且系统时间又跳回到主板的初始时间。

【故障分析】

此故障是因为 BIOS 设置在断电后无法保存导致的，一般是因为主板 CMOS 跳线设置不当或主板电池电力不足造成的。

【故障排除】

对照主板说明书，查看 CMOS 的跳线设置是否正确。若不正确，则设置到正确的位置；如果仍不能解决，则更换主板电池即可。

【例 11-4】 **主板高速缓存不稳定引起故障。**

【故障描述】

在 CMOS 中设置使用主板的二级高速缓存（L2 Cache）后，在运行软件时经常死机，而禁止二级高速缓存时系统可正常运行。

【故障分析】

引起故障的原因可能是二级高速缓存芯片工作不稳定，用手触摸二级高速缓存芯片，如果某一芯片温度过高，则很可能是不稳定的芯片造成的。

【故障排除】

禁用二级高速缓存或更换芯片即可。

（三） 内存故障

内存如果出现故障，会造成系统运行不稳定、程序出现问题和操作系统无法安装等故障。内存故障产生的原因主要有以下几点。

1. 接触不良

由于内存条金手指处发生氧化或有灰尘而造成接触不良，这也是内存条出现故障的主要原因。通常可将内存条取下，用橡皮擦擦拭金手指后重新插上以解决此类故障。

2. 内存条质量问题

由于购买到劣质的内存条产品造成兼容性和稳定性方面出现问题，所以在购买内存条时要注意辨别真伪。

3. 内存损坏

由于强电压或安装时操作不当，造成内存芯片或金手指被烧坏，从而出现故障，如图 11-10 所示。

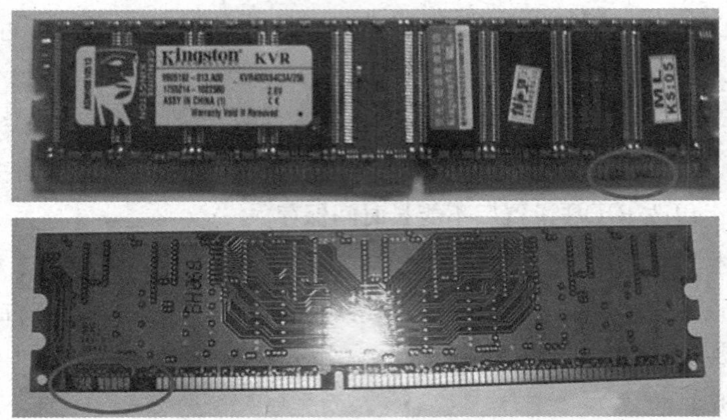

图11-10 被烧坏的内存条

【例 11-5】 **内存问题导致不能安装操作系统。**

【故障描述】

对计算机硬件进行升级（如安装双内存）后，重新对硬盘分区并安装 Windows 7 操作系统，但在安装过程中复制系统文件时出错，不能继续进行安装。

【故障分析】

由于硬盘可以正常分区和格式化，所以排除硬盘有问题的可能性。

首先考虑安装光盘是否有问题，格式化硬盘并更换一张可以正常安装的 Windows XP 安装光盘后重新安装，仍然在复制系统文件时出错。如果只插一根内存条，则可以正常安装操作系统。

【故障排除】

此故障通常是因为内存条的兼容问题造成的，可在只插一根内存条的情况下安装操作系统，安装完成后再将另一根内存条插上，通常系统可以正确识别并正常工作。

除此之外，也可更换一根兼容性和稳定性更好的内存条。

（四） 硬盘故障

硬盘上存储有大量的数据，一旦硬盘出现故障不能正常使用，对用户来说不仅是金钱上的损失，还有很多资料也会丢失。引起硬盘出现故障的原因主要有以下几种。

1. 人为因素

由于拔插硬盘时用力过大或插接方向不正确，造成硬盘接口针脚断裂，从而导致硬盘不能正常读取数据，也可能是对硬盘进行格式化或分区时操作不当造成分区表丢失或损坏。

2. 设置不当

由于硬盘的跳线设置不当、BIOS 设置不当、操作系统中对硬盘的传输模式设置不当等，造成不能正常读取数据或读取数据较慢的故障。

3. 自然损耗因素

随着使用时间的增加，由于自然磨损等原因，硬盘可能出现不能正常读取数据或读取数据时噪声过大等情况，此时应及时更换硬盘并转移资料，避免硬盘完全损坏造成数据的丢失。

【例 11-6】 **开机自检后不能进入操作系统。**

【故障现象】

开机自检完成后，不能正常进入操作系统。

【故障分析】

有可能是误操作或者病毒破坏了引导扇区，也可能是系统启动文件被破坏或 0 磁道损坏。

【排除故障】

（1） 用启动盘启动硬盘，用“SYS C:”命令修复系统启动文件。

（2） 若无效可以使用杀毒工具检查是否有病毒，属于病毒破坏引导扇区的情况可以解决。

（3） 如果不是这些问题，就用诺顿磁盘医生修复引导扇区和 0 磁道。

（4） 如果无法修复 0 磁道，就需要维修或更换硬盘了。

（五） 光驱故障

光驱是计算机系统中较为常用的外存储设备，其出现故障的原因主要有以下几点。

- 由于光驱的电源线、数据线松脱造成不能正常工作和读取数据。
- 在进行主从设备安装时没有正确地设置跳线。
- 光驱中的激光头老化或被灰尘遮挡。

【例 11-7】 **光驱不能读取光盘数据。**

【故障描述】

光驱可以正常开合，将光盘放入光驱后，在系统中打开，光驱盘符显示为空，查看光驱属性发现无数据。

【故障分析】

（1） 光驱可以正常开合，证明光驱通电情况正常。

（2） 首先更换一张光盘后进行数据读取，以确定是否是光盘自身的问题。

（3） 打开机箱，查看光驱的数据线是否连接好。

（4） 最后可使用清洁工具光盘对光驱的激光头进行清洗。

【故障排除】

（1） 若更换光盘后能正常读取数据，则证明是原光盘有问题，可对其进行清洗并擦拭干净后再次进行读取。

（2） 若是因为数据线松脱造成问题，则将数据线连接好。

（3） 若对激光头进行清洗后能正常读取数据，则证明是激光头上有灰尘。

（4） 若以上情况都被排除后，则可能是光驱自身有问题，应送往维修或更换。

（六） 显卡故障

显卡作为计算机系统的一个主要部件，其发生故障的概率也较高。通常引起显卡故障的原因有以下几种。

1. 接触不良

显卡的金手指氧化可能造成与主板上的显卡插槽接触不良，一般可拔插一次显卡并清洁显卡的金手指部位即可排除故障。

2. 驱动程序故障

进入系统后显卡显示不正常，一般是由于驱动程序没有安装正确或是驱动程序出错造成的，只需重新安装驱动程序即可解决故障。

3. 散热问题

显卡因风扇停转或散热片灰尘太多造成散热不良，从而导致温度过高，可能造成花屏、无故死机或关机、无法正常启动等问题。

4. 显卡芯片故障

显卡上的 GPU 芯片、显存芯片等因过热或强电压出现故障，此类故障只有联系专业维修人员进行维修或进行更换才可解决。

【例 11-8】 因显卡与插槽接触不良引起计算机不能正常启动。

【故障描述】

计算机不能正常启动，打开机箱，通电后发现 CPU 风扇运转正常，但显示器无显示，主板也无任何报警声响。

【故障分析】

（1） CPU 风扇运转正常，证明主板通电正常。

（2） 拔下内存条后再通电，若主板发出报警声，则说明主板的 BIOS 系统工作正常。

（3） 插上内存条并拔下显卡，主板也有报警声，证明显卡插槽正常，排除显卡损坏的可能，则确定是因为显卡与插槽接触不良。

【故障排除】

使用橡皮擦擦拭显卡的金手指后再插入插槽即可解决故障。

【例 11-9】 因显卡散热不良引起花屏现象。

【故障描述】

计算机能正常启动运行，但在运行 3D 软件或游戏一段时间后会出现花屏现象。

【故障分析】

（1） 此类故障一般首先诊断是显卡的问题，打开机箱，启动计算机查看显卡风扇运转是否正常。

（2） 用手触摸显卡散热片和背面，感觉显卡的温度是否正常。若出现发烫或温度上升很快等现象，则证明是因为散热不良而导致故障。

（3） 若散热片温度正常，而显卡背面温度较高，则可能是因为散热片与显卡芯片接触不良引起的。

【故障排除】

（1） 若风扇运转出现问题，则需送往维修或更换新的风扇。

（2） 若只是散热问题，则可对散热片和风扇上的灰尘进行清理。

（3） 若是因为散热片与显卡芯片接触不良，则一般需要送往诊断点加涂硅胶导热。

（七） 电源故障

电源作为主机的供电设备，是计算机系统能否正常工作的保障。若电源工作不正常，则有可能烧坏主板和各种部件；若不能提供充足的电功率，则会造成各部件不能正常工作。

1. 强电压

电源如果受到强电压的冲击，特别是对于质量不太好的电源，会造成保险丝熔断、电容烧坏等故障，此时应更换元件或更换电源。质量好的电源可有效抵抗强电压的冲击，并在强电压冲击时有效地保护主机内部的器件，所以应尽量选购质量较好的电源。

2. 灰尘

电源内部最容易吸附灰尘，灰尘过多可能造成电源散热不良或短路的发生。由于电源内有大电容，操作不当可能引发瞬时高压，会对人员造成危险，所以一般非专业人员最好不要私自打开电源，可送往专业诊断点进行灰尘的清理。

【例 11-10】 电源故障导致不能正常启动。

【故障描述】

计算机启动时能通过自检，一段时间后电源突然自动关闭。

【故障分析】

（1） 将电源连接到其他计算机中观察运行是否正常。

（2） 电源超过这个额定范围时，电源的过流和过压保护启动，便会自动关闭电源，有必要检查交流市电是否为 220V。

（3） 计算机中的部件局部漏电或短路，将导致电源输出电流过大，电源的过流保护将起作用，自动关闭电源。此时可用最小系统法逐步检查，找出硬件故障。

（4） 电源与主板不兼容也可能导致此故障。

【故障排除】

（1） 连接到其他计算机上后，若工作也不正常，则可能是电源出现故障；若工作正常，则可能是原计算机系统中的部件过多，耗电量过大，而电源功率不足，造成供电不足引起故障，此时应更换功率更大的电源。

（2） 若检测出交流市电波动较大，则可以加一个稳压器。

（3） 如果是电源与主板不兼容，可能是由于电源或主板的生产厂家没有按常规标准生产器件，此时需要更换电源。

（八） 鼠标和键盘故障

鼠标和键盘作为计算机的基本输入设备，若发生故障，就会影响计算机的正常使用。鼠标和键盘的常见故障原因有以下几点。

1. 自然损耗因素

鼠标和键盘也有一定的使用寿命，一般在长时间使用后会出现按键失效或不灵敏，可对其进行清理或更换，以解决此类故障。

2. 人为因素

不小心将其摔坏；将液体溅入鼠标和键盘，从而造成电路损坏或短路，引起鼠标和键盘损坏或工作不正常；经常拔插鼠标和键盘或拔插方法不正确，造成接口损坏；连接时没有正确区分鼠标和键盘的接口，插接错误。

3. 设置不当

在操作系统中，由于软件设置改变了鼠标或键盘的某些功能，如键盘上的数字键盘用于操作鼠标光标、鼠标的左右键调换等。对于此类故障，可查看相关资料，并根据需要进行正确的设置即可。

【例 11-11】 **键盘不能正常输入。**

【故障描述】

计算机正常启动后，键盘没有任何反应。

【故障分析】

（1） 重新启动计算机，在自检时注意观察键盘右上角的 Num Lock 提示灯、Caps Lock 提示灯和 Scroll Lock 提示灯是否闪了一下，进入系统后再分别按下键盘上这 3 个灯所对应的键，查看灯是否有亮灭现象。

（2） 检查键盘的连线是否正确，将键盘接到其他计算机中测试能否正常使用。

（3） 检查主板上键盘接口处是否有针脚脱焊、灰尘过多等情况。

【故障排除】

（1） 若键盘上的提示灯一直都没有亮，则有可能是键盘与主板没有连接好，可重新拔插一次确认正确连接即可。

（2） 因鼠标和键盘的接口外观相同，连接时应仔细辨别，或者对照主板说明书进行正确插接。

（3） 若接到其他计算机中也不能正常使用，则可能是键盘已损坏，只需更换新键盘即可。

（4） 若检查主板上的键盘接口处的针脚有脱焊的情况，则应对其进行正确焊接；若发现该处灰尘太多，则有可能是由于灰尘造成短路，应对灰尘进行清理。

（九） 网卡故障

网卡作为与其他计算机进行数据交换的主要部件，若发生故障，会影响网络的使用，并可能造成其他一些问题的产生。

【例 11-12】 **添加网卡后不能正常关机。**

【故障描述】

计算机原来使用正常，但添加了一块网卡后不能正常关机。

【故障分析】

（1） 首先应重新安装网卡的驱动程序，以确定是否为驱动程序不正确造成的故障。

（2） 打开机箱，取下网卡并对网卡的金手指和主板上的 PCI 插槽进行清理，然后重新插上，以确定是否因灰尘过多造成接触不良。

（3） 最后可更换一个 PCI 插槽，或者将网卡装到其他计算机上，以确定是否为 PCI 插槽或网卡自身的故障。

【故障排除】

（1） 若是由于网卡驱动程序不正确引起的故障，则重新安装驱动程序即可。

（2） 若是由于接触不良引起的故障，则对网卡和插槽进行清理即可。

（3） 若更换 PCI 插槽后恢复正常，则可能是原 PCI 插槽损坏；若将网卡装到其他计算机上也出现类似故障，则可能是网卡损坏，应进行更换。

【例 11-13】 **网络时续时断。**

【故障描述】

一块 PCI 总线的 10/100Mbit/s 自适应网卡，在 Windows XP 系统中使用时网络时续时断。查看网卡的指示灯，发现该指示灯时灭时亮，而且交替过程很不均匀。与该网卡连接的 Hub（集线器）所对应的指示灯也出现同样的现象。

【故障分析】

（1） 首先诊断是 Hub 的连接端口出了问题，可将该网卡接到其他端口上，若问题依旧，说明 Hub 没有问题。

（2） 再用网卡随盘附带的测试程序盘查看网卡的有关参数，其 IRQ 值为 5，然后返回到操作系统，查看操作系统分配给网卡的参数值，其 IRQ 同样是 5。

（3） 后来又诊断是安装该网卡的主板插槽有故障，于是打开机箱，换几个 PCI 插槽，问题仍然存在。

（4） 更换多块网卡，问题依旧，说明不是网卡损坏的问题。

（5） 最后检查 CMOS 参数设置。

【故障排除】

（1） 进入 CMOS 设置。

（2） 选择【PnP/PCI Configuration】选项，可发现【IRQ5】选项后面的状态为"Legacy ISA"。

（3） 将【IRQ5】选项状态改为"PCI/ISA Pnp"后，网卡即可工作正常。

小结

本项目介绍了计算机常见的一些硬件故障，并给出了故障原因的分析排查和解决方案。总地来说，要做到快速准确地找出计算机故障原因是一个长期熟悉和积累的过程。计算机出现故障应先冷静分析问题可能出现在什么地方，然后遵循先外后内、先软后硬的原则进行排查，即首先检查计算机外部电源、设备、线路，然后再开机箱；先从软件判断入手，然后再从硬件着手。

习题

1. 硬件故障的产生原因主要有哪些？
2. 硬件故障诊断过程中使用的工具主要有哪些？各有什么作用？
3. 硬件故障诊断的原则和步骤是什么？
4. 由于散热问题容易引起故障的硬件设备有哪些？
5. 主板的常见故障和处理方法有哪些？
6. 总结排除计算机硬件故障的一般思路。

项目十二 常见软件故障的诊断及排除

PART 12

计算机系统投入使用以后，由于用户的操作、病毒以及软件自身的漏洞等原因会导致各种各样的软件故障。这些故障会使计算机系统速度下降、频繁报错甚至死机，从而影响用户的正常使用。本项目介绍当前计算机系统中最常见的软件故障及其诊断和排除的方法。

学习目标

- 明确计算机软件故障产生的原因。
- 明确计算机软件故障的诊断方法。
- 明确计算机常见软件故障的排除方法。

任务一 明确计算机常见软件故障诊断要领

系统软件故障大多是指计算机操作系统自身出现的故障，对于普通用户来说，计算机出现系统软件故障后很难找到解决的方法，从而严重影响计算机的性能。本任务将介绍最常见的系统软件故障诊断和维护的方法。

（一） 明确软件故障产生的原因

与硬件故障相比，软件故障虽然破坏性较弱，但是其发生频率更高。归纳起来，产生软件故障的主要原因有以下几个方面。

1. 文件丢失

文件丢失往往会导致软件无法正常运行，特别是重要的系统文件。

（1） 虚拟驱动程序和某些动态链接库文件损坏。

每次启动计算机和运行程序的时候，都会关联上百个文件，但绝大多数文件是一些虚拟驱动程序（Virtual Device Drivers，VXD）和应用程序依赖的动态链接库文件（Dynamic Link Library，DLL）。当这两类文件被删除或者损坏时，依赖于它们的设备和文件就不能正常工作。

（2） 没有正确地卸载软件。

如果用户没有正确地卸载软件而直接删除了某个文件或文件夹，系统找不到相应的文件来匹配启动命令时，这样不但不能完全卸载该程序，反而会给系统留下大量的垃圾文件，成为系统产生故障的隐患。只有重新安装软件或者找回丢失的文件才能解决这个问题。

（3） 删除或重命名文件。

如果桌面或【开始】菜单中的快捷方式所指向的文件或文件夹被删除或重命名，在通过该快捷方式启动程序时，屏幕上会出现一个对话框，提示“快捷方式存在问题”，并让用户选择是否删除该快捷方式。此故障可通过修改快捷方式属性或重新安装软件来解决。

2. 文件版本不匹配

用户会随时安装各种不同的软件，包括系统的升级补丁，都需要向系统复制新文件或替换现存的文件。在安装新软件和进行系统升级时，复制到系统中的大多是 DLL 文件，而这种格式的文件不能与现存软件“合作”，是大多数软件不能正常工作的主要原因。

3. 非法操作

非法操作是由于人为操作不当造成的。例如卸载程序时不使用程序自带的卸载程序，而直接将程序所在的文件夹删除，或者计算机感染病毒后，被杀毒软件删除的部分程序文件导致的系统故障等。

4. 资源耗尽

一些 Windows 程序需要消耗各种不同的资源组合，如 GDI（图形界面）集中了大量的资源，这些资源用来保存菜单按钮、面板对象、调色板等；USER（用户）资源，用来保存菜单和窗口的信息；System（系统）资源，是一些通用的资源。某些程序在运行时可能导致 GDI 和 USER 资源丧失，进而导致软件故障。

5. 病毒

计算机病毒会给系统带来难以预料的破坏，有的病毒会感染硬盘中的可执行文件，使其不能正常运行；有的病毒会破坏系统文件，造成系统不能正常启动；还有的病毒会破坏计算机的硬件，使用户蒙受更大的损失。

（二） 明确软件故障的解决方法

软件故障的种类非常繁多，但只要有正确的思路，故障问题也就迎刃而解。

1. 纠正 CMOS 设置

如果对 CMOS 内容进行了不正确的设置，那么系统会出现一系列的问题。在进行 BIOS 自检前对 CMOS 中的内容进行一次检查。用【Load BIOS Defaults】或【Load SETUP Defaults】选项恢复其默认的设置，再对一些比较特殊的或后来新增的设备进行设置，以确保 CMOS 设置的正确性。

2. 避免硬件冲突

硬件冲突是常见故障，通常发生在新安装操作系统或安装新的硬件之后，表现为在 Windows 的设备管理器中无法找到相应的设备，设备工作不正常或发生冲突，这可能是硬件占用了某些中断，导致中断或 I/O 地址冲突。一般可删除某些驱动程序或先去除某些硬件，再重新安装即可。

3. 升级软件版本

有些低版本的软件本身存在漏洞，运行时容易出错。如果一个软件在运行中频繁出错，可以升级该软件的版本，因为高版本的软件往往更加稳定。

4. 利用杀毒软件

当系统运行缓慢或出现莫名其妙的错误时，应当运行杀毒软件扫描系统，检测是否存在病毒。

5. 寻找丢失文件

如果系统提示某个系统文件找不到了，可以从其他使用相同操作系统的计算机中复制一个相同的文件，也可以从操作系统的安装光盘中提取原始文件到相应的系统文件夹中。

6. 重新安装应用程序

如果是应用程序运行时出错，可以将这个程序卸载后重新安装，在多数时候重新安装程序可以解决很多程序运行故障。同样，重新安装驱动程序也可修复设备因驱动程序出错而发生的故障。

任务二　计算机软件故障诊断案例

前面分析了软件故障产生的原因及解决方法，但针对具体问题还得具体分析，下面将对一些常见的系统软件故障和应用软件故障进行分析，并介绍排除故障的方法。

（一）Flash 版本导致网页一些内容不能显示

刚刚安装的操作系统，可能没有安装最新版的 Flash player，打开某些带有 Flash 的网页时，会弹出【你的 Flash 版本过低】提示。这是用户需要安装最新版本的 Flash player，如图 12-1 所示。

您还没有安装flash播放器,请点击这里安装

图12-1　未安装 Flash 播放器或者 Flash 播放器版本过低

下面介绍如何解决这个问题。

【操作步骤】

STEP 1　首先关闭所有网页浏览器，在 Adobe 官网或者相关门口网站下载 Flash player 最新版本，双击打开该安装包，如图 12-2 所示。

STEP 2　出现 Flash 安装向导，选中【我已经阅读并同意 Flash Player 许可协议的条款】选项，然后单击 安装 按钮，如图 12-3 所示。

图12-2 下载后的 Flash player 安装包

图12-3 Flash player 安装向导

STEP 3 一段时间后，安装完成，单击 完成 按钮退出安装向导，如图 12-4 所示。

STEP 4 再次打开刚刚的窗口，可以看到可以成功播放 Flash 了，如图 12-5 所示。

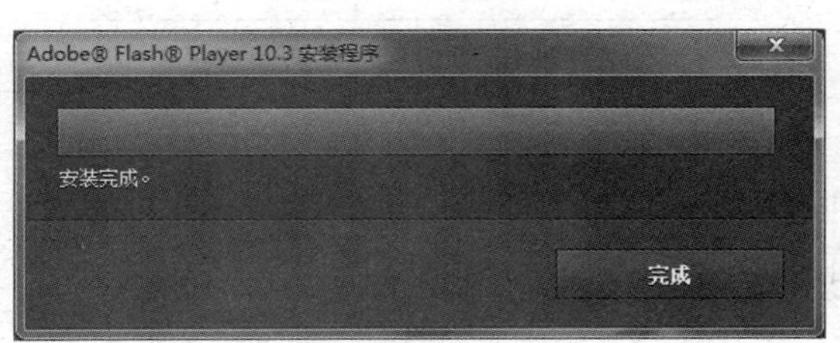

图12-4 安装完成窗口

图12-5 成功打开网页

（二） 任务管理器没有标题栏和菜单栏

用户想查看当前计算机的性能及运行的程序和进程等，就需要打开任务管理器。但是有时用户可能会遇到任务管理器没有标题栏和菜单栏，这样就不能切换查看的内容，如图 12-6 所示。

【操作步骤】

STEP 1 在任务栏单击鼠标右键，在弹出的快捷菜单单击【启动任务管理器】选项，如图 12-7 所示。

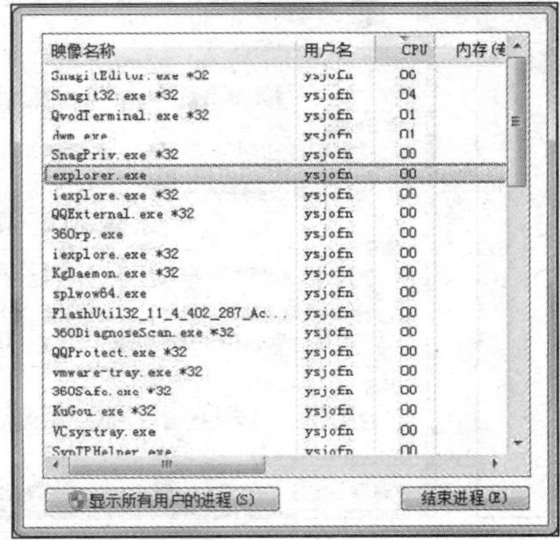

图12-6 任务管理器查看不了菜单栏

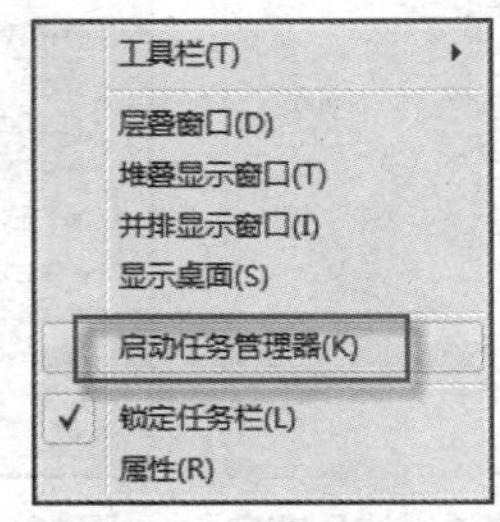

图12-7 启动任务管理器

STEP 2 如果发现没有菜单栏、任务栏，在任务管理器窗口的四周的空白处双击鼠标左键即可恢复原来的窗口，如图 12-8 所示。

STEP 3 完成后发现已经恢复原来的菜单栏和任务栏，用户可以进行自由的切换了，如图 12-9 所示。

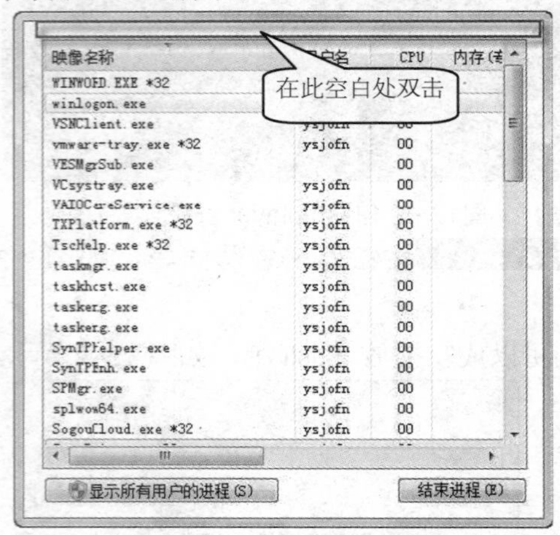

图12-8 任务管理器窗口

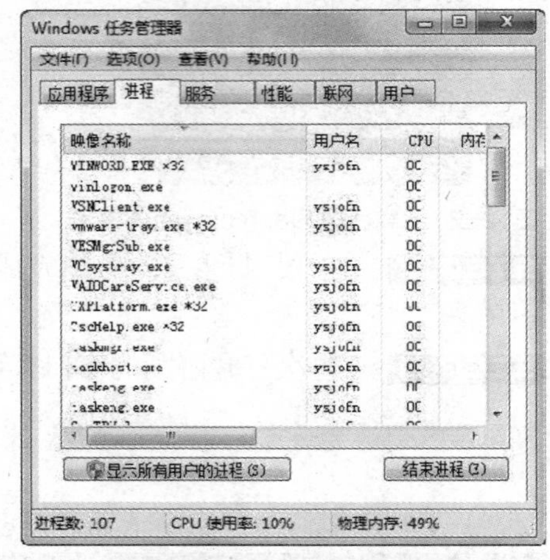

图12-9 恢复后的任务管理器窗口

（三） 频繁弹出拨号连接窗口

当用户之前使用拨号连接，而更换另一种连接方式后，可能会一直出现拨号连接的对话框，手动关闭后，等一段时间又会弹出来，如图 12-10 所示。

下面介绍如何解决这个问题。

【操作步骤】

STEP 1 打开 IE 浏览器，在菜单栏单击【工具】选项，在弹出的菜单中单击【Internet 选项】选项，如图 12-11 所示。

STEP 2 弹出【Internet 选项】对话框，首先单击【连接】选项卡，如图 12-12 所示。

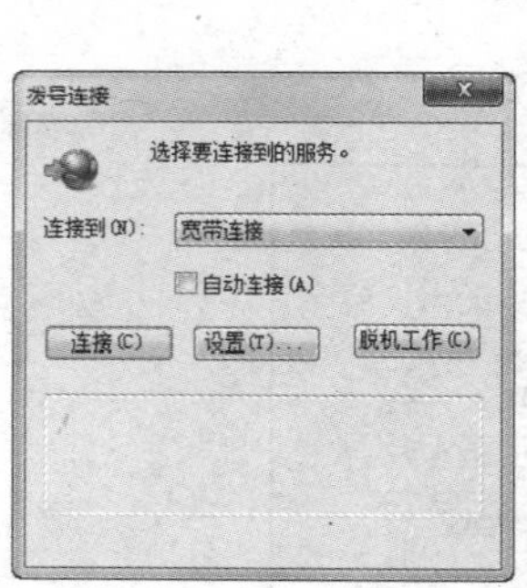

图12-10 频繁弹出拨号窗口

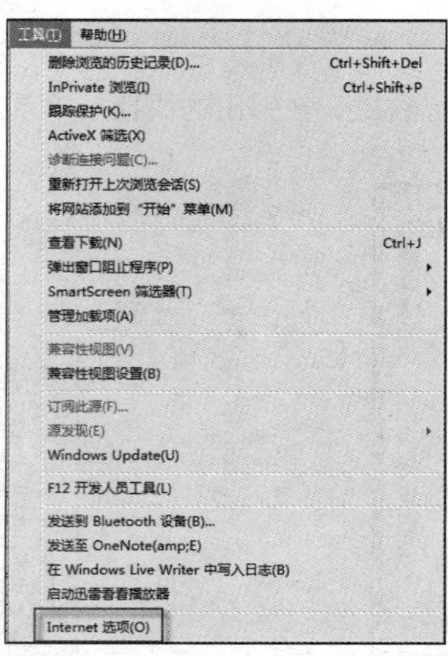

图12-11 IE 浏览器打开工具菜单

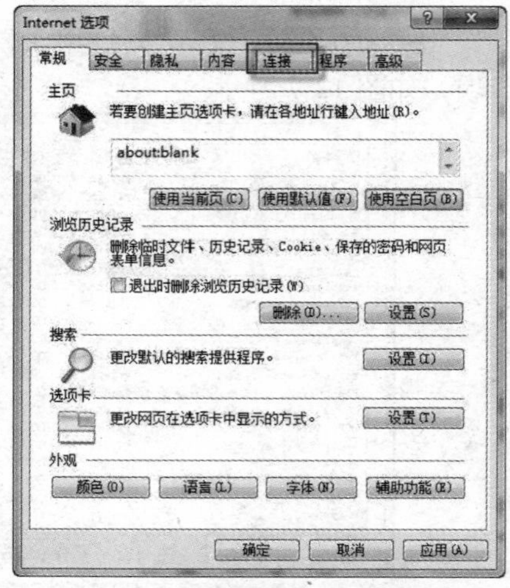

图12-12 【Internet 选项】对话框

如果是 IE 9 的用户，需要在键盘按 Alt 激活，才能看到浏览器的菜单栏。另外 IE 9 的用户也可以单击右上角的齿轮按钮，在弹出的快捷菜单选择【Internet 选项】即可。

STEP 3 在【连接】选项卡里选中【从不进行拨号连接】单选按钮，如图 12-13 所示。

STEP 4 单击 确定 按钮保存设置，可以看到不会再频繁出现该窗口，如果需要自动进行拨号连接，选中【始终拨打默认连接】单选按钮即可，如图 12-14 所示。

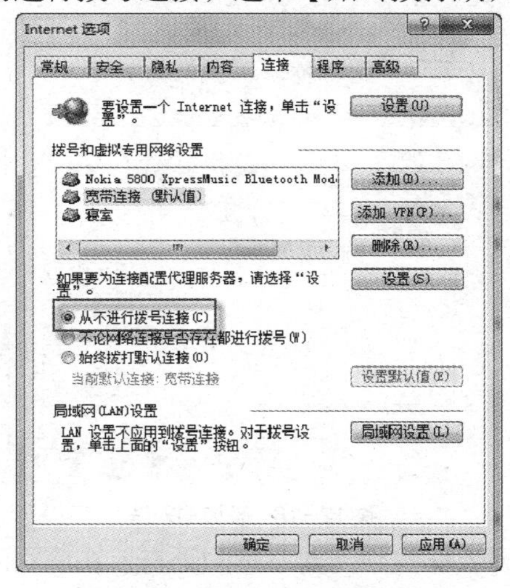

图12-13 设置从不进行拨号连接

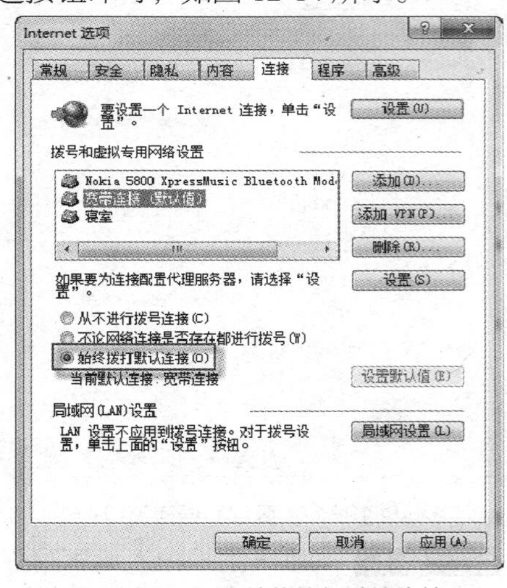

图12-14 设置始终拨打默认连接

（四） 找不到语言栏/不能切换安装的输入法

一般用户安装操作系统后，都会安装新的输入法，但是有时用户可能会遇到切换了很多遍都切换不了自己的输入法，有的甚至语言栏中只有一个输入法，系统都不会显示语言栏，这很可能是因为用户没有将输入法加载到语言栏里。

下面介绍如何解决这个问题。

【操作步骤】

STEP 1 打开控制面板，单击【时钟、语言和区域】选项，如图 12-15 所示。

STEP 2 弹出时钟、语言和区域窗口，单击【区域和语言】选项，如图 12-16 所示。

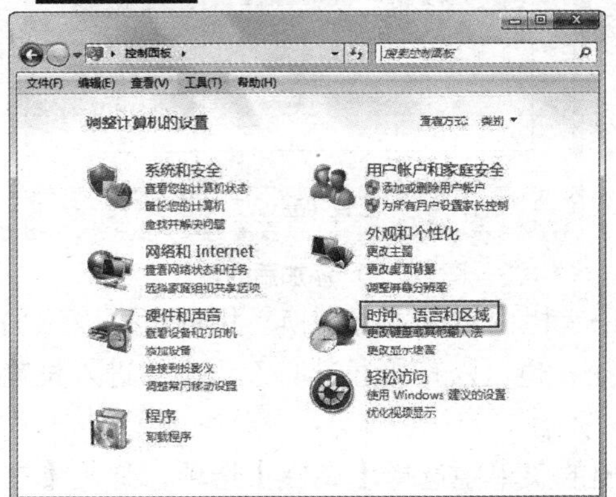

图12-15 控制面板窗口

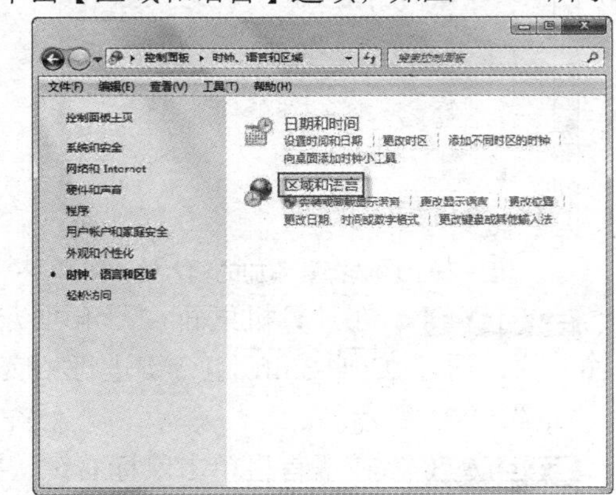

图12-16 语言和区域窗口

STEP 3 在【键盘和语言】选项卡中单击 更改键盘(C)... 按钮，如图 12-17 所示。

STEP 4 弹出文本服务和输入语言窗口，选中【常规】选项卡，可以看到在已安装的服务中只有【美式键盘】一个选项。此时单击 添加(D)... 按钮，如图 12-18 所示。

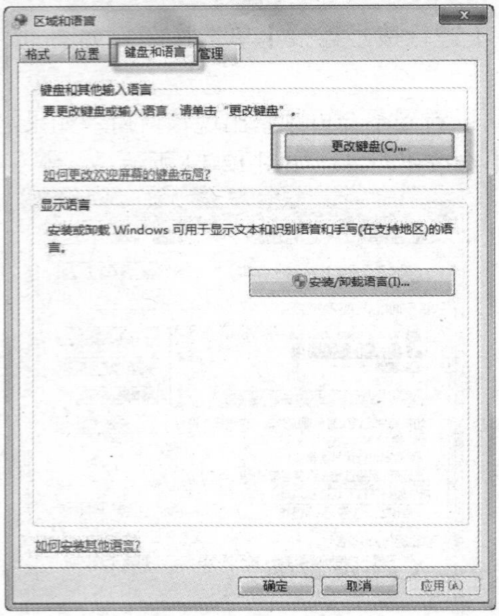

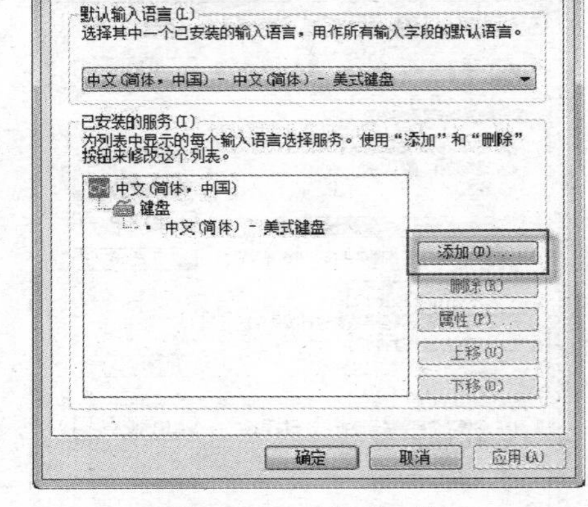

图12-17 区域和语言窗口

图12-18 添加输入法

STEP 5 弹出添加输入语言窗口，在语言列表框找到需要添加的语言，在前面的复选框打钩，这里选择【搜狗拼音输入法】选项，然后单击 确定 按钮，如图 12-19 所示。

STEP 6 退出添加输入语言窗口，可以看到刚刚添加的语言已经显示在已安装的服务列表中，单击 确定 按钮保存并退出，如图 12-20 所示。

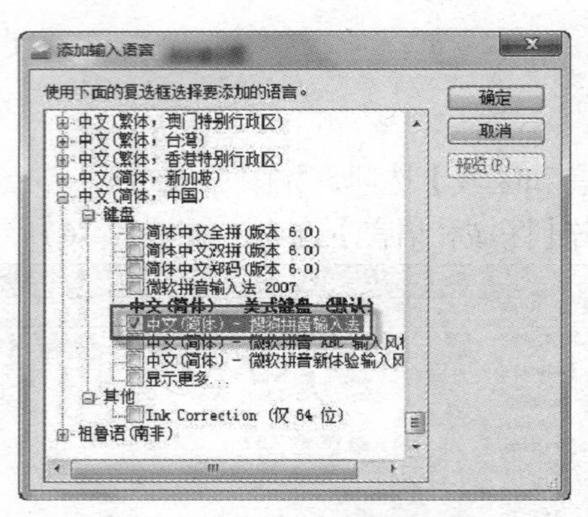

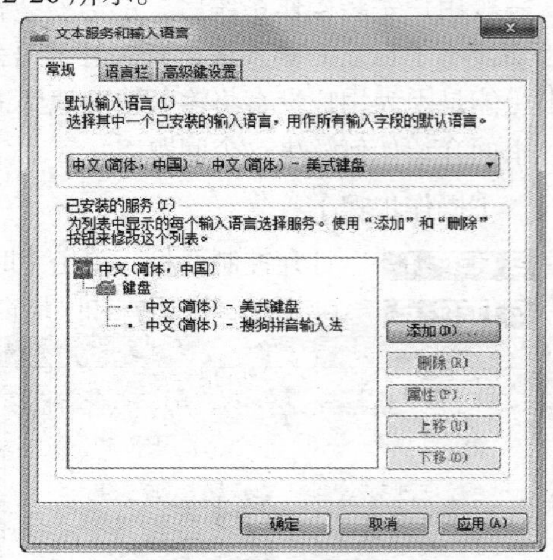

图12-19 选择要添加的输入法

图12-20 添加后的输入法

STEP 7 在计算机桌面右下角可以看见语言栏并可以进行切换。用户也可以添加多个输入法，通过 Ctrl+Shift 组合键进行相应的切换，也可以直接通过右键语言栏进入设置窗口。如图 12-21 所示。

STEP 8 在语言栏单击鼠标右键，在弹出的菜单中选择【属性】选项，弹出【文本服务和输入语言】窗口，可以快速对输入法进行设置，如图 12-22 所示。

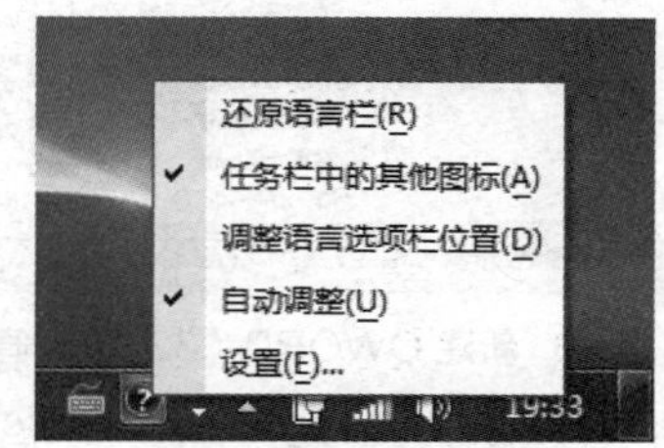

图12-21 语言栏

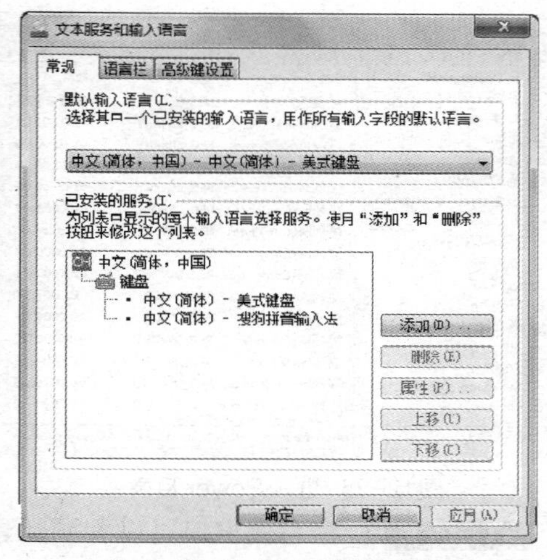

图12-22 文本服务和输入语言

（五） 睡眠状态仍连接网络

默认情况下，Windows 7 进入睡眠状态后，会自动断开网络连接。如果用户离开电脑时间过长，并设置的睡眠模式，Windows 会进入睡眠状态，就会停止下载、上传、QQ 在线等网络连接活动，下面简单介绍如何在睡眠状态连接网络。

【操作步骤】

STEP 1 在【开始】菜单底部搜索文本框内输入“regedit”，回车打开注册表管理器窗口，如图 12-23 所示。

STEP 2 在左侧的树状目录单击【HKEY_LOCAL_MACHINE】前的三角箭头展开注册表目录，展开【HKEY_LOCAL_MACHINE\SYSTEM\CurrentControlSet\Control\SessionManager\ Power】目录，如图 12-24 所示。

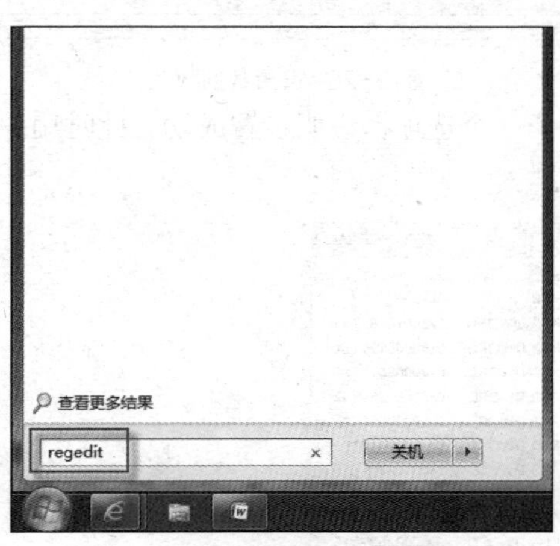

图12-23 进入注册表

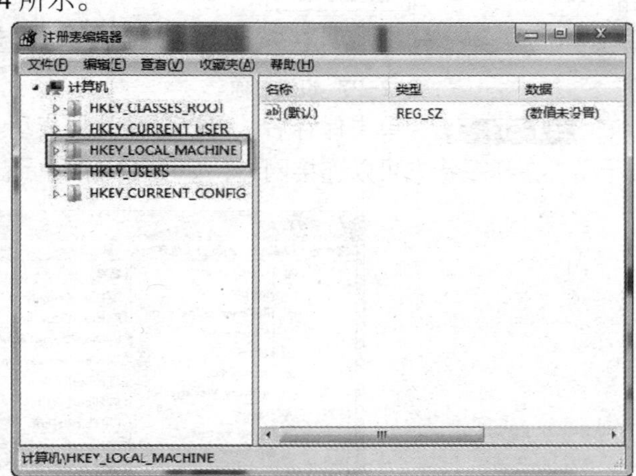

图12-24 注册表窗口

STEP 3 展开到 Power 后，单击该文件夹，在右侧可以看到一些注册表选项，如图 12-25 所示。

STEP 4 在 Power 文件夹单击鼠标右键，在弹出的快捷菜单选择【新建】【QWORD（32-位）值】选项，如图 12-26 所示。

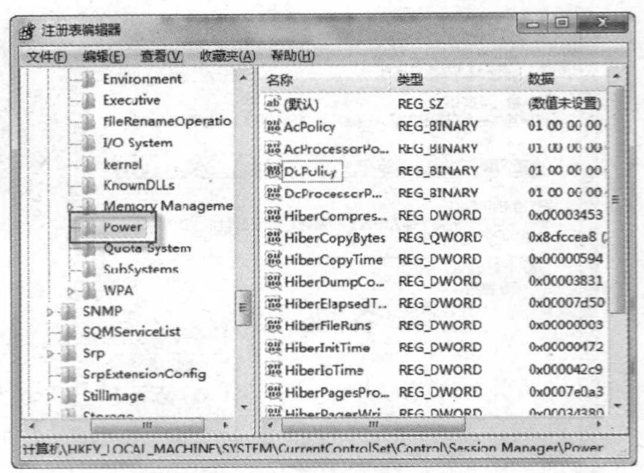

图12-25 进入 Power 目录

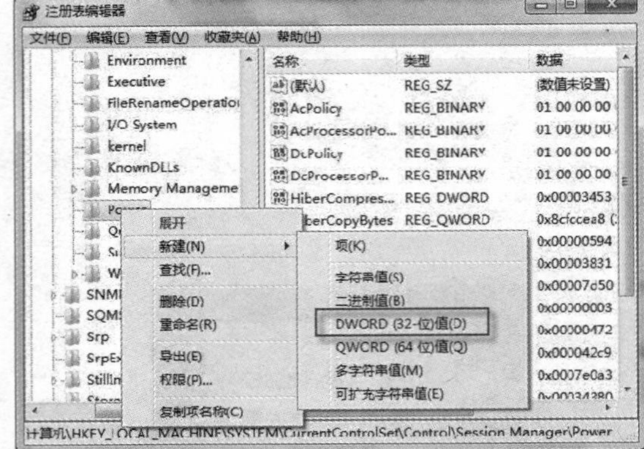

图12-26 新建 QWORD（32–位）值

STEP 5 在右侧窗口可以看到新建的注册表项，命名为“AwayModeEnabled”，如图 12-27 所示。

STEP 6 双击改选项，弹出编辑该项的值窗口，在数值数据文本框输入【1】，如图 12-28 所示。

图12-27 设置名称

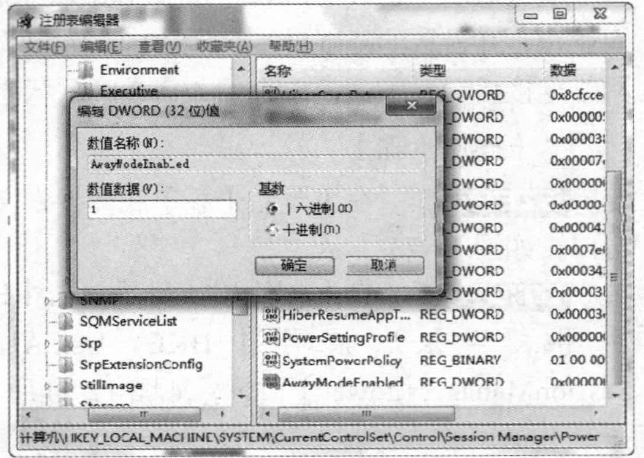

图12-28 设置数据数值

STEP 7 单击保存后，可以看到注册表里多了一个选项，说明设置成功，此时用户计算机在睡眠状态可以连接网络，如图 12-29 所示。

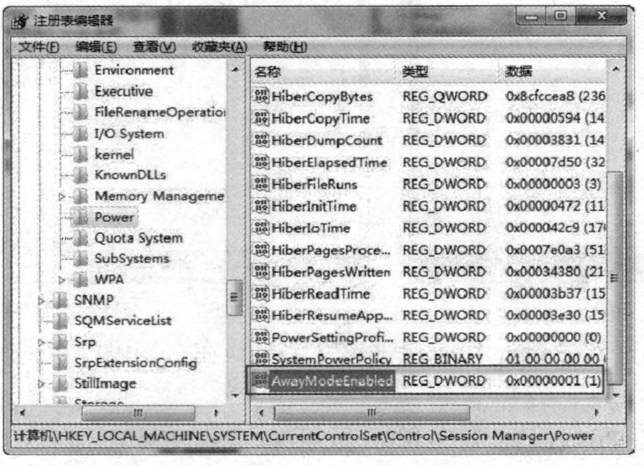

图12-29 设置完成

（六） 无法正常关机

在关闭计算机时，计算机没有响应或者出现有一个闪烁光标的空白屏幕。引起 Windows 系统出现关机故障的主要原因有以下两个方面。

1. 因 Config. sys 文件或 Autoexec. bat 文件冲突

检查 Config.sys 文件或 Autoexec.bat 文件中是否存在冲突。用文本编辑器查看这两个文件的内容，检查是否有多余的命令，也可以在语句前面加“rem”来禁止该语句的执行，逐步排除，直到发现有冲突的命令。

2. 因 CMOS 设置不当

计算机启动时进入 CMOS 设置界面，重点检查 CPU 外频、电源管理、病毒检测、磁盘启动顺序等选项设置是否正确。具体设置方法可参看主板说明书，也可以直接恢复到厂家的出厂默认设置。

（七） 关闭 Windows 7 后系统却重新启动

在默认情况下，当系统出现错误时，计算机会自动重新启动。将该功能关闭往往可以解决自动重新启动的故障。

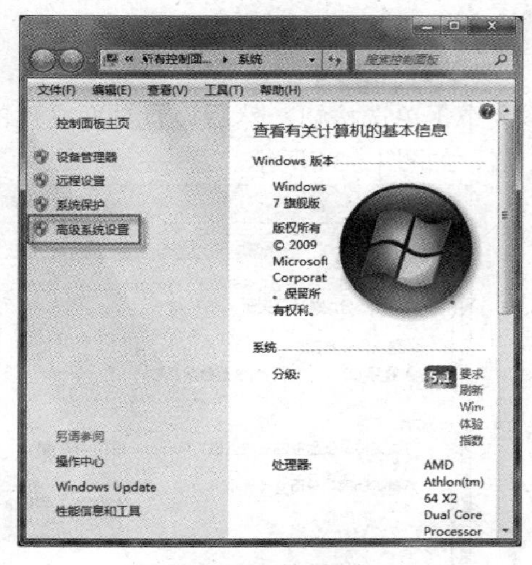

图12–30 控制面板

【操作步骤】

STEP 1 右键单击【计算机】图标，在弹出的快捷菜单中选择【属性】命令，弹出【控制面板】对话框，单击【高级系统设置】选项，如图 12-30 所示。

STEP 2 在弹出的【系统属性】对话框中选中【高级】选项卡，如图 12-31 所示。

STEP 3 单击【启动和故障恢复】栏中的 设置(T)... 按钮，弹出【启动和故障恢复】对话框。

STEP 4 在【系统失败】栏中取消选中【自动重新启动】复选框，如图 12-32 所示。

图12–31 打开【高级】选项卡

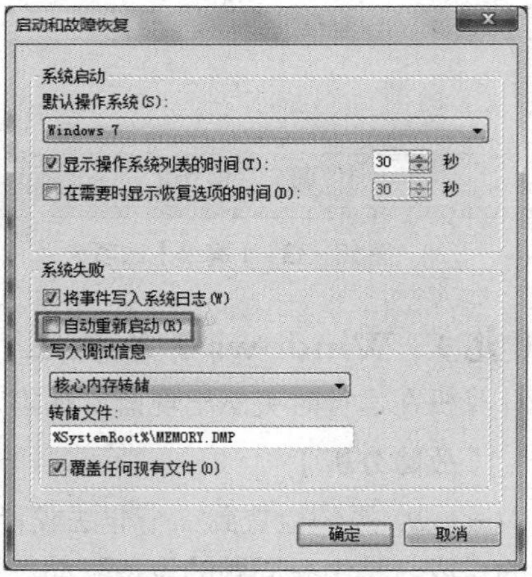

图12–32 取消选中【自动重新启动】复选框

（八） Windows 7 系统运行多个任务时速度突然下降

当用户同时使用 Word、QQ 和游戏等多个软件时，计算机运行速度会明显下降，并经常提示虚拟内存不足。正常情况下，目前电脑配置的内存运行多个软件不会对系统速度有太大的影响，更不会出现内存不足的情况，因此初步判断是因为虚拟内存设置不当引起的故障。一般 Windows 系统预设的是由系统自行管理虚拟内存，它会因应用程序所需而自动调节驱动器页面文件的大小，但这样的调节会给系统带来额外的负担，有可能导致系统运行速度变慢。

【操作步骤】

STEP 1 右键单击【计算机】图标，在弹出的快捷菜单中选择【属性】命令，弹出【控制面板】对话框，单击【高级系统设置】选项。

STEP 2 在弹出的【系统属性】对话框中选中【高级】选项卡。

STEP 3 单击【性能】栏中的 设置(S)... 按钮，弹出【性能选项】对话框，再切换到【高级】选项卡，如图 12-33 所示。单击【虚拟内存】栏中的 更改(C)... 按钮，弹出【虚拟内存】对话框。

STEP 4 选择驱动器为 C 盘，在【每个驱动器的分页文件大小】栏中选中【自定义大小】单选按钮，然后设置页面文件的初始大小和最大值。最大值一般为初始大小的 1~2 倍，如图 12-34 所示。

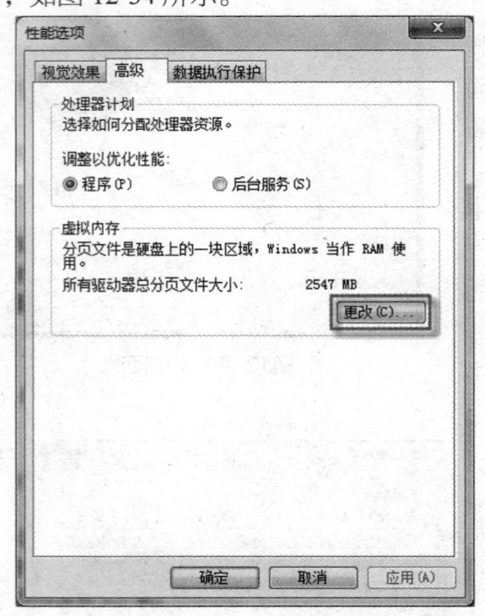

图12-33 【高级】选项卡

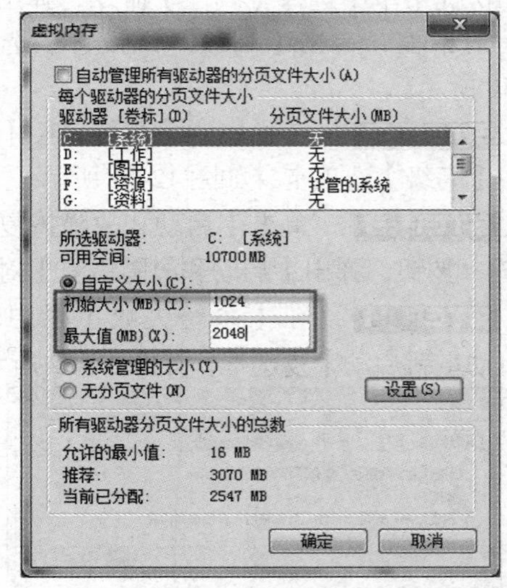

图12-34 【虚拟内存】对话框

（九） Windows 7 系统运行时出现蓝屏

计算机在运行时突然出现蓝屏现象，如图 12-35 所示。

【故障分析】

Windows 系统检查到一个非法或者未知的进程指令，这个停机码一般是由有问题的内存造成的，或者是由有问题的设备驱动、系统服务或内存冲突和中断冲突引起的。

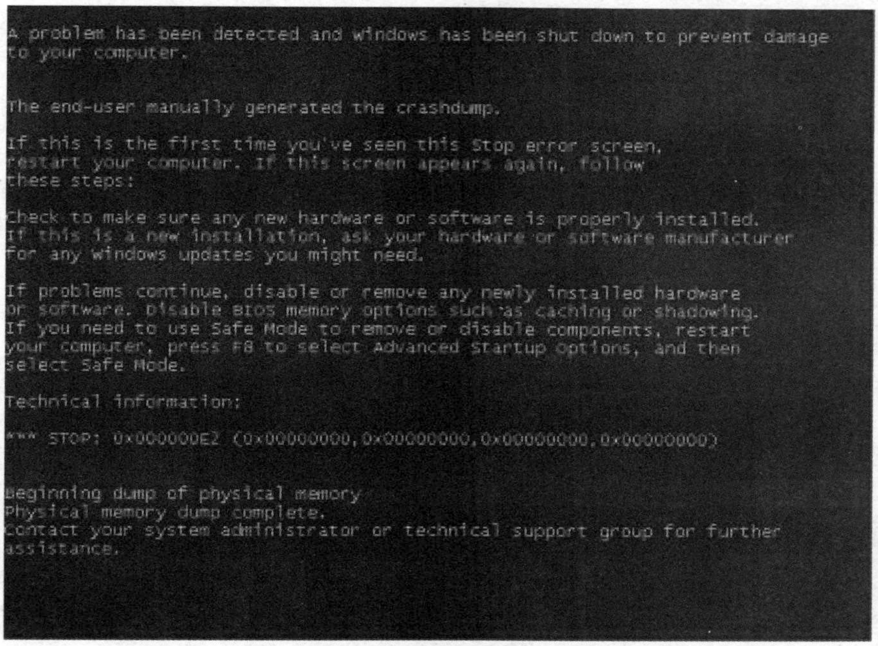

```
A problem has been detected and windows has been shut down to prevent damage
to your computer.

The end-user manually generated the crashdump.

If this is the first time you've seen this Stop error screen,
restart your computer. If this screen appears again, follow
these steps:

Check to make sure any new hardware or software is properly installed.
If this is a new installation, ask your hardware or software manufacturer
for any windows updates you might need.

If problems continue, disable or remove any newly installed hardware
or software. Disable BIOS memory options such as caching or shadowing.
If you need to use Safe Mode to remove or disable components, restart
your computer, press F8 to select Advanced Startup options, and then
select Safe Mode.

Technical information:

*** STOP: 0x000000E2 (0x00000000,0x00000000,0x00000000,0x00000000)


Beginning dump of physical memory
Physical memory dump complete.
Contact your system administrator or technical support group for further
assistance.
```

图12-35 蓝屏

1. 因内存不兼容的解决方法。

如果更换一块与主板兼容的内存条后，蓝屏问题得到解决，那么该问题就是由于内存不兼容而引起的，因此更换一块与主板兼容的内存条即可。

2. 因设备驱动问题的解决方法。

如果在蓝屏信息中出现了驱动程序的名字，则在安全模式或者故障恢复控制台中禁用或删除驱动程序，并禁用所有刚安装的驱动和软件。如果错误出现在系统启动过程中，则进入安全模式，将蓝屏信息中所标明的文件重命名或者删除。

3. 因其他问题引起蓝屏的解决方法。

在安装 Windows 系统后第一次重启时即出现蓝屏，可能是系统分区的磁盘空间不足或 BIOS 兼容有问题。如在关闭某个软件时出现，则可能是软件本身存在设计缺陷，升级或卸载该软件即可。

（十） 登录 QQ 时提示快捷键冲突

正常启动 QQ 程序并登录到服务器时，出现快捷键冲突提示信息。

【操作步骤】

在启动 QQ 前，用户可能启动了其他后台程序，而该程序中的相关快捷键设置与 QQ 的快捷键设置有所冲突（如 Photoshop 的撤销操作快捷键与 QQ 提取消息快捷键相同，均为 Ctrl+Alt+Z 组合键）。

首先检查正在后台运行的程序，把引起冲突的程序关闭。也可以在【QQ 2012】面板左下角单击按钮，从弹出的菜单中选取【系统设置】/【基本设置】选项，打开【系统设置】对话框，在左侧列表中选取【热键】选项，重新设置快捷键，如图 12-36 所示。

图12-36 重新设置快捷键

小结

软件故障分为系统软件故障和应用软件故障。引起系统软件故障的主要原因有系统文件损坏、驱动程序不兼容、系统设置不当等。引起应用软件故障的主要原因有应用软件设置不当、应用软件之间功能相互冲突、感染病毒或流氓软件等。遇到软件故障应耐心查找相关资料，再对故障原因进行一一排除，通常可以很快解决问题。本项目通过一些计算机软件故障的解决方法和案例，介绍了如何排除计算机的软件故障及排除软件故障的思路。需要提醒读者注意：没有任何一本书可以囊括计算机所有会出现的故障，因此关键是要学会举一反三。在维修的过程中也要注意积累经验，多进行交流；遇到没有见过或无法排除的问题，要多到网上寻找类似故障的解决方法，并从中得到启示。

习题

1. 简述在处理计算机软件故障时应遵循哪些步骤。
2. 说明引起软件故障的主要原因。
3. 简要说明常用软件故障的解决方法。
4. 造成无法浏览网页的原因有哪些？
5. 根据所学知识尝试解决你遇到的计算机软件故障。